STARK

ABITUR

Prüfungsaufgaben mit Lösungen

2013

Chemie

Gymnasium • Gesamtschule
Niedersachsen

2007–2012

STARK

ISBN 978-3-8490-0067-7

www.stark-verlag.de
1. ergänzte Auflage

Inhalt

Jeweils im Herbst erscheinen die neuen
Abiturprüfungsaufgaben mit Lösungen.

Lösungen der Aufgaben:

Dr. Stephan Kienast, Dr. Torsten Witteck

Vorwort

Liebe Schülerinnen, liebe Schüler,

das vorliegende Buch bietet Ihnen die Möglichkeit, sich optimal auf die **zentral gestellte, schriftliche Abiturprüfung 2013 in Niedersachsen** im Fach Chemie vorzubereiten.

Im Abschnitt „**Hinweise und Tipps zum Zentralabitur**" bieten wir Ihnen dazu zunächst einen Überblick über:

- den **Ablauf** und die **Anforderungen** des **Zentralabiturs 2013 in Niedersachsen**. Dies hilft Ihnen, die formalen Rahmenbedingungen für das Zentralabitur kennenzulernen. Erläuterungen zu den Prüfungsanforderungen, zum Umgang mit den sogenannten Operatoren und zu den vom Kultusministerium festgesetzten Inhalten und Basiskonzepten lassen Sie die Prüfungssituation besser einschätzen.
- die erfolgreiche Bearbeitung der Arbeitsaufträge und Materialien in den Prüfungsaufgaben. Die „**Tipps zur schriftlichen Prüfung**" zeigen Ihnen konkret, wie Sie erfolgreich an die Aufgaben der Abiturprüfung herangehen können.

Dieses Buch enthält die **Original-Prüfungsaufgaben** 2007 bis 2012. Zu allen Aufgaben bieten wir Ihnen **ausführliche, kommentierte Lösungsvorschläge mit Tipps und Hinweisen zur Lösungsstrategie**.

Sollten nach Erscheinen dieses Bandes noch wichtige Änderungen in der Abitur-Prüfung 2013 vom Kultusministerium bekannt gegeben werden, finden Sie aktuelle Informationen dazu im Internet unter *www.stark-verlag.de/info.asp?zentrale-pruefung-aktuell*.

Das Autorenteam und der Verlag wünschen Ihnen für die Prüfungsvorbereitung und Ihre schriftliche Abiturprüfung viel Erfolg!

Stichwortverzeichnis

Hinweise und Tipps zum Zentralabitur

1 Ablauf der Prüfung

Seit dem Schuljahr 2005/2006 gibt es in Niedersachsen im Fach Chemie zentrale schriftliche Abiturprüfungen. Landesweit werden Ihnen für den GA- und den EA-Kurs zur gleichen Zeit dieselben zwei Prüfungsaufgaben mit unterschiedlichen Schwerpunkten zur Auswahl vorgelegt. Innerhalb von 20 Minuten müssen Sie sich für die Bearbeitung **einer** der beiden Aufgaben entscheiden. Anschließend haben Sie 220 Minuten (GA) bzw. 300 Minuten (EA), um das gewählte Thema erfolgreich zu bearbeiten.
Als Hilfsmittel, die während der Abiturprüfung verwendet werden können, sind

- der an der Schule eingeführte Taschenrechner,
- eine vom Niedersächsischen Kultusministerium genehmigte naturwissenschaftliche Formelsammlung und
- ein deutsches Wörterbuch

zugelassen.

Aufbau der Prüfungsaufgaben

Die beiden Prüfungsaufgaben, die Ihnen zur Auswahl vorgelegt werden, stehen jeweils unter einem zusammenfassenden Thema. Sie sind in Teilaufgaben untergliedert, die weitgehend unabhängig voneinander bearbeitet werden können. Meist bestehen diese Teilaufgaben aus einzelnen, in einem sachlogischen Kontext zusammenhängenden Arbeitsaufträgen und beziehen sich auf bestimmte Materialien im Anhang der Aufgabe. Da Sie aus zwei Prüfungsaufgaben die für Sie am besten geeignete auswählen müssen, sollten Sie sich zunächst anhand der Teilaufgaben einen Überblick verschaffen, welche Themenbereiche und Fachinhalte mit der Prüfungsaufgabe abgedeckt werden, und dann auch die Materialien kurz betrachten, um das für Sie „richtige" Thema auszuwählen.

2 Inhalte der Prüfungsaufgaben

Die verbindlichen Vorgaben des Kerncurriculums Chemie bilden die Grundlage für die Inhalte und Anforderungen sowohl in den vier Halbjahren der Qualifikationsphase als auch in den landesweit einheitlichen Aufgabenstellungen für das Abitur 2013. Die Vorgaben wurden auf die bundesweiten „Einheitlichen Prüfungsanforderungen in der Abiturprüfung“ (EPA) angepasst; sie lassen aber Freiräume für den konkreten Unterricht an Ihrer Schule, die es Ihren Lehrkräften ermöglichen, Inhalte und/oder den Erwerb der vorgeschriebenen Kompetenzen zu vertiefen und zu ergänzen. Das vollständige Kerncurriculum einschließlich der mit den Inhalten verknüpften Kompetenzen finden Sie im Internet unter http://db2.nibis.de/1db/cuvo/datei/kc_chemie_go_i_2009.pdf.

3 Leistungsanforderungen

3.1 Inhaltsbezogene Anforderungen

In der Abiturprüfung geht es einerseits um einen guten Überblick über das geforderte Basiswissen der Chemie, wie es in den Themenbereichen der EPA und in den Kompetenzvorgaben des Kerncurriculums skizziert ist. Andererseits liegt jedoch der Anspruch der Prüfungsaufgaben nicht ausschließlich im Wiedergeben von lückenlosem Detailwissen, sondern in der Anwendung des von Ihnen erworbenen Fachwissens. Es soll überprüft werden, ob Sie Strukturen und Inhalte bisher unbekannter chemischer Sachverhalte erfassen können, diese dann mit dem eigenen Wissen zu verknüpfen vermögen und schließlich zu angemessenen Lösungen kommen. Die unbekannten Inhalte werden Ihnen als Materialien (z. B. in Form von Texten, Versuchsbeschreibungen, Diagrammen, Kurven, Abbildungen, Strukturausschnitten, Tabellen oder Skizzen) zur Prüfungsaufgabe vorgelegt. Diese Fähigkeiten, die über die Wiedergabe des reinen, angelernten Wissens hinausgehen, werden als **Kompetenzen** bezeichnet.

Dabei unterscheiden die Einheitlichen Prüfungsanforderungen für das Abitur im Fach Chemie folgende Kompetenzbereiche[1]

- **Kompetenzbereich Fachwissen**
  Die Prüflinge
  - nennen Fakten, Begriffe, Gesetze und Theorien zu Stoffumwandlungen,
  - erkennen die Zusammenhänge zwischen Struktur, Eigenschaften und Verwendung der Stoffe,
  - wenden Kenntnisse über Merkmale, Verlauf und Bedingungsabhängigkeit chemischer Reaktionen an,
  - erkennen und nutzen Möglichkeiten der vertikalen Vernetzung innerhalb der Chemie sowie der horizontalen Vernetzung mit anderen Unterrichtsfächern,
  - strukturieren erworbenes Wissen über Stoffe und chemische Reaktionen auf der Grundlage der facheigenen Basiskonzepte.

1 Quelle: Einheitliche Prüfungsanforderungen in der Abiturprüfung (Chemie). Beschluss der Kultusministerkonferenz vom 1.12.1989 i.d.F. vom 5.2.2004.

- **Kompetenzbereich Fachmethoden** (Erkenntnismethoden der Chemie nutzen)
  Die Prüflinge
  - können selbstständig chemische Experimente planen, durchführen, beobachten, beschreiben und auswerten,
  - wenden geeignete Modelle zur Beschreibung und Erklärung chemischer Sachverhalte an,
  - interpretieren chemische Reaktionen auf der Teilchenebene,
  - können Hypothesen bilden, Voraussagen formulieren und diese experimentell überprüfen,
  - wenden mathematische Verfahren und Hilfsmittel zur Lösung exemplarischer chemischer Aufgaben an,
  - nutzen den Computer zum Messen, zur Modellbildung, zur Berechnung oder zur Simulation.
- **Kompetenzbereich Kommunikation** (in Chemie und über Chemie kommunizieren)
  Die Prüflinge
  - beschreiben und veranschaulichen konkrete chemische Sachverhalte unter angemessener Nutzung der Fachsprache,
  - argumentieren sachlogisch und begründen schlüssig chemische Sachverhalte und Fragestellungen,
  - präsentieren chemisches Wissen, eigene Standpunkte und Überlegungen sowie Lern- und Arbeitsergebnisse adressaten- und situationsgerecht,
  - stellen chemische Sachverhalte und Erkenntnisse in unterschiedlicher Form (Symbole, Formeln, Gleichungen, Tabellen, Diagramme, Grafen, Skizzen, Simulationen) dar,
  - interpretieren Fachtexte und grafische Darstellungen und können daraus Schlüsse ziehen,
  - nutzen Informationsquellen, erkennen Kernaussagen, wählen Informationen gezielt und kritisch aus und verknüpfen diese mit dem erworbenen Wissen.
- **Kompetenzbereich Reflexion** (über die Bezüge der Chemie reflektieren)
  Die Prüflinge
  - betrachten Aussagen aus unterschiedlichen Perspektiven und bewerten diese sachgerecht auf der Grundlage chemischer Kenntnisse,
  - erörtern und bewerten Verfahren zur Gewinnung und Verarbeitung wichtiger Rohstoffe vor dem Hintergrund knapper werdender Ressourcen,
  - erkennen und beschreiben die gesellschaftliche Relevanz und Bedeutung der angewandten Chemie für die Ernährungssicherung, Energieversorgung, Werkstoffproduktion sowie in der Informations- und Biotechnologie,
  - nutzen chemische Kenntnisse zur Erklärung von Lebensvorgängen,
  - beurteilen Technikfolgen, wirtschaftliche Aspekte und Stoffkreisläufe im Sinne der Nachhaltigkeit.

3.2 Methodenbezogene Anforderungen

Neben den inhaltlichen Kompetenzen wird in den Aufgaben auch Ihre Fähigkeit geprüft, fachtypische Methoden zur Bearbeitung und Lösung von Problemstellungen angemessen einzusetzen. Dazu gehören:

- **Erarbeiten und Vergleichen mehrerer Lösungswege**
- **Darstellung von Zusammenhängen** zwischen Erscheinungen im Alltag und den fachwissenschaftlichen Grundlagen
- **Aufstellen von Hypothesen** und Ableiten von experimentell überprüfbaren Folgerungen
- **Beurteilen von Texten, Aussagen, Experimenten** nach selbst gewählten Kriterien
- **Interpretieren chemischer Reaktionen** auf der Teilchenebene sowie Anwenden geeigneter **Modelle** (zur Beschreibung und Erklärung chemischer Sachverhalte)
- **Anwenden mathematischer Verfahren** und Hilfsmittel zur Lösung chemischer Problemstellungen

3.3 Aufgabenstruktur und Aufgabentypen

Eine Prüfungsaufgabe besteht aus Teilaufgaben, die untereinander in Beziehung stehen und der Aufgabenthematik untergeordnet sind. Die **Struktur der Aufgabe** ist so angelegt, dass kein Lösungsweg zwingend vorgezeichnet ist. In den Prüfungsaufgaben bereitgestellte Materialien sind in der Regel so konzipiert, dass sie **alle** für die vollständige Lösung der Aufgabe zu berücksichtigen sind. Aus der Aufgabenstellung der einzelnen Teilaufgaben selbst gehen Art und Umfang der geforderten Leistung hervor (siehe Abschnitt 4).

Im Fach Chemie herrschen folgende **Aufgabentypen** vor:

- **Materialbezogene Aufgaben:** Sie erhalten zusammen mit der Aufgabenstellung Materialien, die Sie auswerten sollen, etwa Strukturformeln, Texte oder Grafiken. Mithilfe der darin enthaltenen Informationen und der Ihnen bereits bekannten chemischen Sachverhalte können Sie die Aufgabe lösen.
- **Experimentbezogene Aufgaben:** Aus den Vorgaben in der Aufgabe sollen Sie ein Ihnen bisher unbekanntes Experiment neu entwickeln oder ein Ihnen bekanntes Experiment beschreiben. Die Anfertigung einer beschrifteten Skizze ist hierbei immer sehr nützlich. Auch müssen die ablaufenden Reaktionen in Form von Gleichungen genannt werden und das Grundprinzip der Reaktion erläutert werden.
- **Berechnungen:** Hier geht es um die Anwendung wichtiger chemischer Gesetze (z. B. Massenwirkungsgesetz) und Rechenverfahren (z. B. zur Bestimmung von pH-Werten).
- **Alltagsbezogene Aufgaben:** Ausgehend von einer aus dem Alltag bekannten Problemstellung wird von Ihnen verlangt, Ihre chemischen Fachkenntnisse zur Lösung dieses Problems anzuwenden.
- **Aufgaben zur chemischen Zeichensprache:** Dieser Aufgabentyp umfasst die Darstellung von bekannten Strukturformeln, die Entwicklung von Strukturformeln neuer Moleküle und die Darstellung von Reaktionsgleichungen und -mechanismen bzw. die Darstellung von Molekülen als Modelle.

- **Aufgaben zu ökonomisch-ökologischen Problemstellungen:** In diesem Aufgabentyp werden Sie zu einer strukturierten Darstellung der Konsequenzen von chemischen Reaktionen auf die Umwelt aufgefordert. Auch ein Vergleich zweier Substanzen kann Gegenstand der Aufgabe sein, im Rahmen dessen Sie die Eignung dieser Verbindungen unter ökonomischen und ökologischen Gesichtspunkten beurteilen sollen.

3.4 Bewertung der Aufgaben

Die Bewertung Ihrer Prüfungsarbeit wird von einer Fachprüfungskommission vorgenommen. Diese besteht aus Ihrem Kursleiter als Referent, der die Arbeit als erster durchsieht und bewertet, einer zweiten Lehrkraft als Korreferent, der die Arbeit ebenfalls genau durchsieht und gleichfalls eine Note festsetzt, und dem Fachprüfungsleiter. Der Fachprüfungsleiter überprüft die Bewertung vor allem auf formale Richtigkeit und gibt dann noch eine zusätzliche Stellungnahme ab, wenn sich die Noten von Referent und Korreferent unterscheiden. In einem solchen Fall entscheidet der Vorsitzende der Prüfungskommission an Ihrer Schule, das ist i. d. R. Ihr Schulleiter.

Als Grundlage für die Beurteilung erhalten die Schulen zusammen mit den Prüfungsaufgaben einen detaillierten **Bewertungsbogen**, in dem für jede einzelne Teilaufgabe der erwartete Inhalt und die möglichen Bewertungseinheiten aufgelistet sind. Eine Zuordnung der Anforderungsbereiche (AFB I–III; siehe Abschnitt 4) zu den erwarteten Teilleistungen ist ebenfalls enthalten. An diesem Bewertungsbogen muss sich die Fachprüfungskommission orientieren und kann nur in begründeten Fällen hiervon abweichen.

Bei der Bewertung werden alle von Ihnen in der Reinschrift erarbeiteten Teillösungen berücksichtigt. Falls Sie in zeitliche Probleme geraten sind, können auch noch Ihre Entwürfe herangezogen werden, wenn sie zusammenhängend konzipiert sind und Ihre Reinschrift etwa drei Viertel des angestrebten Umfangs umfasst. Neben der detaillierten Korrektur Ihrer Ausführungen in Form von Randbemerkungen werden zu jeder Teilaufgabe auch die Vorzüge und Mängel Ihres jeweiligen Lösungsvorschlags zusammengefasst.

Dabei werden nicht nur die fachliche Richtigkeit und Vollständigkeit berücksichtigt sondern auch die Schlüssigkeit Ihrer Argumentation, die Qualität Ihrer Darstellung (klarer Aufbau und richtige Verwendung der Fachsprache) sowie gegebenenfalls die Kreativität und Eigenständigkeit bei Ihren Lösungen.

- Zur **Qualität** gehören u. a. das Erfassen der Aufgabenstellung, die Genauigkeit der Kenntnisse und Einsichten, die Sicherheit in der Beherrschung der Methoden und der Fachsprache, Stimmigkeit und Differenziertheit der Aussage, Herausarbeitung des Wesentlichen, Anspruchsniveau der Problemerfassung, Fähigkeit zur kritischen Würdigung der Bedingtheit und Problematik eigener und fremder Auffassungen, Differenziertheit und Adäquatheit des Urteils.
- Zur **Quantität** gehören u. a. der Umfang der Kenntnisse und Einsichten, die Breite der Argumentationsbasis und Vielfalt der Aspekte und Bezüge.

- Die **Kommunikations- und Darstellungsfähigkeit** in der Prüfung erweist sich in dem Vermögen, die Aufgabenstellung zu erfassen, und in der Fähigkeit, sich in einer angemessenen Weise (u. a. durch Klarheit und Eindeutigkeit der Aussage, durch Übersichtlichkeit der Gliederung und der inhaltlichen Ordnung) verständlich zu machen.

Als Grundlage für die Einordnung der Qualität Ihrer Leistungen dienen die Angaben im Bewertungsbogen, mit dessen Hilfe Ihre Teilleistungen in Bewertungseinheiten umgesetzt werden. Auch zur Aufgabenstellung passende Lösungen, die im Bewertungsbogen nicht erfasst worden waren, fachlich aber richtig sind und schlüssig dargestellt wurden, werden angemessen berücksichtigt. (Das kann z. B. der Fall sein, wenn Sie einen chemischen Sachverhalt durch eine eigene Meinung beurteilen oder begründete Hypothesen aufstellen sollten.)
Ihre Arbeit kann mit ausreichend bewertet werden, wenn Sie annähernd die Hälfte der im Bewertungsbogen beschriebenen Bewertungseinheiten erreicht haben, d. h., hierfür müssen Sie mehr als nur reproduktive Leistungen des AFB I erbringen. Ein mit sehr gut beurteiltes Prüfungsergebnis erreichen Sie nur mit Leistungen auch aus dem AFB III.
Bei allem Bemühen um korrekte Inhalte dürfen Sie aber auch die äußere Form und die sprachliche Richtigkeit nicht vernachlässigen, denn schwerwiegende und gehäufte Verstöße gegen Grammatik, Rechtschreibung und Zeichensetzung oder gegen die äußere Form führen zu einem **Abzug von ein bis zwei Punkten bei der einfachen Wertung**. Unübersichtliche Textstellen werden u. U. erst gar nicht bewertet.
Die Bewertung mündet letztendlich in einer auf die Teilaufgaben bezogenen Aufstellung der erhaltenen Bewertungseinheiten und in einem Gutachten, in dem die Vorzüge und Mängel Ihrer Teilleistungen zusammengefasst werden und Ihre Arbeit insgesamt beurteilt wird. Dieses Gutachten, das mit einer Benotung abschließt, können Sie nach Abschluss der Abiturprüfung auf Ihren Antrag hin einsehen.

4 Anforderungsbereiche und Operatoren

Die Prüfungsaufgaben im Fach Chemie kann man drei **Anforderungsbereichen** zuordnen, die ein unterschiedliches Maß an Selbstständigkeit und Abstraktionsvermögen bei der Bearbeitung erfordern. Alle drei Bereiche werden in Abfragen, Tests und Klausuren sowie den Abituraufgaben berücksichtigt.

- **Anforderungsbereich I:** Inhalte und Fakten reproduzieren
  Von **Reproduktion** spricht man, wenn erlerntes Wissen wiedergegeben oder eine erworbene Fertigkeit in einem bekannten Zusammenhang gezeigt werden soll. Dabei kann es sich um einen theoretischen Sachverhalt oder um ein im Praktikum eingeübtes Vorgehen handeln. Schätzen Sie die Bedeutung des „nur“ Gelernten nicht gering ein. Dieses Grundlagenwissen ist die Basis für die Lösung vieler Aufgaben, die den beiden im Folgenden dargestellten Anforderungsbereichen zuzuordnen sind.

- **Anforderungsbereich II:** Zusammenhänge und Strukturen erkennen und darstellen
  Höhere Anforderungen als die der reinen Reproduktion stellt eine Prüfungsaufgabe, die **Reorganisation** bzw. eine **Transferleistung** von Ihnen verlangt. In der Regel geht damit auch eine höhere Bewertung einher. Eine Prüfungsaufgabe ist dieser zweiten Anforderungsebene zuzuordnen, wenn ein bekannter Sachverhalt, etwa das typische Reaktionsverhalten einer Verbindungsklasse, auf andere chemische Verbindungen übertragen („transferiert"), richtig benannt und in diesen neuen Zusammenhang ein- und zugeordnet („reorganisiert") werden soll. Auch die selbstständige Übertragung von Grafiken oder Versuchsaufbauten in die korrekte Fachsprache („Verbalisierung") gehört zu diesem Anforderungsbereich.
- **Anforderungsbereich III:** Probleme lösen und Meinungen vertreten
  Am anspruchsvollsten sind Fragen, die problemlösendes Denken verlangen. Häufig erfordern solche Aufgaben, dass Sie Kenntnisse aus mehreren Themengebieten auswählen, anwenden und abwandeln können. Oft gibt es verschiedene Lösungsmöglichkeiten, die Sie darstellen und die dem Problem bestangepasste Variante auswählen sollen. Hier ist Ihre Kreativität gefragt, das „Abarbeiten" der Aufgabenstellung nach einem vorgefertigten Schema reicht nicht aus.

Einen wichtigen Hinweis auf den jeweiligen Anforderungsbereich erhalten Sie durch den **Operator**, mit dem die Aufgabe gestellt wird. Darunter versteht man Schlüsselbegriffe, die sicherstellen sollen, dass alle Schüler und Lehrer unter einer bestimmten Aufgabenstellung das gleiche verstehen. Die Operatoren sowie deren Beschreibung in der folgenden Tabelle sollten Sie daher sehr genau studieren, damit Sie exakt wissen, was von Ihnen verlangt wird. In der Aufgabensammlung finden Sie außerdem viele Beispiele zum Einsatz dieser Operatoren, an denen Sie den Umgang mit solchen Handlungsanweisungen üben können.

Operator	Beschreibung der erwarteten Leistung
Analysieren	wichtige Bestandteile oder Eigenschaften auf eine bestimmte Fragestellung hin herausarbeiten
Anwenden	einen bekannten Sachverhalt oder eine bekannte Methode auf etwas Neues beziehen
Aufstellen einer Hypothese	eine begründete Vermutung auf der Grundlage von Beobachtungen, Untersuchungen, Experimenten oder Aussagen formulieren
Aufstellen einer Reaktionsgleichung	vorgegebene chemische Information in eine Reaktionsgleichung übersetzen
Auswerten	Daten, Einzelergebnisse oder andere Elemente in einen Zusammenhang stellen und ggf. zu einer Gesamtaussage zusammenführen
Begründen	Sachverhalte auf Regeln und Gesetzmäßigkeiten bzw. kausale Beziehungen von Ursachen und Wirkung zurückführen

Beschreiben	Strukturen, Sachverhalte oder Zusammenhänge strukturiert und fachsprachlich richtig mit eigenen Worten wiedergeben
Bestätigen	die Gültigkeit einer Aussage (z. B. einer Hypothese, einer Modellvorstellung, eines Naturgesetzes) zu einem Experiment, zu vorliegenden Daten oder zu Schlussfolgerungen feststellen
Berechnen	numerische Ergebnisse von einem Ansatz ausgehend gewinnen
Bestimmen	mittels Größengleichungen eine chemische oder physikalische Größe gewinnen
Beurteilen	zu einem Sachverhalt ein selbstständiges Urteil unter Verwendung von Fachwissen und Fachmethoden formulieren und begründen
Bewerten	einen Gegenstand an erkennbaren Wertkategorien oder an bekannten Beurteilungskriterien messen
Darstellen	Sachverhalte, Zusammenhänge, Methoden etc. strukturiert und ggf. fachsprachlich wiedergeben
Deuten	Sachverhalte in einen Erklärungszusammenhang bringen
Entwickeln	Sachverhalte und Methoden zielgerichtet miteinander verknüpfen, eine Hypothese, eine Skizze, ein Experiment, ein Modell oder eine Theorie schrittweise weiterführen und ausbauen
Erklären	einen Sachverhalt nachvollziehbar und verständlich zum Ausdruck bringen mit Bezug auf Regeln, Gesetzmäßigkeiten und Ursachen
Erläutern	einen Sachverhalt durch zusätzliche Informationen veranschaulichen und verständlich machen
Ermitteln	einen Zusammenhang oder eine Lösung finden und das Ergebnis formulieren
Erörtern	Argumente, Sachverhalte und Beispiele zu einer Aussage oder These einander gegenüberstellen und abwägen
Nennen	Elemente, Sachverhalte, Begriffe, Daten ohne Erläuterungen aufzählen
Planen eines Experimentes	zu einem vorgegebenen Problem eine Experimentieranordnung finden oder zu einem vorgegebenen Problem eine Experimentieranleitung erstellen
Protokollieren	Beobachtungen oder die Durchführung von Experimenten detailgenau zeichnerisch einwandfrei bzw. fachsprachlich richtig wiedergeben
Skizzieren	Sachverhalte, Strukturen oder Ergebnisse auf das Wesentliche reduziert grafisch übersichtlich darstellen
Stellung nehmen	zu einem Gegenstand, der an sich nicht eindeutig ist, nach kritischer Prüfung und sorgfältiger Abwägung ein begründetes Urteil abgeben

Überprüfen bzw. Prüfen	Sachverhalte oder Aussagen an Fakten oder innerer Logik messen und eventuelle Widersprüche aufdecken
Verallgemeinern	aus einem erkannten Sachverhalt eine erweiterte Aussage formulieren
Vergleichen	Gemeinsamkeiten, Ähnlichkeiten und Unterschiede feststellen
Zeichnen	eine anschauliche und hinreichend exakte grafische Darstellung beobachtbarer oder gegebener Strukturen anfertigen
Zusammenfassen	das Wesentliche in konzentrierter Form herausstellen

5 Methodische Hinweise und allgemeine Tipps zur schriftlichen Prüfung

Um eine Prüfungsaufgabe effizient und erfolgreich zu bearbeiten, ist ein strukturiertes, sorgfältiges Vorgehen unumgänglich. Im folgenden Lösungsplan sind die hierfür wichtigen Arbeitsschritte erläutert. Darüber hinaus finden Sie wertvolle Tipps zur Materialienanalyse. Die abschließende Auflistung häufig anzutreffender Fehlertypen hilft Ihnen, Fehler zu vermeiden.

5.1 Lösungsplan zur Bearbeitung der Aufgaben

Folgende Einzelschritte sind bei der Bearbeitung der Aufgaben zu beachten:

- **Lesen der Gesamtaufgabe**
  Es ist sinnvoll, dass Sie sich zunächst einen Überblick über die in den Prüfungsaufgaben angesprochenen unterschiedlichen Themengebiete der Chemie verschaffen. Für die weitere Bearbeitung setzen Sie sich einen Zeitplan, damit Ihnen nicht am Ende die Zeit für die letzte Aufgabe oder das Korrekturlesen fehlt. Fangen Sie dann mit der Bearbeitung der für Sie am besten geeigneten Teilaufgabe an. Dabei kann Ihnen ein systematisches Vorgehen entsprechend der nachfolgend dargestellten Schritte das Erarbeiten der zu den Anforderungen jeder Teilaufgabe passenden Lösung erleichtern.
  Beginnen Sie mit einer für Sie einfachen Aufgabe, um zunächst ein positives Gefühl für die Prüfung zu entwickeln. Wenden Sie sich dann den schwierigeren Teilaufgaben zu, um bei guter Konzentration diese Aufträge zu bearbeiten. Sollten Sie eine Teilaufgabe nicht lösen können, dann verschieben Sie die Bearbeitung und wenden sich der nächsten Aufgabe zu, um keine Zeit zu vergeuden.
  Versuchen Sie sich für den Schluss der Prüfung Aufgaben aufzuheben, die sie routiniert bearbeiten können, da die Konzentration im Verlauf der sehr langen Prüfung meist nachlässt. Achten Sie dabei aber unbedingt auf ein geeignetes Zeitmanagement, um keine Bewertungseinheiten zu verschenken, weil Sie nicht mehr zur Bearbeitung dieser „Routineaufgaben“ kommen!
- **Analysieren der Materialvorgaben**
  Zur Bearbeitung der Aufgaben werden Sie Fakten und Daten aus den Informationstexten und den Zusatzinformationen benötigen. Deshalb sollten Sie diese, bevor Sie mit der Bearbeitung der Aufgaben beginnen, gründlich lesen und sich wichtige Informationen markieren.

- **Analysieren der Teilaufgaben**
  Die Teilaufgaben beziehen sich auf die nachgestellten Informationen. Deshalb ist es wichtig zu analysieren, welche Materialien für die Bearbeitung der Aufgaben benötigt werden. Nachdem Sie sich ein Bild von der Thematik der Aufgabe gemacht haben, sollten Sie sich gezielt mit den einzelnen Arbeitsaufträgen auseinandersetzen:
  - Unterstreichen Sie die Arbeitsanweisungen/Operatoren.
  - Markieren Sie wichtige Begriffe, die den zu bearbeitenden Sachverhalt betreffen.
  - Verdeutlichen Sie in der Fragestellung und in den Einführungstexten Informationen, die für den zu bearbeitenden Sachverhalt wichtig sein könnten, durch Randbemerkungen und/oder optische Hervorhebungen.
- **Darstellen der Ergebnisse**
  - Verfahren Sie bei der Beantwortung nach dem Prinzip: Vom Allgemeinen zum Detail.
  - Behalten Sie auch bei der Auseinandersetzung mit dem Detail immer den Gesamtzusammenhang im Auge und beziehen Sie Ihre Aussagen auf den in der Aufgabe geforderten Gegenstand.
  - Stellen Sie die Ergebnisse logisch und nach erkennbaren Ordnungsprinzipien zusammen.
  - Konzentrieren Sie Ihre Aussagen auf das Thema und vermeiden Sie weitschweifige Ausarbeitungen. Dadurch geht der rote Faden verloren und Sie verlieren wertvolle Zeit! Allerdings gilt für die Abiturprüfung in der Regel „Nicht weniger sondern mehr ist mehr".
  - Beschreiben Sie bei der Auswertung von Grafiken oder Tabellen zunächst kurz die wiedergegebenen Inhalte und erklären Sie diese erst danach.
  - Stellen Sie komplexe Sachverhalte, wenn angebracht, grafisch dar (Skizzen, Schaubilder, Fließdiagramme etc.).
  - Berücksichtigen Sie bei der Ausformulierung Ihrer Antworten immer die vorgegebenen Operatoren, damit Sie die Lösung im Sinne der Aufgabenstellung erstellen. Sie sollten z. B. beim Operator „nennen/angeben" keine weiteren Erklärungen geben, dies wäre auch nicht im Sinne einer sinnvollen Zeiteinteilung bei der Prüfung.
  - Achten Sie auf sprachlich korrekte Formulierungen und eine klare, verständliche Ausdrucksweise. Alle Antworten sollten Sie, sofern es nicht ausdrücklich anders verlangt ist (z. B. die Lösung der Aufgabe in Form einer Tabelle oder Skizze), durchgehend in vollständigen Sätzen formulieren. Kurze Sätze sind besser als ineinander verschachtelte.
  - Verwenden Sie sorgfältig die Fachsprache. Fachbegriffe müssen nur bei ausdrücklicher Aufforderung umschrieben werden (oder wenn Sie bei deren Verwendung unsicher sind).
  - Schreiben Sie verwendete Abkürzungen, sofern es sich nicht um Standardabkürzungen wie PE oder PSE handelt, zumindest einmal aus (z. B. RG = Reagenzglas). Ungebräuchliche Abkürzungen gelten als Rechtschreibfehler.

- Achten Sie auf eine angemessene äußere Form Ihrer Ausführungen (lesbare Schrift, eine übersichtliche Gestaltung durch das Einhalten eines Randes rechts und links, Absätze, Aufzählungszeichen, Unterstreichungen usw.). Sind Zeichnungen, Skizzen oder Tabellen anzufertigen, dann erstellen Sie diese sauber, übersichtlich und nicht zu klein. Sie sind grundsätzlich vollständig zu beschriften.
- Beginnen Sie die Beantwortung der nächsten Frage auf einer neuen Seite oder lassen Sie zumindest mehrere Leerzeilen frei, sodass sie gegebenenfalls beim Überprüfen auf Vollständigkeit problemlos noch Ergänzungen einfügen können. Reicht in diesem Fall der Leerraum dennoch nicht für Ihre Nachträge, dann müssen Sie diese auf dem Zusatzblatt eindeutig unter Verwendung sinnvoller Symbole dem ersten Teil Ihrer Antwort zuordnen.

• **Überprüfen auf Vollständigkeit**
  - Kontrollieren Sie, ob Sie alle Bedingungen und Aspekte der Aufgabenstellung (unter Einbeziehung der Materialien zu den Teilaufgaben) erfasst haben.
  - Prüfen Sie, ob alle wesentlichen Inhalte berücksichtigt wurden.
  - Überprüfen Sie, ob das vorgegebene Material sinnvoll und angemessen ausgewertet wurde.
  - Lesen Sie den Text noch einmal durch und berichtigen Sie eventuelle Fehler in der Grammatik, Rechtschreibung oder Zeichensetzung.
  - Kennzeichnen Sie in Ihrer Angabe, welche Aufgaben Sie bereits bearbeitet haben bzw. welche Aufgaben Sie auslassen mussten.
  - Zuletzt sollten Sie die Seiten vollständig durchnummerieren und auf jedes Einzelblatt Ihren Namen schreiben.

5.2 Tipps zur Analyse von Tabellen, Diagrammen und Abbildungen

Ein Bestandteil der Aufgabenstellungen im Fach Chemie kann auch die Analyse von Material in Form von Tabellen sowie Grafiken sein.

In **Tabellen** sind oft Daten aus chemischen Experimenten zusammengefasst. Eine andere Art der Präsentation von Zahlenmaterial sind **Diagramme**. Zur Auswertung einer Tabelle oder eines Diagramms dient ein Fragenkatalog, mit dem alle wesentlichen Aspekte erfasst werden können:

- Welche Größen sind in der Tabelle/dem Diagramm dargestellt? Achten Sie auf die Überschriften und den Begleittext sowie die Achsenbeschriftungen.
- Welcher Diagrammtyp liegt vor (z. B. Säulendiagramm, Energiediagramm)?
- Welche Größen sind gegeneinander aufgetragen? Welche ist die unabhängige, welche die abhängige Größe?
- Was sind die Bezugsgrößen: Zahlenarten (absolute Zahlen, Prozentzahlen, logarithmische Auftragung), Zahlenwerte (gerundet, geschätzt, vorläufig), Skaleneinteilungen (linear, logarithmisch, Größenordnungen, …)?
- Welche Auffälligkeiten/Tendenzen sind zu erkennen?
- Welche Kategorien werden miteinander in Beziehung gesetzt (z. B. bei Tabellen in Kopfzeile, Spalten und Vorspalten)?
- Welche Hauptaussagen lassen sich formulieren (Trends/Tendenzen)?

- Welche Teilaussagen lassen sich treffen (Minima, Maxima, Zunahme, Abnahme, Stagnation, Zahlensprünge, Anomalien, Gleichmäßigkeiten und regelhafte Verläufe, unterschiedliche Phasen, Wechselbeziehungen zwischen verschiedenen Variablen/Merkmalen usw.)?
- Welcher Arbeitsauftrag ist mit dem Diagramm/der Tabelle verbunden? (Unabhängig davon sollten Sie Ihrer Lösung immer eine knappe Beschreibung der in der Tabelle oder der Darstellung enthaltenen Gegebenheiten im Rahmen der jeweiligen Fragestellungen voranstellen. Geben Sie dabei die markanten Punkte (Minima, Maxima) mit den Zahlenwerten an.)
- Welche Antwort gibt die Tabelle/das Diagramm auf die Fragestellung?
- Welche Aussagen werden durch die Daten nahegelegt?
- Was sind mögliche Ursachen für die der Tabelle/dem Diagramm entnommenen Sachverhalte?
- Welche neuen Fragen werden durch die Informationen der Tabelle/des Diagramms aufgeworfen?

Abbildungen in der Chemie zeigen meist entweder Strukturen (z. B. einen Formelausschnitt, Elektrolysezelle) oder Prozesse (z. B. Herstellung von Aluminium). Der erste Schritt Ihrer Lösung sollte auch hier immer darin bestehen, die bildlich dargestellte Information in Worte zu fassen („Untertitel“ der Abbildung), d. h. die Abbildung zu beschreiben. Die weitere Analyse ist dann sehr stark von der Art der Abbildung und der damit verbundenen Fragestellung abhängig. Aber auch hier helfen einige Grundfragen weiter:

- Wie ist die Abbildung zustande gekommen? Ist es z. B. die Skizze zur Struktur von Eiweiß oder die schematische Darstellung eines Experiments? (Beachten Sie dabei auch den vorangestellten Text, die Bildunterschrift und die angegebene Quelle.)
- Was wissen Sie über die dargestellten Strukturen oder Abläufe? Welche Fachbegriffe können Sie zuordnen?
- Was sind die wichtigen Merkmale der dargestellten Objekte oder Sachverhalte? Vergleichen Sie Teilabbildungen miteinander. Formulieren Sie Kern- und Teilaussagen.
- Welche Arbeitsanweisung ist mit der Abbildung verknüpft? Sollen Sie z. B. die Abbildung zur Erläuterung eines Sachverhaltes verwenden oder wird von Ihnen eine Hypothese über den Ablauf des dargestellten Experiments erwartet?
- Welche für die Beantwortung der Fragestellung relevanten Informationen lassen sich aus den Darstellungen entnehmen und welche Fragen stellen sich?
- Welche Ursachen und Mechanismen könnten hinter den dargestellten Prozessen stecken? Wie sind auftretende Besonderheiten zu erklären?

5.3 Häufig anzutreffende Fehlertypen im Fach Chemie

- **Reaktionsgleichungen:** Achten Sie genau darauf, dass die Reaktionsgleichungen ausgeglichen sind. Kontrollieren Sie die Anzahl der einzelnen Atomarten auf beiden Seiten der Gleichung und die Anzahl der Ladungen.
- **Valenzstrichformeln, Strukturformeln:** Überprüfen Sie die Anzahl der Bindungsstriche bzw. Valenzstriche. Dividieren Sie einfach die Gesamtzahl der Außenelektronen durch 2. Beachten Sie weiterhin die Anzahl der Bindungen, die von einem Atom ausgehen (z. B. jedes C-Atom genau 4 Bindungen, jedes H-Atom genau 1, …). Achten Sie beim Erstellen von Strukturformeln oder mesomeren Grenzformeln darauf, dass eine Oktettaufweitung erst für Atome ab der dritten Periode des PSE erlaubt und möglich ist.
- **Stoffe und Teilchen unterscheiden:** Bei Erläuterungen und Darstellungen ist häufig nach Zusammenhängen zwischen der Stoffebene und der Teilchenebene gefragt. Es ist wichtig, dass Sie durch korrekten Ausdruck und durch Verwendung der Fachsprache die beiden Ebenen nicht vermischen.
- **Stöchiometrie, Rechnen mit Einheiten:** Grundsätzlich sind die Ergebnisse **mit Einheiten** anzugeben, ein fehlender aufgabenbezogener Antwortsatz führt sehr häufig zum Punktverlust. Nutzen Sie Teile der Aufgabenstellung zur korrekten Formulierung des Antwortsatzes. Beachten Sie die gesuchten Größen und prüfen Sie, ob die Einheiten passend dazu angegeben sind. Ordnen Sie den Größen in Klammern immer den jeweiligen Stoff zu.
- **Notieren von offensichtlich falschen Ergebnissen:** Prüfen Sie, ob das Ergebnis Ihrer Rechnung die richtige Größenordnung besitzt. Diese lässt sich anhand der gegebenen Größen, die in die Rechnung eingehen, oft schon abschätzen. Bei offensichtlich falschen Ergebnissen, die Sie während der Prüfungszeit nicht mehr korrigieren können, sollten Sie unbedingt einen kurzen Hinweis geben („Das korrekte Ergebnis müsste im Bereich … liegen."), sodass Sie noch Bewertungspunkte „retten" können – erst recht dann, wenn Sie vielleicht sogar die Fehlerquelle umreißen können.
- **Beobachtung und Auswertung:** Unterscheiden Sie deutlich zwischen den Beobachtungen, die während eines vorgestellten Experiments gemacht werden können und der Deutung bzw. Auswertung der Versuchsergebnisse. Diese Abgrenzung sollte aus Ihrer Lösung deutlich hervorgehen.

Anhang

Säurekonstante K_S

Säure	K_S [mol · L^{-1}]	pK_S	korrespondierende Base	K_B [mol · L^{-1}]	pK_B
HCOOH	$1{,}78 \cdot 10^{-4}$	3,75	$HCOO^-$	$5{,}62 \cdot 10^{-11}$	10,25
CH_3COOH	$1{,}78 \cdot 10^{-5}$	4,75	CH_3COO^-	$5{,}62 \cdot 10^{-10}$	9,25
$H_2C_2O_4$	$5{,}6 \cdot 10^{-2}$	1,25	$HC_2O_4^-$	$1{,}8 \cdot 10^{-13}$	12,75
$HC_2O_4^-$	$5{,}2 \cdot 10^{-5}$	4,28	$C_2O_4^{2-}$	$1{,}9 \cdot 10^{-10}$	9,72
C_2H_5COOH	$1{,}35 \cdot 10^{-5}$	4,87	$C_2H_5COO^-$	$7{,}41 \cdot 10^{-10}$	9,13
$CH_3CH(OH)$ COOH	$8{,}40 \cdot 10^{-4}$	3,08	$CH_3CH(OH)COO^-$	$1{,}2 \cdot 10^{-11}$	10,92
C_6H_5OH	$1{,}0 \cdot 10^{-10}$	9,89	$C_6H_5O^-$	$9{,}55 \cdot 10^{-5}$	4,02
H_3O^+	$1{,}0 \cdot 10^{0}$	0,00	H_2O	$1 \cdot 10^{-14}$	14
$HClO_4$	$\approx 10^{9}$	≈ –9	ClO_4^-	$\approx 10^{-23}$	≈ 23
HF	$7{,}20 \cdot 10^{-4}$	3,14	F^-	$1{,}38 \cdot 10^{-11}$	10,86
HCl	$\approx 10^{7}$	≈ –7	Cl^-	$\approx 10^{-21}$	≈ 21
HI	$\approx 10^{9}$	≈ –9	I^-	$\approx 10^{-23}$	≈ 23
HCO_3^-	$4{,}0 \cdot 10^{-11}$	10,40	CO_3^{2-}	$2{,}51 \cdot 10^{-4}$	3,60
H_2CO_3	$3{,}02 \cdot 10^{-7}$	6,52	HCO_3^-	$3{,}31 \cdot 10^{-8}$	7,48
H_2CO_3 (unter physiologischen Bedingungen)		6,1			
H_3PO_4	$7{,}58 \cdot 10^{-3}$	2,12	$H_2PO_4^-$	$1{,}3 \cdot 10^{-12}$	11,88
$H_2PO_4^-$	$6{,}2 \cdot 10^{-8}$	7,21	HPO_4^{2-}	$1{,}6 \cdot 10^{-7}$	6,79
HPO_4^{2-}	$4{,}8 \cdot 10^{-13}$	12,32	PO_4^{3-}	$2{,}3 \cdot 10^{-2}$	1,68
HS^-	$1{,}26 \cdot 10^{-13}$	12,90	S^{2-}	$7{,}9 \cdot 10^{-2}$	1,10
H_2S	$1{,}20 \cdot 10^{-7}$	6,92	HS^-	$8{,}32 \cdot 10^{-8}$	7,08
H_2SO_4	$\approx 10^{3}$	–3	HSO_4^-	$\approx 10^{-17}$	≈ 17
HNO_3	$2{,}09 \cdot 10^{1}$	–1,32	NO_3^-	$4{,}79 \cdot 10^{-16}$	15,32
NH_4^+	$5{,}62 \cdot 10^{-10}$	9,25	NH_3	$1{,}78 \cdot 10^{-5}$	4,75
$[Al(H_2O)_6]^{3+}$	$1{,}41 \cdot 10^{-5}$	4,85	$[Al(OH)(H_2O)_5]^{2+}$	$7{,}08 \cdot 10^{-10}$	9,15
$[Fe(H_2O)_6]^{3+}$	$6{,}03 \cdot 10^{-3}$	2,22	$[Fe(OH)(H_2O)_5]^{2+}$	$1{,}66 \cdot 10^{-12}$	11,78
$[Zn(H_2O)_6]^{2+}$	$2{,}50 \cdot 10^{-10}$	9,60	$[Zn(OH)(H_2O)_5]^{2+}$	$3{,}98 \cdot 10^{-5}$	4,40

Löslichkeitsprodukte K_L

Stoff	K_L	
AgCl	$2{,}0 \cdot 10^{-10}$	$mol^2 \cdot L^{-2}$
AgBr	$5{,}0 \cdot 10^{-13}$	$mol^2 \cdot L^{-2}$
AgI	$1{,}5 \cdot 10^{-16}$	$mol^2 \cdot L^{-2}$
Ag_2CO_3	$6{,}2 \cdot 10^{-12}$	$mol^3 \cdot L^{-3}$
Ag_2CrO_4	$3{,}0 \cdot 10^{-12}$	$mol^3 \cdot L^{-3}$
Ag_2SO_4	$7{,}76 \cdot 10^{-5}$	$mol^3 \cdot L^{-3}$
Ag_2S	$1{,}0 \cdot 10^{-49}$	$mol^3 \cdot L^{-3}$
Ag_3PO_4	$1{,}8 \cdot 10^{-18}$	$mol^4 \cdot L^{-4}$
$BaSO_4$	$1{,}0 \cdot 10^{-10}$	$mol^2 \cdot L^{-2}$
$CaCO_3$	$5{,}0 \cdot 10^{-9}$	$mol^2 \cdot L^{-2}$
CaF_2	$4{,}0 \cdot 10^{-11}$	$mol^3 \cdot L^{-3}$
$Ca(OH)_2$	$5{,}5 \cdot 10^{-6}$	$mol^3 \cdot L^{-3}$
$Cu(OH)_2$	$5{,}6 \cdot 10^{-20}$	$mol^3 \cdot L^{-3}$
$Fe(OH)_2$	$5{,}0 \cdot 10^{-16}$	$mol^3 \cdot L^{-3}$
$Fe(OH)_3$	$3{,}8 \cdot 10^{-38}$	$mol^4 \cdot L^{-4}$
$FePO_4$	$1{,}0 \cdot 10^{-34}$	$mol^2 \cdot L^{-2}$
$MgCO_3$	$2{,}6 \cdot 10^{-5}$	$mol^2 \cdot L^{-2}$
MnS	$7{,}0 \cdot 10^{-16}$	$mol^2 \cdot L^{-2}$
$PbCO_3$	$1{,}5 \cdot 10^{-13}$	$mol^2 \cdot L^{-2}$
$Pb(OH)_2$	$6{,}0 \cdot 10^{-16}$	$mol^3 \cdot L^{-3}$
PbS	$1{,}0 \cdot 10^{-28}$	$mol^2 \cdot L^{-2}$
$PbSO_4$	$1{,}5 \cdot 10^{-8}$	$mol^2 \cdot L^{-2}$

Thermodynamische Daten bei Standardbedingungen

Stoff	$\Delta_B H^0$ in $kJ \cdot mol^{-1}$	S^0 in $J \cdot mol^{-1} \cdot K^{-1}$
H_2O (g)	−242	189
H_2O (l)	−286	70
CO (g)	−111	198
CO_2 (g)	−394	214
CH_4 (g)	−75	186
C_2H_6 (g)	−84	230
C_2H_4 (g)	52	220
C_2H_2 (g)	228	201
C_3H_8 (g)	−105	270
C_3H_6 (g)	20	266

C_4H_{10} (g)	−126	310
C_5H_{12} (g)	−146	349
C_8H_{18} (g)	−208	467
C_8H_{18} (l)	−250	361
C_9H_{20} (l)	−275	
CH_3OH (g)	−201	240
CH_3OH (l)	−239	127
C_2H_5OH (g)	−235	283
C_2H_5OH (l)	−277	161
Glucose (s)	−1 274	212

Standardpotenzial (Redoxpotenzial) E^0

Reaktion			E^0 bzw. U in Volt
$Li^+ + e^-$	$\rightleftharpoons$	Li (s)	−3,04
$K^+ + e^-$	$\rightleftharpoons$	K (s)	−2,92
$Ba^{2+} + 2\,e^-$	$\rightleftharpoons$	Ba (s)	−2,90
$Ca^{2+} + 2\,e^-$	$\rightleftharpoons$	Ca (s)	−2,87
$Na^+ + e^-$	$\rightleftharpoons$	Na (s)	−2,71
$Mg^{2+} + 2\,e^-$	$\rightleftharpoons$	Mg (s)	−2,36
$Al^{3+} + 3\,e^-$	$\rightleftharpoons$	Al (s)	−1,66
$Mn^{2+} + 2\,e^-$	$\rightleftharpoons$	Mn (s)	−1,18
$SO_4^{2-} + 2\,e^- + H_2O$	$\rightleftharpoons$	$SO_3^{2-} + 2\,OH^-$	−0,93
$2\,H_2O + 2\,e^-$	$\rightleftharpoons$	$H_2 + 2\,OH^-$	−0,83
$Zn^{2+} + 2\,e^-$	$\rightleftharpoons$	Zn (s)	−0,76
$N_2 + 4\,H^+ + 4e^-$	$\rightleftharpoons$	N_2H_4	−0,75
$Cr^{3+} + 3\,e^-$	$\rightleftharpoons$	Cr (s)	−0,74
$S + 2\,e^-$	$\rightleftharpoons$	S^{2-}	−0,45
$Fe^{2+} + 2\,e^-$	$\rightleftharpoons$	Fe (s)	−0,44
$Cd^{2+} + 2\,e^-$	$\rightleftharpoons$	Cd (s)	−0,40
$PbSO_4$ (s) $+ 2\,e^-$	$\rightleftharpoons$	Pb (s) $+ SO_4^{2-}$	−0,36
$Ni^{2+} + 2\,e^-$	$\rightleftharpoons$	Ni (s)	−0,23
$Sn^{2+} + 2\,e^-$	$\rightleftharpoons$	Sn (s)	−0,14
$Pb^{2+} + 2\,e^-$	$\rightleftharpoons$	Pb (s)	−0,13
$Ag_2S + 2\,e^-$	$\rightleftharpoons$	2 Ag	−0,04
$Fe^{3+} + 3\,e^-$	$\rightleftharpoons$	Fe (s)	−0,02
$2\,H^+ + 2\,e^-$	$\rightleftharpoons$	H_2 (g)	±0,00
$CH_3OH + H_2O$	$\rightleftharpoons$	$CO_2 + 6\,H^+ + 6\,e^-$	+0,045

$SO_4^{2-} + 2\,H_3O^+ + 2\,e^-$ oder $SO_4^{2-} + 2\,H^+ + 2\,e^-$	$\rightleftharpoons$	$SO_3^{2-} + 3\,H_2O$ $SO_3^{2-} + H_2O$	+0,14
$Ag_2O + 2\,e^-$	$\rightleftharpoons$	$2\,Ag$	+0,34
$Cu^{2+} + 2\,e^-$	$\rightleftharpoons$	$Cu_{(s)}$	+0,35
$O_{2\,(g)} + 2\,H_2O + 4\,e^-$	$\rightleftharpoons$	$4\,OH^-$	+0,40
$I_{2\,(s)} + 2\,e^-$	$\rightleftharpoons$	$2\,I^-$	+0,54
$C_6H_4O_2 + 2\,e^- + 2H_3O^+$ (Chinon)	$\rightleftharpoons$	$C_6H_6O_2 + 2\,H_2O$ (Hydrochinon)	+0,70
Fe^{2+}	$\rightleftharpoons$	$Fe^{3+} + e^-$	+0,75
$2\,I^- + H_2O$	$\rightleftharpoons$	$I_{2\,(aq)} + 2\,e^-$	+0,58
$Ag^+ + e^-$	$\rightleftharpoons$	$Ag_{(s)}$	+0,80
pH = 7 $4\,OH^-$	$\rightleftharpoons$	$2\,H_2O + O_2 + 4\,e^-$	+0,82
$Hg^{2+} + 2\,e^-$	$\rightleftharpoons$	$Hg_{(l)}$	+0,85
$NO_3^- + 2\,e^- + 2\,H^+$	$\rightleftharpoons$	$NO_2^- + H_2O$	+0,94
$Br_{2\,(l)} + 2\,e^-$	$\rightleftharpoons$	$2\,Br^-$	+1,07
$Pt^{2+} + 2\,e^-$	$\rightleftharpoons$	$Pt_{(s)}$	+1,20
$O_{2\,(g)} + 4\,H^+ + 4\,e^-$	$\rightleftharpoons$	$2\,H_2O$	+1,23
$Cl_{2\,(g)} + 2\,e^-$	$\rightleftharpoons$	$2\,Cl^-$	+1,36
$Au^{3+} + 2\,e^-$	$\rightleftharpoons$	Au^+	+1,41
$PbO_{2\,(s)} + 4\,H^+ + 2\,e^-$	$\rightleftharpoons$	$Pb^{2+} + 2\,H_2O$	+1,46
$Mn^{2+} + 12\,H_2O$ oder $Mn^{2+} + 4\,H_2O$	$\rightleftharpoons$	$MnO_4^- + 8\,H_3O^+ + 5\,e^-$ $MnO_4^- + 8\,H^+ + 5\,e^-$	+1,51
$Au^+ + e^-$	$\rightleftharpoons$	$Au_{(s)}$	+1,68
$PbO_{2\,(s)} + 4\,H^+ + SO_4^{2-} + 2\,e^-$	$\rightleftharpoons$	$PbSO_{4\,(s)} + 2\,H_2O$	+1,69
$H_2O_2 + 2\,e^- + 2\,H_3O^+$	$\rightleftharpoons$	$4\,H_2O$	+1,77
$S_2O_8^{2-} + 2\,e^-$	$\rightleftharpoons$	$2\,SO_4^{2-}$	+2,01
$F_{2\,(g)} + 2\,e^-$	$\rightleftharpoons$	$2\,F^-$	+2,87

Dichte von Octan $\rho\,(C_8H_{18}) = 0{,}7\ g \cdot cm^{-3}$

Dichte von Ethanol $\rho\,(C_2H_5OH) = 0{,}785\ g \cdot cm^{-3}$

Chemie (Niedersachsen): Grundkurs
Abiturprüfung 2007 – Aufgabe I

Salicylsäure und ihre Ester

1 Salicylsäure

1.1 50 mL Salicylsäurelösung wurden mit Natronlauge ($c = 0{,}1\ \text{mol} \cdot \text{L}^{-1}$) unter Aufnahme der entsprechenden pH-Werte titriert (M 1).
Zeichnen Sie die Titrationskurve für diese Titration. Kennzeichnen und beschriften Sie charakteristische Bereiche und Punkte des Graphen.

1.2 Erläutern Sie kurz, wie man aus der Titrationskurve den $\text{p}K_S$-Wert ermitteln kann. Berechnen Sie ausgehend von den Titrationsergebnissen die Ausgangskonzentration der eingesetzten Salicylsäurelösung (M 1, M 2).

2 Acetylsalicylsäure

2.1 Beschreiben Sie den medizinischen Hintergrund für die in M 3 beschriebene „Veredelung“ von Salicylsäure. Stellen Sie den „Veredelungs“-Vorgang in einer Reaktionsgleichung unter Verwendung von Strukturformeln dar.

2.2 Wenn Acetylsalicylsäure zu lange im Magen verbleibt, kann sie Schädigungen in den Zellen der Magenschleimhaut verursachen (M 4a). Stellen Sie eine Hypothese zur Erklärung dieser Nebenwirkung auf. Vergleichen Sie dazu auch das chemische Verhalten von Acetylsalicylsäure in der Magenhöhle und in den Magenschleimhautzellen (M 2, M 4b).

2.3 Bestimmte Acetylsalicylsäure-Präparate (z. B. Aspirin® Migräne, M 4a) enthalten neben dem Wirkstoff weitere Substanzen. Nennen Sie die in dem Medikament Aspirin® Migräne enthaltenen Puffersysteme und erläutern Sie an einem dieser Systeme mithilfe von Reaktionsgleichungen deren Pufferwirkung. Stellen Sie einen Zusammenhang her zu den in M 4c gemachten Aussagen.

3 Salicylsäurephenylester

3.1 Vergleichen Sie die Strukturen von Salicylsäurephenylester und Acetylsalicylsäure (M 2, M 5a).

3.2 Erläutern Sie das in M 5b beschriebene Auftreten von Phenol in Mundwässern, die Salicylsäurephenylester enthalten. Stellen Sie für die zugrunde liegende Reaktion den Reaktionsmechanismus unter Verwendung von Strukturformeln dar.
Hinweis: Mundwässer haben oft einen pH-Wert von 4–5.

3.3 Erklären Sie die unterschiedlichen Schmelztemperaturen von Salicylsäurephenylester und Salicylsäure (M 2, M 5a).

M 1: Ergebnisse der Titration von 50 mL Salicylsäurelösung mit Natronlauge der Konzentration $c(\text{NaOH}) = 0{,}1\ \text{mol} \cdot \text{L}^{-1}$

V (Natronlauge) in mL	pH-Wert
0	2,5
1	2,7
2	2,9
3	3,0
4	3,2
5	3,5
6	4,2
7	10,9
8	11,4
9	11,6
10	11,7

V (Natronlauge) in mL	pH-Wert
11	11,8
12	11,9
13	12,0
14	12,1
15	12,1
16	12,2
17	12,2
18	12,2
19	12,3
20	12,3

M 2: Informationen zu Salicylsäure und Acetylsalicylsäure

Strukturformel	Salicylsäure 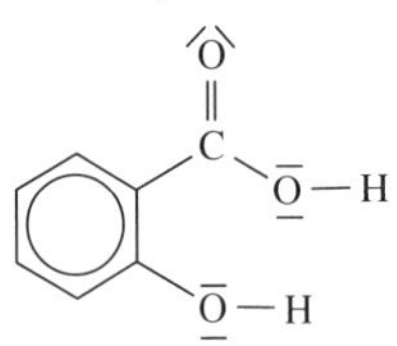	Acetylsalicylsäure 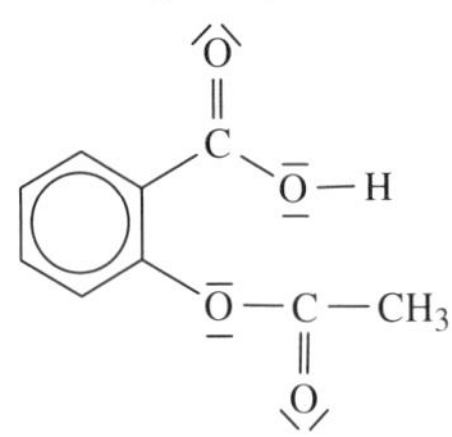
pK_S-Wert	2,98	3,49
Schmelztemperatur	ca. 158 °C	135 °C

M 3: „Von der Weidenrinde zum Aspirin": Allgemeine Informationen zu Salicylsäure und Acetylsalicylsäure

Schon die alten Griechen kannten die schmerzlindernde Wirkung des Saftes, der aus der Rinde von Weiden (lat.: *salix*) gewonnen wird. Weidenrinde enthält Salicylalkohol, der im menschlichen Körper zu Salicylsäure (2-Hydroxybenzoesäure) umgewandelt wird. (...)

1859 gelang es dem Marburger Professor Hermann Kolbe, die Struktur der Salicylsäure aufzuklären und ihre Synthese zu erarbeiten. So konnte 1874 die industrielle Produktion von Salicylsäure beginnen – zu einem Zehntel des Preises, der für natürlich gewonnene Salicylsäure (...) gezahlt werden musste. Ihr Geschmack war jedoch grässlich und nicht selten griff sie auch die Schleimhäute an, der Schmerzkranke musste also zwischen zwei Übeln wählen.

1897 machte sich der junge Bayer-Chemiker Dr. Felix Hoffmann auf die Suche nach einem verträglicheren und wirksameren Rheumamittel. Hoffmann versuchte, die Salicylsäure zu „veredeln" und sie dadurch verträglicher zu machen. Erfolg hatte er schließlich mit der Acetylierung, das heißt der Verbindung von Salicylsäure mit Essigsäure (lat.: *acetum* = Essig). Am 10. August beschrieb er in seinem Laborjournal die von ihm in chemisch reiner Form hergestellte Acetylsalicylsäure. Am 1. Februar 1899 wurde Aspirin® als Warenzeichen dafür angemeldet und der Triumphzug eines der ersten synthetisch hergestellten Arzneimittel nahm seinen Anfang.

Quelle: research, Bayer-Forschungsmagazin, Ausgabe 9/1997; Bayer AG

M 4a: Ausschnitte aus dem Beipackzettel von „Aspirin® Migräne"; die aufgeführten Nebenwirkungen gelten für alle Aspirin-Produkte

ASPIRIN® MIGRÄNE Gebrauchsinformation

Brausetabletten à 500 mg; Wirkstoff: Acetylsalicylsäure

Zusammensetzung:

Der arzneilich wirksame Bestandteil ist Acetylsalicylsäure.
1 Brausetablette enthält 500 mg Acetylsalicylsäure.
Die sonstigen Bestandteile sind: Citronensäure/Natriumdihydrogencitrat, Natriumhydrogencarbonat/Natriumcarbonat.

Bei *ASPIRIN MIGRÄNE* handelt es sich um gepufferte Brausetabletten. In der trinkfertigen Lösung ist der Wirkstoff vollständig gelöst. *ASPIRIN MIGRÄNE* hat schmerzstillende, fiebersenkende und entzündungshemmende Eigenschaften.

Welche Nebenwirkungen sind möglich?

Wie alle Medikamente, kann *ASPIRIN MIGRÄNE* Nebenwirkungen haben. Mögliche Nebenwirkungen sind gemäß ihrer geschätzten Häufigkeit aufgeführt, wobei die häufigsten zuerst genannt werden:

- Magen-Darm-Beschwerden (Magenschmerzen, funktionelle Magenbeschwerden (Dyspepsie), Magenschleimhautentzündung).
- Übelkeit, Erbrechen, Durchfälle.
- Magen-Darmblutungen, die in Einzelfällen zu einer Eisenmangelanämie führen können. Bei Auftreten von schwarzem Stuhl oder blutigem Erbrechen, Zeichen einer schweren Magenblutung, ist sofort der Arzt zu benachrichtigen.
- Magen-Darmgeschwüre, die in Einzelfällen zu einem Durchbruch führen können.

M 4b: Informationen zum Aufbau von Zellmembranen

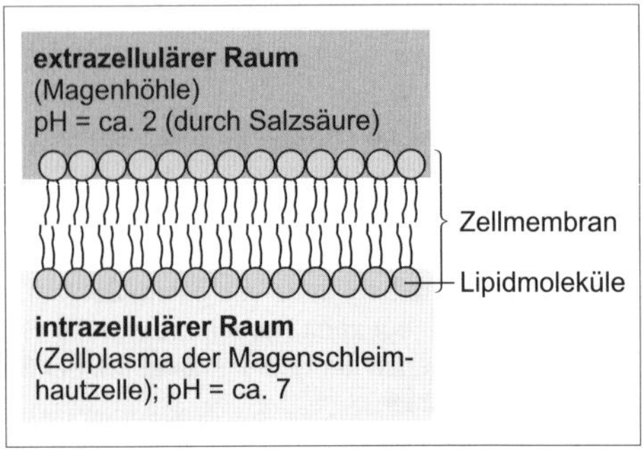

Die Zellen tierischer Lebewesen sind untereinander und gegenüber Hohlräumen nur durch eine dünne Zellmembran abgegrenzt. Diese Zellmembran besteht überwiegend aus einer Doppelschicht von fettartigen Molekülen, den sogenannten Lipidmolekülen.
Diese Membranen umgeben die wasserhaltigen Innenräume der Zellen, das Zellplasma.
Die Diffusionsgeschwindigkeit lipophiler (hydrophober) Arzneimittel durch die Zellmembran ist umso höher, je größer die Löslichkeit des Arzneimittels in lipophilen Stoffen im Vergleich zur Löslichkeit in hydrophilen Stoffen ist.
Experimentell wird dieses untersucht, indem die Löslichkeit des Arzneimittels in dem weitgehend lipophilen Lösemittel Octanol im Vergleich zur Löslichkeit in Wasser bestimmt wird.
Für Acetylsalicylsäure ergeben sich folgende Werte (bei 20 °C):
Löslichkeit in Wasser: $3{,}3\ g \cdot L^{-1}$
Löslichkeit in Octanol: $56\ g \cdot L^{-1}$

M 4c: Auszug aus dem Internet-Lexikon zum Thema „Aspirin® Migräne"

Auch Aspirin Direkt, Aspirin plus C und Aspirin Migräne bei migränebedingten Kopfschmerzen sind durch die Zugabe bestimmter Substanzen (Salze) gepuffert. Dadurch wird erreicht, dass sich der Wirkstoff viel besser löst und rasch durch den Magen in den Dünndarm gelangt, wo er ins Blut aufgenommen wird. Die oben genannten gepufferten Zubereitungen der Acetylsalicylsäure zeichnen sich deswegen durch eine bessere Magenverträglichkeit aus als Arzneimittel mit ungepufferter Acetylsalicylsäure.

Basierend auf: http://www.aspirin.de/service/lexikon/index.html

M 5a: Informationen zu Salicylsäurephenylester („Phenylsalicylat")

Strukturformel	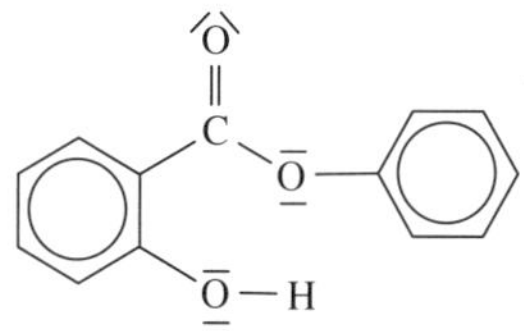
Eigenschaften und Verwendung	– antiseptisch, lokal entzündungshemmend, UV-Strahlung absorbierend – in medizinischen Mundwässern, z. B. Odol® – in Hautpflegemitteln – in Sonnenschutzpräparaten – als Alterungsschutzmittel in Kunststoffen
Schmelztemperatur	41,7 °C

Angaben zu Eigenschaften und Verwendung basierend auf: D. Krickau: Abbaukinetik hydrolyseempfindlicher Arzneistoffe in parenteralen O/W-Emulsionen, Digitale Dissertation FU Berlin

M 5b: Ergebnisse einer chemischen Qualitätskontrolle von Mundwässern

Vier der untersuchten Mundwässer enthielten Phenylsalicylat in den Konzentrationen von 0,14–0,83 %. In all diesen Proben wurde auch Phenol gefunden, welches offenbar durch Abbau von Phenylsalicylat entstanden ist. Die Gehalte lagen zwischen 0,02 und 0,09 %. Phenol ist nur in Seifen und Shampoos zugelassen (Höchstwert: 1 %) und relativ toxisch (Giftklasse 2). Zwar sind alle 4 Produkte im Prinzip vor dem Gebrauch zu verdünnen. Trotzdem wurden die Hersteller zu einer Stellungnahme eingeladen, da Phenol eigentlich nicht in solche Produkte gehört. Die Stellungnahme der 2 betroffenen Firmen hat ergeben, dass Phenol nicht beigefügt wird, sondern aus Phenylsalicylat während der Lagerung oder der Produktion entstanden sein muss.

Quelle: U. H. :http://www.kantonslabor-bs.ch/content.cfm?nav=&content=23&command =23&command=details&year=2005&kat=all&id=418; Kantonales Laboratorium Basel Stadt

(Ergänzende Information zu M 5b: Die Gesetzgebung hat sich mittlerweile diesbezüglich geändert. So ist Phenol inzwischen in kosmetischen Produkten gänzlich verboten. Die betroffenen Hersteller haben entsprechend reagiert und das Phenylsalicylat in ihren Mundwässern ersetzt.)

Lösung

1.1 Titrationskurve

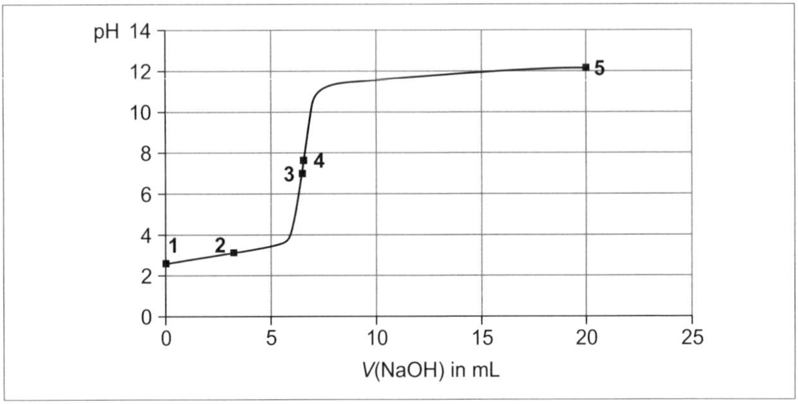

Charakteristische Punkte und Bereiche der Titrationskurve

1 Startpunkt der Titration (bei pH = 2,5)
2 Halbäquivalenzpunkt (1. Wendepunkt des Graphen ca. bei pH = 3)
3 Neutralpunkt (bei pH = 7)
4 Äquivalenzpunkt (2. Wendepunkt des Graphen ca. bei pH = 7,7)
5 Endpunkt der Titration (bei pH = 12,3)

Der Pufferbereich reicht etwa bis zu einer Zugabe von V(NaOH) = 5 mL.

1.2 Ermittlung des pK_S-Wertes der Salicylsäure

Bei schwachen Säuren entspricht der pH-Wert am Halbäquivalenzpunkt (1. Wendepunkt der Titrationskurve) dem pK_S-Wert der Säure. Der pK_S-Wert der Salicylsäure ist demnach ca. 3.

Nachfolgend wird als etwas ausführlichere Begründung die Henderson-Hasselbalch-Gleichung hergeleitet. Diese Herleitung ist für die Beantwortung der Aufgabe jedoch nicht zwingend erforderlich.

Wird eine schwache Säure in Wasser gelöst, so stellt sich ein Protolysegleichgewicht ein, das weit auf der linken Seite liegt.

$$HA + H_2O \rightleftharpoons H_3O^+ + A^-$$

Bei der Zugabe der Hälfte der zur Neutralisation benötigten Menge an Natronlauge ist die Konzentration der Säure (HA) gleich der Konzentration der Säurerestanionen (A^-):

$c(HA) = c(A^-)$

Herleitung der Henderson-Hasselbalch-Gleichung

$$K_S = \frac{c(H_3O^+) \cdot c(A^-)}{c(HA)}$$

$$\lg K_S = \lg c(H_3O^+) + \lg \frac{c(A^-)}{c(HA)}$$

$$-\lg c(H_3O^+) = -\lg K_S + \lg \frac{c(A^-)}{c(HA)}$$

$$pH = pK_S + \lg \frac{c(A^-)}{c(HA)}$$

Mit $c(HA) = c(A^-)$ ergibt sich:

$$pH = pK_S + \lg 1 \quad \Rightarrow \quad pH = pK_S$$

Der pK_S-Wert der Salicylsäure ist demnach ca. 3.

Berechnung der Anfangskonzentration der Salicylsäure

Geg.: $V(NaOH) = 6{,}5$ mL (aus der Titrationskurve)
$c(NaOH) = 0{,}1\ mol \cdot L^{-1}$
$V(\text{Salicylsäure}) = V(C_7H_6O_3) = 0{,}05$ L

Ges.: $c(C_7H_6O_3)$

Am Äquivalenzpunkt gilt:

$$n(OH^-) = n(H_3O^+)$$

$$c(OH^-) \cdot V(OH^-) = c(H_3O^+) \cdot V(H_3O^+)$$

Bei der Salicylsäure handelt es sich um eine einprotonige Säure. Pro Mol Salicylsäure wird also ein Mol Oxoniumionen freigesetzt.

$$c(NaOH) \cdot V(NaOH) = c(C_7H_6O_3) \cdot V(C_7H_6O_3)$$

$$c(C_7H_6O_3) = \frac{c(NaOH) \cdot V(NaOH)}{V(C_7H_6O_3)}$$

$$c(C_7H_6O_3) = \frac{0{,}1\ mol \cdot L^{-1} \cdot 0{,}0065\ L}{0{,}05\ L} = 0{,}013\ mol \cdot L^{-1}$$

Die Anfangskonzentration der Salicylsäure beträgt $0{,}013\ mol \cdot L^{-1}$.

2.1 Die Salicylsäure hat zwar eine schmerzlindernde Wirkung, schädigt gleichzeitig aber auch die Schleimhäute und hat zudem einen sehr unangenehmen Geschmack. Durch das „Veredeln", d. h., durch die Veresterung mit Essigsäure, entsteht aus der Salicylsäure die Acetylsalicylsäure, ein deutlich verträglicherer Wirkstoff.

Veredelung von Salicylsäure

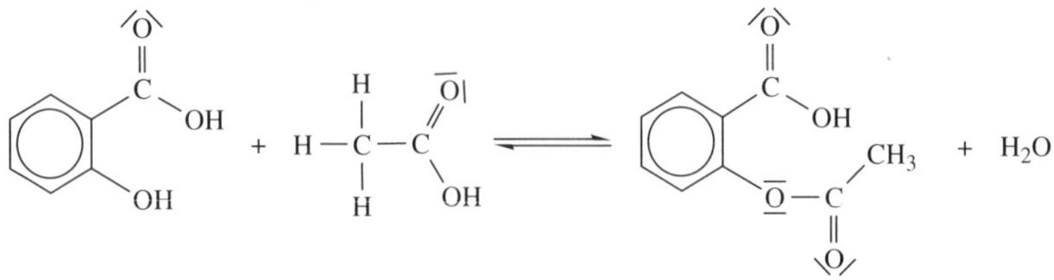

Salicylsäure Essigsäure Acetylsalicylsäure

2.2 **Schädigende Wirkung der Acetylsalicylsäure auf die Zellen der Magenschleimhaut**

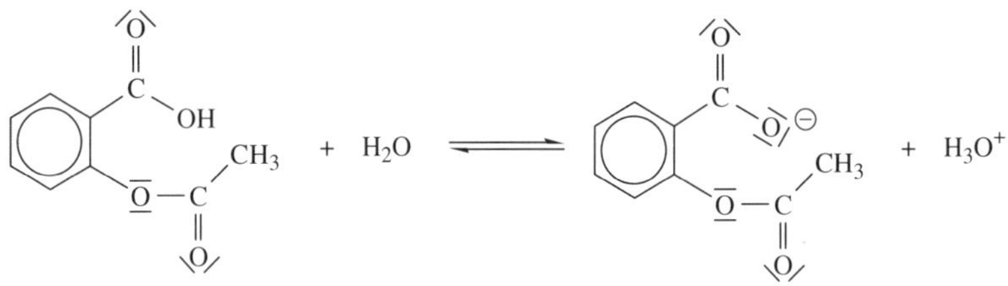

Die hohe Konzentration an H_3O^+-Ionen in der Magenhöhle (pH = 2) bewirkt, dass sich das Protolysegleichgewicht der Acetylsalicylsäure weit auf der linken Seite befindet. Die Acetylsalicylsäure liegt also fast ausschließlich in ihrer undissoziierten Form vor.

Aufgrund der guten Löslichkeit von Acetylsalicylsäure in lipophilen Stoffen (Löslichkeit in Octanol: $56\ g \cdot L^{-1}$) ist sie in der Lage, die weitgehend lipophile Zellmembran der Magenschleimhautzellen zu durchdringen, sodass sich die Konzentration der Acetylsalicylsäure innerhalb der Magenschleimhautzelle erhöht.

Im Zellplasma der Magenschleimhautzelle ist die Konzentration der H_3O^+-Kationen deutlich geringer als im extrazellulären Raum. Das Protolysegleichgewicht verschiebt sich daher auf die Seite der dissoziierten Form der Acetylsalicylsäure. Diese Ionen können aber die lipophile Zellmembran nicht mehr durchdringen. Die durch die Protolyse gebildeten Oxoniumionen können zu Gewebeschädigungen in der Magenschleimhaut führen.

2.3 **Puffersysteme**

Der Ausschnitt aus dem Beipackzettel liefert Hinweise auf zwei Puffersysteme:

- Hydrogencarbonation/Carbonation
- Citronensäure/Dihydrogencitration

Pufferwirkung am Beispiel des Hydrogencarbonat/Carbonat-Puffers

$$HCO_3^- + H_2O \rightleftharpoons CO_3^{2-} + H_3O^+$$

Puffergleichung nach Henderson-Hasselbalch:

$$pH = pK_S + \lg \frac{c(CO_3^{2-})}{c(HCO_3^-)}$$

Die Pufferlösung wird so angesetzt, dass die Konzentrationen der Carbonat- und der Hydrogencarbonationen etwa gleich sind. Werden dieser Pufferlösung nun Oxoniumionen zugeführt, werden diese durch die Carbonationen abgefangen:

$$CO_3^{2-} + H_3O^+ \rightleftharpoons HCO_3^- + H_2O$$

Werden dem Puffer Hydroxidionen zugeführt, werden diese durch die Hydrogencarbonationen abgefangen:

$$HCO_3^- + OH^- \rightleftharpoons CO_3^{2-} + H_2O$$

Da die Konzentrationen der Carbonat- bzw. der Hydrogencarbonationen im logarithmischen Term der Henderson-Hasselbalch-Gleichung auftreten, ändert sich der pH-Wert bei Zugabe von Oxonium- bzw. Hydroxidionen kaum.

Durch die Pufferung werden die Oxoniumionen abgefangen und ihr Einfluss in der Magenhöhle somit verringert. Die Acetylsalicylsäure kann dadurch in diesem Bereich stärker protolysieren. Da die Säure nun verstärkt in der ionischen (hydrophilen) Form vorliegt, kann sie die (weitgehend) hydrophobe Zellmembran der Magenschleimhautzelle nicht mehr durchdringen. Die hydrophile Form der Acetylsalicylsäure kann schnell weiter in den Darm gelangen. Die Gefahr einer Erhöhung der Konzentration an Acetylsalicylsäure in der Magenschleimhautzelle und die damit verbundene Schädigung wird vermindert.

3.1 Vergleich von Acetylsalicylsäure und Salicylsäurephenylester

	Acetylsalicylsäure	**Salicylsäurephenylester**
Gemeinsamkeiten	Ester der Salicylsäure	
Unterschiede	Salicylsäure als Alkoholkomponente	Salicylsäure als Säurekomponente
	Essigsäure als Säurekomponente	Phenol als Alkoholkomponente
	Moleküle besitzen freie Carboxygruppen	Moleküle besitzen freie Hydroxygruppen

3.2 **Phenol in Mundwässern**

Phenol entsteht durch **saure Esterhydrolyse** des Salicylsäurephenylesters.

Anlagerung eines Protons an das Carbonylsauerstoffatom:

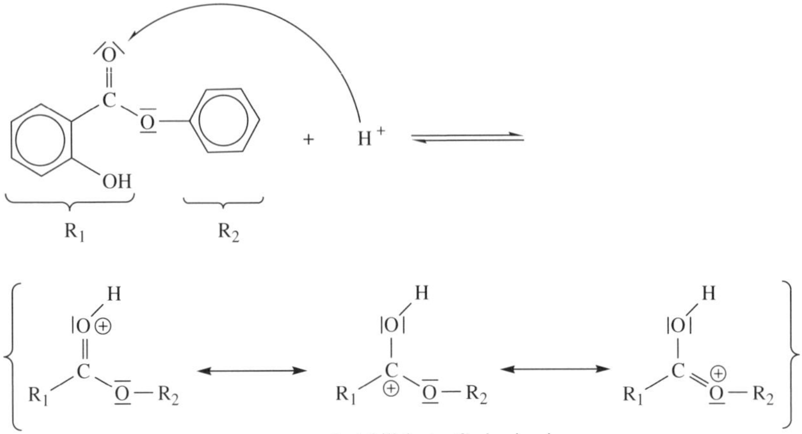

mesomeriestabilisiertes Carbeniumion

Nukleophiler Angriff eines Wassermoleküls an das Carbeniumion der Estergruppe:

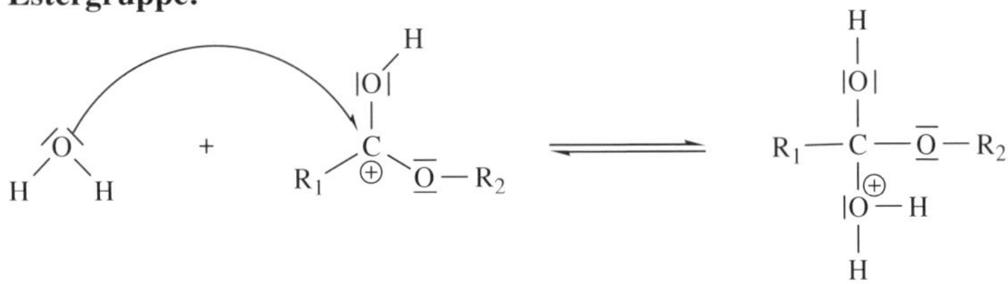

Intramolekulare Protonenwanderung:

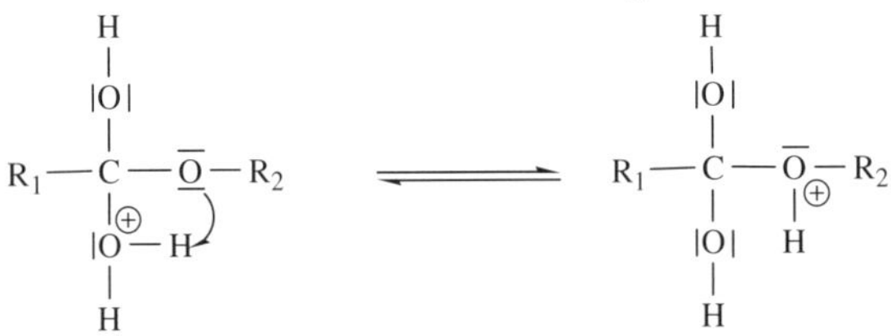

Abspaltung des Phenolmoleküls:

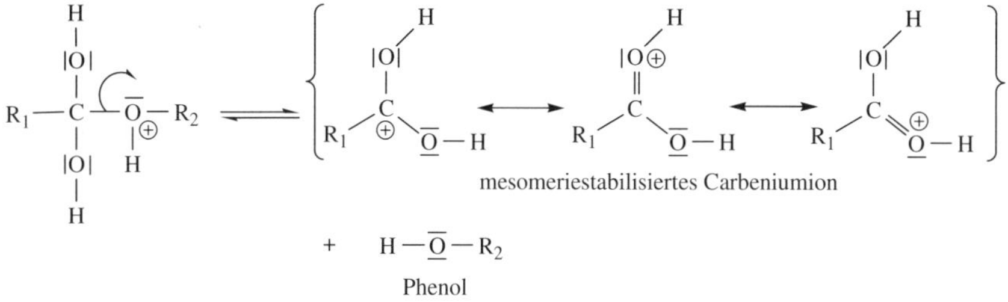

Rückbildung des Katalysators durch Abspaltung eines Protons:

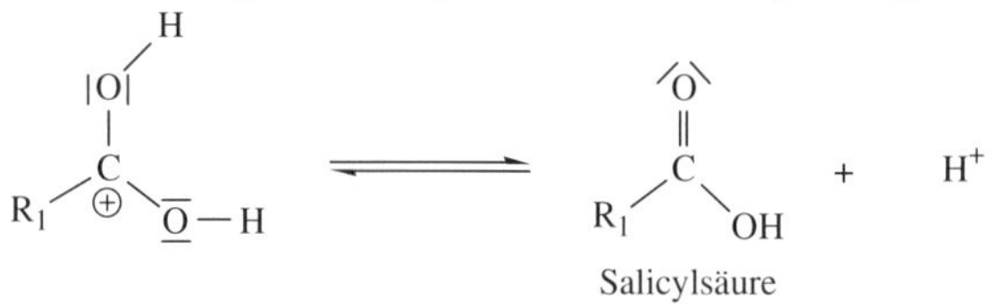

3.3 Salicylsäurephenylester hat eine deutlich niedrigere Schmelztemperatur als Salicylsäure. Die intermolekularen Wechselwirkungen zwischen den Estermolekülen sind folglich geringer als die zwischen den Salicylsäuremolekülen. Ursache ist die freie Carboxygruppe im Salicylsäuremolekül, die die Bildung von Wasserstoffbrücken zu benachbarten Molekülen ermöglicht. Im Estermolekül fehlt dagegen an dieser Stelle das partiell positiv polarisierte Wasserstoffatom.

Chemie rund um die Kaffeemaschine

1 Entkalken von Kaffeemaschinen

1.1 Zum Entkalken einer Kaffeemaschine findet man im Internet zum Beispiel den Text aus M 1a. Erläutern Sie unter Verwendung von Reaktionsgleichungen die Wirkungsweise eines Entkalkers am Beispiel von Essigsäure.

1.2 Ein Kaffeetrinker hat in einem Internet-Forum eine Diskussion geführt.
Erläutern Sie die in der Antwort (M 2) geäußerte Vermutung „alkalischer pH-Wert", indem Sie für mögliche chemische Vorgänge Reaktionsgleichungen aufstellen, und beurteilen Sie den gemachten Vorschlag (siehe auch M 1 b).

2 Untersuchung von Entkalker-Säuren

2.1 Es wurde eine Entkalker-Lösung bestellt (M 3). Nach der Lieferung soll mit einfacher pH-Messung geprüft werden, ob die Lösung Citronensäure oder Essigsäure enthält.
Erklären Sie, inwiefern dieses Ergebnis eine Aussage auf die enthaltene Säure zulässt. Unterstützen Sie Ihre Argumentation durch geeignete Beispiel-Rechnungen; gehen Sie dabei von einer Säure-Konzentration von $c = 0{,}2 \text{ mol} \cdot \text{L}^{-1}$ aus. Berücksichtigen Sie bei der Citronensäure nur die erste Protolysestufe.

2.2 Bei einer genaueren Untersuchung wird eine Titration der Lösung durchgeführt (M 4 a).
Beschreiben Sie die Vorgehensweise und die einer Titration zugrunde liegende Reaktion.
Entscheiden Sie mithilfe des bei der Titration erhaltenen Diagramms (M 4 b) begründet, um welche Säure es sich handelt und bestimmen Sie deren Ausgangskonzentration.

2.3 Der pH-Wert der Lösung könnte auch mit einer Wasserstoff-Elektrode gemessen werden. Stellen Sie den Aufbau und die Funktionsweise einer Wasserstoff-Elektrode dar.
Beschreiben Sie den in M 5 dargestellten Zusammenhang zwischen dem pH-Wert einer Lösung und dem Potenzial der in die Lösung tauchenden Wasserstoff-Elektrode.

3 **Energiequellen zur netzunabhängigen Stromversorgung**

3.1 Zur Stromversorgung der in M 2 genannten Kaffeemaschine reicht eine Autobatterie.
Beschreiben Sie den Aufbau und die ablaufenden Reaktionen beim Entlade- und Ladevorgang eines Bleiakkus (M 6 a).

3.2 Alternativ zur Autobatterie könnte die Stromversorgung der Kaffeemaschine auch durch eine Zink-Luft-Batterie (M 6 b) erfolgen.
Diskutieren Sie die Vor-und Nachteile der Benutzung einer Autobatterie im Vergleich zur Zink-Luft-Batterie für diesen Zweck (M 2).

M 1 a: Anleitung zum Reinigen von Kaffeemaschinen

Jedes Gerät muss regelmäßig gewartet werden, denn nur eine gut gereinigte, entkalkte Kaffeemaschine sorgt für höchste Kaffeequalität. Das kostet etwas Zeit, denn je nach Modell müssen viele Einzelteile auseinander- und wieder zusammengebaut werden. Dabei unbedingt an die Gebrauchsanleitung halten!

Experten-Info zum Neukauf: Es gibt Vollautomaten mit komplett herausnehmbarer Brühgruppe, die die Pflege erleichtern.

Extra-Tipp: Typische Anzeichen für Verkalkung sind: Verlängerung der Durchlaufzeit, vermehrte Geräuschbildung, starke Dampfentwicklung, sichtbare Kalkablagerungen.

Entkalken Sie Ihre Kaffeemaschine einmal im Monat mit handelsüblichem Kaffeemaschinenentkalker auf Zitronensäurebasis. Zum Entkalken kann auch Essigsäure benutzt werden; besser ist allerdings Zitronensäure.

So entkalken Sie richtig:
Je nach Verkalkung Kaffeemaschinenentkalker in konzentrierter oder verdünnter Form anwenden und 20–30 Minuten einwirken lassen. Ein eventuelles Aufschäumen ist auf die Entstehung von Kohlenstoffdioxid zurückzuführen. Wenn nötig, Vorgang wiederholen. Anschließend mit kaltem Wasser mehrmals spülen. Die Bedienungsanleitung des Geräteherstellers ist zu beachten.

M 1 b: Formeln und ausgewählte Eigenschaften einiger Stoffe

Stoff	Formel	Löslichkeit in Wasser	pK_S bzw. pK_B bei 22 °C
Essigsäure (Ethansäure)	CH_3–COOH	gut	$pK_S = 4,75$
Citronensäure (2-Hydroxy-1,2,3-propantricarbonsäure)	H_2C — COOH | HO — C — COOH | H_2C — COOH	gut	$pK_{S1} = 3,14$ $pK_{S2} = 4,76$ $pK_{S3} = 6,39$
Calciumhydrogencarbonat	$Ca(HCO_3)_2$	gut	$pK_B (HCO_3^-) = 7,48$
Calciumcarbonat (Kalk)	$CaCO_3$	kaum	$pK_B (CO_3^{2-}) = 3,60$

M 2: Auszug aus dem Internet-Forum

Ursprünglicher Diskussionsbeitrag: „Kaffeeärger"

Gesendet von Naturboy am 9. Oktober um 10:30

Bin in einer Selbstversorgerhütte ohne Stromanschluss und koche Kaffee mit Bergseewasser, 12 V-Kaffeemaschine und Autobatterie. Ist ganz schön nervig, dass meine Kaffeemaschine jetzt schon nach zwei Tagen für 3 Tassen über 10 Minuten braucht. Nicht, dass ich die Zeit hier draußen nicht hätte, aber der Akku hält da nicht lange durch, und vom Parkplatz bis zur Hütte ist es ein weiter Weg! Mit einem Gaskocher kann ich ja wohl nicht im Wald hantieren! Hat jemand einen Tipp?!

Liste der Antworten:
Schätze, dein Bergwasser ist alkalisch – das Wasser kommt wohl aus kalkhaltigem Gestein! Solltest dein Wasser neutralisieren, dann hast du kein Problem mehr – na ja, dein Akku hält trotzdem nicht ewig!

PinkPanther, am 11. Oktober um 20:32

M 3: Entkalker-Lösung

Aufschrift auf der Flasche u. a.:
Vorsicht! Die Lösung enthält organische Säure.
Die Flasche soll vor Kindern geschützt aufbewahrt werden.
Inhaltsstoffe: Wasser, organische Säure, Duftstoffe.
Der pH-Wert der Lösung beträgt ca. 2,7.

M 4a: Versuchsanleitung

20 mL der Entkalker-Lösung werden mit Natronlauge ($c = 1\ mol \cdot L^{-1}$) titriert.
Während dieser Titration taucht eine pH-Elektrode in die Säure-Lösung.
Die pH-Werte werden während der Titration notiert und sind in M 4b dargestellt.

M 4b: Titrationskurve zu dem Versuch aus M 4a

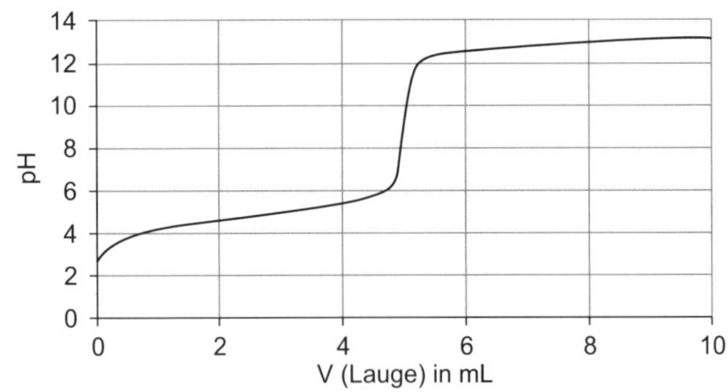

M 5: Potenzial einer Wasserstoff-Elektrode in Abhängigkeit vom pH-Wert

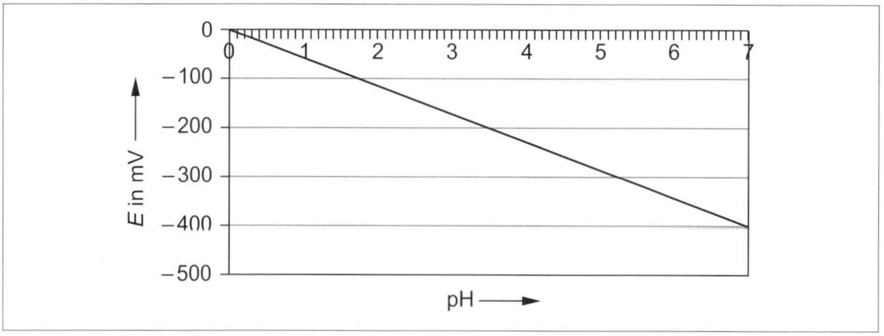

M 6a: Der Bleiakku

Funktionsweise

In einem Akkumulator wird beim Aufladen elektrische Energie in chemische Energie umgewandelt. Wird ein Verbraucher angeschlossen, so wird die chemische Energie wieder in elektrische Energie zurückgewandelt. Starterbatterien sind Reihenschaltungen von Bleiakkumulator-Zellen, die jeweils eine Nennspannung von 2 Volt aufweisen. Um eine Nennspannung von 12 Volt bzw. 24 Volt zu erreichen, bedarf es daher der Hintereinanderschaltung von 6 bzw. 12 solcher Zellen zu einer Batterie.

Blei-Starterbatterien lassen sich in Flüssig-, Vlies- und Gelbatterien unterteilen. Auch in der Ausführung der Bleiplatten (Elektroden) gibt es Unterschiede. Üblich sind hier: Blei-Antimon, Blei-Kalzium/Silber oder sogar Reinblei.

Wartung, Pflege und Prüfung

Auch wenn es inzwischen viele wartungsfreie Batterietypen gibt, muss der Flüssigkeitsstand in den Zellen regelmäßig kontrolliert werden. Die Zellen sind mit einem Gemisch aus Schwefelsäure (ca. 37 %) und Wasser gefüllt. Durch elektrolytische Zersetzung kann das Wasser in Form seiner Bestandteile Wasserstoff und Sauerstoff als Gas entweichen. Dieser Verlust muss durch Auffüllen von destilliertem Wasser ausgeglichen werden. Die Ladespannung sollte bei etwa 15–25 °C im Bereich von 13,8 bis 14,4 Volt liegen. Die Gasungsspannung liegt bei etwa 14,4 Volt und sollte vor allem beim Laden wartungsfreier Starterbatterien nicht überschritten werden.

Basierend auf: http://de.wikipedia.org/wiki/Starterbatterie

M 6b: Die Zink-Luft-Zelle

Eine Zink-Luft-Zelle besteht aus einer Anode aus Zink, die in einen Elektrolyten (Kalilauge) taucht. Die Kathode bildet meist eine luftdurchlässige und elektrisch leitende Kohlenstoffschicht, die dafür sorgt, dass Luftsauerstoff mit dem Elektrolyten in Kontakt kommt. Dadurch wird das metallische Zink zu Zinkoxid oxidiert und eine elektrische Spannung von ca. 1,4 V stellt sich zwischen Anode und Kathode ein. Das System arbeitet so lange, bis die Zinkelektrode komplett aufgebraucht ist.

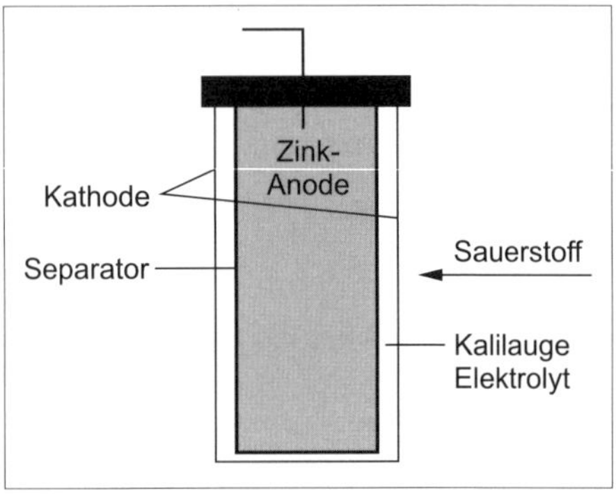

Verändert nach: Michelfelder, Udo: http://www.udomi.de/technologie.php?lang=de

Lösung

1.1 Das unlösliche Calciumcarbonat (Kalk) reagiert mit der Essigsäure zum wasserlöslichen Salz der Essigsäure und zu Kohlenstoffdioxid.

Protolyse der Essigsäure

$$CH_3COOH_{(aq)} + H_2O_{(l)} \longrightarrow CH_3COO^-_{(aq)} + H_3O^+_{(aq)}$$

Bildung von Kohlensäure

$$CaCO_{3\,(s)} + 2\,CH_3COO^-_{(aq)} + 2\,H_3O^+_{(aq)} \longrightarrow$$
$$Ca^{2+}_{(aq)} + 2\,CH_3COO^-_{(aq)} + H_2CO_{3\,(aq)} + 2\,H_2O_{(l)}$$

Zerfall von Kohlensäure in Kohlenstoffdioxid und Wasser

$$H_2CO_{3\,(aq)} \longrightarrow CO_{2\,(g)} + H_2O_{(l)}$$

alternativ:

$$CaCO_{3\,(s)} + 2\,CH_3COOH_{(aq)} \longrightarrow Ca^{2+}_{(aq)} + 2\,CH_3COO^-_{(aq)} + CO_{2\,(g)} + H_2O_{(l)}$$

Durch diese Reaktion können die Kalkablagerungen in der Kaffemaschine gelöst und typische Anzeichen wie verlängerte Durchlaufzeit, vermehrte Geräuschentwicklung etc. beseitigt werden.

1.2 Im Wasser des Bergsees ist Calciumhydrogencarbonat enthalten. Die Hydrogencarbonationen reagieren mit dem Wasser unter Bildung von Kohlensäure.

Protolysereaktion des gelösten Calciumhydrogencarbonats

$$Ca^{2+}_{(aq)} + 2\,HCO_3^-{}_{(aq)} + 2\,H_2O_{(l)} \rightleftharpoons Ca^{2+}_{(aq)} + 2\,H_2CO_{3\,(aq)} + 2\,OH^-_{(aq)}$$

(Gleichgewicht 1)

Zerfall von Kohlensäure in Kohlenstoffdioxid und Wasser

$$H_2CO_{3\,(aq)} \rightleftharpoons CO_{2\,(g)} + H_2O_{(l)}$$

(Gleichgewicht 2)

Bei einer Neutralisation regieren die Hydroxidionen aus Gleichgewicht 1 zu Wasser. Gleichgewicht 1 verschiebt sich in Richtung der Produkte und die Konzentration an Hydrogencarbonatanionen verringert sich. Gleichzeitig entsteht entweichendes Kohlenstoffdioxid (Gleichgewicht 2).
Es ist allerdings zu beachten, dass die Neutralisation nur einen Teil der Hydrogencarbonatanionen beseitigt. Des Weiteren bleiben die Salze der zur Neutralisation benutzten Säure in der Lösung.

2.1 Durch Messung des pH-Wertes kann nur bei bekannter Säurekonzentration auf die Art der Säure geschlossen werden. Der pH-Wert der zu untersuchenden Lösung beträgt ca. 2,7. Mithilfe der Konzentration der sauren Lösung $c_0 = 0{,}2\ mol \cdot L^{-1}$ (c_0 = Anfangskonzentration) und der gegebenen pK_S-Werte der beiden Säuren lässt sich der pH-Wert berechnen.

$$HA + H_2O \rightleftharpoons A^- + H_3O^+$$

$$K_S = \frac{c(A^-) \cdot c(H_3O^+)}{c(HA)} = \frac{c^2(H_3O^+)}{c(HA)}$$

Sowohl bei Essig- als auch bei Zitronensäure handelt es sich um eine schwache Säure. Das Protolysegleichgewicht liegt folglich weit auf der linken Seite.
In guter Näherung gilt: $c(HA) = c_0(HA)$

$$K_S = \frac{c^2(H_3O^+)}{c_0(HA)} \Rightarrow c(H_3O^+) = \sqrt{K_S \cdot c_0(HA)}$$

pH-Wert der Essigsäurelösung

$$pH = \frac{1}{2} \cdot (pK_s - \lg c_0(HA)) = \frac{1}{2} \cdot (4,75 - \lg\{0,2\}) = 2,72$$

pH-Wert der Zitronensäurelösung

$$pH = \frac{1}{2} \cdot (pK_s - \lg c_0(HA)) = \frac{1}{2} \cdot (3,14 - \lg\{0,2\}) = 1,92$$

Die Messung des pH-Wertes zeigt, dass die Entkalkerlösung Essigsäure enthält.

2.2 **Säure-Base-Titration**

Geräte: Becherglas, Pipette, Pipettierhilfe, Magnetrührer mit Rührfisch, Bürette, pH-Elektrode, Messgerät

Chemikalien: Säurelösung, Natronlauge ($c(NaOH) = 1\ mol \cdot L^{-1}$)

Versuchsaufbau

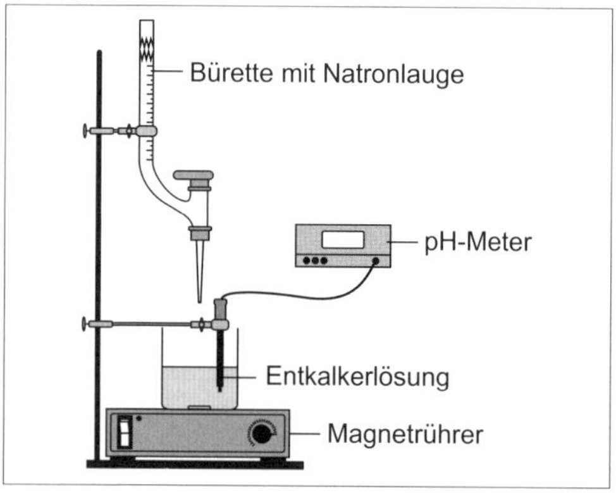

Versuchsdurchführung
In einem Becherglas werden mithilfe der Pipette 20 mL der sauren Entkalkerlösung vorgelegt. Die Bürette wird mit Natronlauge ($c(NaOH) = 1\ mol \cdot L^{-1}$) befüllt. Nun wird in z. B. 0,5 mL-Schritten Natronlauge zugegeben und der dazugehörige pH-Wert jeweils abgelesen und notiert. Die Titration ist nach der Zugabe von 10 mL Natronlauge beendet.

Bei der Reaktion handelt es sich um eine **Neutralisationsreaktion**.

$$H_3O^+{}_{(aq)} + OH^-{}_{(aq)} \rightleftharpoons 2\,H_2O_{(l)}$$

Bei einer schwachen Säure entspricht der Halbäquivalenzpunkt (1. Wendepunkt der Titrationskurve) dem pK_S-Wert der Säure. Dem Diagramm lässt sich entnehmen, dass der Halbäquivalenzpunkt bei $V(NaOH) = 2{,}5$ mL liegt. Der pK_S-Wert ist damit ca. 4,7. Dies entspricht dem pK_S-Wert von Essigsäure.

Berechnung der Ausgangskonzentration $c_0(CH_3COOH)$

Aus der Titrationskurve lässt sich der Verbrauch an Natronlauge am Äquivalenzpunkt ablesen.

Geg.: $c(NaOH) = 1\ mol \cdot L^{-1}$

$V(NaOH) = 5$ mL (aus der Titrationskurve)

$V(CH_3COOH) = 20$ mL

Ges.: $c(CH_3COOH)$

$$c(CH_3COOH) \cdot V(CH_3COOH) = c(NaOH) \cdot V(NaOH)$$

$$c(CH_3COOH) = \frac{c(NaOH) \cdot V(NaOH)}{V(CH_3COOH)} = \frac{1\ mol \cdot L^{-1} \cdot 5\ mL}{20\ mL} = 0{,}25\ mol \cdot L^{-1}$$

Die Ausgangskonzentration der Essigsäure beträgt $0{,}25\ mol \cdot L^{-1}$.

2.3 Aufbau und Funktion einer Wasserstoff-Elektrode

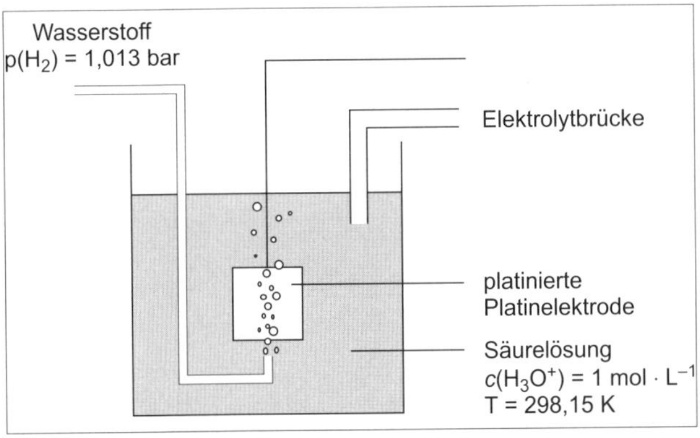

Eine platinierte Platinelektrode taucht in eine saure Lösung (i. d. R. Salzsäure) mit der Konzentration $1\ mol \cdot L^{-1}$ und einer Temperatur von 298,15 K. Die Elektrode wird mit Wasserstoffgas bei einem Druck von 1 013 hPa (1,013 bar) umströmt.

Das Potenzial der Elektrode wird durch die folgende Reaktion erzeugt:

$$2\,H^+ + 2\,e^- \rightleftharpoons H_2$$

Die Wasserstoffelektrode wird als Standardvergleichselektrode zur Potenzialmessung genutzt. Das Potenzial ist unter den gegebenen Normalbedingungen willkürlich bei $E = 0$ V angesetzt worden. Potenziale weiterer Halbzellen werden gegen diese Standardvergleichselektrode gemessen.

Potenzial einer Wasserstoff-Elektrode in Abhängigkeit vom pH-Wert
Das Potenzial der Wasserstoff-Elektrode sinkt **linear** mit steigendem pH-Wert, also geringer werdender Konzentration an H_3O^+-Ionen.

Das Potenzial lässt sich auch mit der Nernst-Gleichung berechnen.

$$\begin{aligned} E(H_2 / H_3O^+) &= E^0(H_2 / H_3O^+) + \frac{0{,}059\ V}{2} \cdot \lg c^2(H_3O^+) \\ &= 0V + \frac{0{,}059\ V}{2} \cdot \lg c^2(H_3O^+) \\ &= 0{,}059\ V \cdot \lg c(H_3O^+) \\ &= -0{,}059\ V \cdot pH \end{aligned}$$

3.1 **Aufbau eines Bleiakkumulators**
Eine Zelle des Bleiakkumulators ist aus einer Blei(IV)-oxid-Platte (Pluspol) und einer Bleiplatte (Minuspol) aufgebaut. Zwischen den Platten befinden sich Separatoren (poröse Trennwände), die einen Kurzschluss verhindern. Die Zellen sind mit einem Gemisch aus Schwefelsäure ($w(H_2SO_4) = 37\ \%$) und Wasser gefüllt. Eine solche Zelle weist eine Nennspannung von 2 Volt auf. Um eine Nennspannung von 12 bzw. 24 Volt zu erreichen, müssen 6 bzw. 12 solcher Zellen hintereinandergeschaltet werden.

Ladevorgang

Ox.: $\overset{+II}{Pb}{}^{2+}{}_{(aq)} + 2\ H_2O_{(l)} \longrightarrow \overset{+IV}{Pb}O_{2\,(s)} + 4\ H^+{}_{(aq)} + 2\ e^-$

Red.: $\overset{+II}{Pb}{}^{2+}{}_{(aq)} + 2\ e^- \longrightarrow \overset{0}{Pb}{}_{(s)}$

Entladevorgang

Ox.: $\overset{0}{Pb}{}_{(s)} \longrightarrow \overset{+II}{Pb}{}^{2+}{}_{(aq)} + 2\ e^-$

Red.: $\overset{+IV}{Pb}O_{2\,(s)} + 4\ H^+{}_{(aq)} + 2\ e^- \longrightarrow \overset{+II}{Pb}{}^{2+}{}_{(aq)} + 2\ H_2O_{(l)}$

Gesamtreaktion

$$2\ PbSO_{4\,(s)} + 2\ H_2O_{(l)} \underset{\text{Entladen}}{\overset{\text{Laden}}{\rightleftharpoons}} Pb_{(s)} + PbO_{2\,(s)} + 2\ H_2SO_{4\,(aq)}$$

3.2

	Bleiakkumulator	**Zink-Luft-Batterie**
Vorteile	wiederaufladbar, hoher Entladestrom	geringes Gewicht
Nachteile	hohes Gewicht, Umweltgefahren durch auslaufende Schwefelsäure oder Schwermetallbelastung	Spannung einer Zelle für die Kaffeemaschine nicht ausreichend

Chemie (Niedersachsen): Leistungskurs
Abiturprüfung 2007 – Aufgabe I

Elektrochemische Energiespeicher, Glycintitration

1 Elektrochemische Energiespeicher im Vergleich

1.1 Stellen Sie für die drei in M 2 bis M 4 aufgeführten elektrochemischen Energiespeicher die zugehörigen Halbzellengleichgewichte – soweit möglich mit Halbzellenpotenzialen – sowie die Gesamtreaktionsgleichungen nebst den Zellspannungen dar. Weisen Sie die drei Energiespeicher den folgenden Kategorien zu: Primär-/Sekundärelement, wässriges/nichtwässriges Elektrolytsystem, Massenerhalt/Massenänderung bei Energieabgabe.

1.2 Fertigen Sie ausgehend von zwei blanken Bleiblechen als Elektroden und verdünnter Schwefelsäure ($w = 20\,\%$) die Skizze für das Modell einer Zelle eines Blei-Schwefelsäure-Akkumulators an. Erläutern Sie daran die Vorgänge auf der atomaren Ebene an den Elektroden und in der Lösung für das Laden und das Entladen.
Hinweis: Das erste Laden unterscheidet sich von den nachfolgenden Ladevorgängen der Modellzelle.

1.3 Diskutieren Sie die von den Herstellern getroffene Wahl des Schwefelsäuregehalts ($w(H_2SO_4) = 38\,\%$) unter Hinzuziehung von Abbildung 1 a) in M 2.
Erläutern Sie zwei Verfahren zur Kontrolle des Ladezustandes (siehe M 2). Eins dieser beiden Verfahren wird in Kraftfahrzeugen verwendet, um das Nachladen des Akkus mit der Lichtmaschine zu regeln.

1.4 Berechnen Sie die mindestens erforderlichen Massen an Blei, Bleidioxid und Schwefelsäure ($w(H_2SO_4) = 38\,\%$), um einen Akkumulator mit einer Kapazität von 96 485 As zu bauen. Setzen Sie Ihr Ergebnis in Beziehung zur spezifischen Kapazität eines Bleiakkus (siehe M 2).

1.5 Beurteilen Sie die Eignung des Bleiakkus, der Zink-Luft-Batterie und des Lithium-Ionen-Polymer-Akkus für einen Einsatz in Mobiltelefonen und Laptops (M 2, M 3, M 4). Nennen Sie Gründe für die hohen spezifischen Energien des Lithium-Ionen-Polymer-Akkus und der Zink-Luft-Zelle im Gegensatz zu dem eher geringen Wert für den Blei-Säure-Akku (zum Begriff siehe M 1).

2 Die pH-Titration von Glycinhydrochlorid

2.1 Für Glycin sind in M 5 einige charakteristische Daten und zwei Formeln angegeben. Erörtern Sie, welche der beiden Formeln am besten zu den angegebenen Stoffeigenschaften passt.

2.2 Skizzieren Sie das experimentelle Vorgehen zur Gewinnung der Messwerte, auf denen der Graph in Abbildung 4 (siehe M 6) beruht, möglichst konkret.
Diskutieren Sie den Verlauf des Graphen.

2.3 Im Titrationsgefäß treten acht unterschiedliche Moleküle bzw. Ionen auf. Ordnen Sie jedem der fünf Graphen in Abbildung 5 (siehe M 7) ein Teilchen zu und erläutern Sie den Verlauf der entsprechenden Graphen für die drei im Diagramm nicht berücksichtigten Teilchen.

M 1: Für jeden Zweck die richtige Batterie

Blei-Säure-Akku als Starterbatterie:
12 V 40 Ah

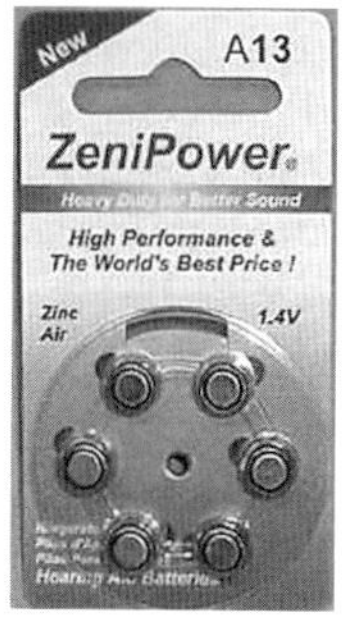

Zink-Luft-Knopfzellen für Hörgeräte
SPECIFICATIONS:
Nominal Voltage: 1,4 V
Rated Capacity: 270 mAh at 1 500 Ω to 0.9 V
Average weight: 0,84 g
Volume: 0.25 cm^3

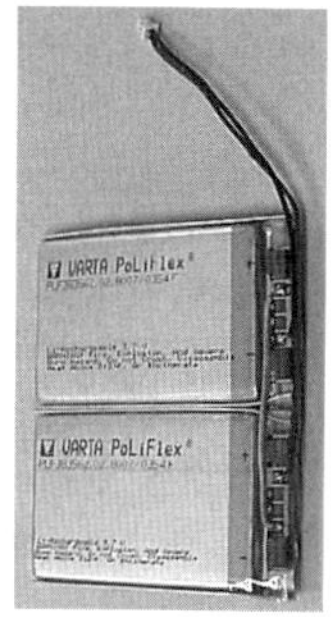

Lithium-Ionen-Polymer-Akku
Einsatz in Laptops und PDAs

Kapazität	Strommenge [Ah], die unter Nennbelastung aus einer elektrochemischen Energiequelle entnommen werden kann. Nennbelastung [A] · Zeit bis Erreichen der Entladeschlussspannung [h]
Theoretische Kapazität	Kapazität, die sich unter ausschließlicher Berücksichtigung der aktiven Massen erreichen ließe (also ohne Gehäuse, Separatoren, Gitter usw., aktive Stoffe sind hier die an der Reaktion beteiligten Stoffe)
Energie	Klemmspannung [V] · Kapazität [Ah]
Spezifische Energie	Energiemenge pro Gewicht der Energiequelle [Wh/kg] Klemmspannung [V] · Strom [A] · Zeit [h]/Gewicht [kg]
Entladeschluss-spannung	Spannung, die beim Entladen nicht unterschritten werden darf
Klemm-spannung	Spannung zwischen den beiden Anschlüssen
Selbstentladung	Unerwünschte Prozesse im Inneren von Batterien und Akkumulatoren führen zu deren Entladung, ohne dass elektrische Energie entnommen wird.

Tab. 1: Um die verschiedenen elektrochemischen Energiespeicher vergleichen zu können, werden zur Charakterisierung unter anderem die aufgeführten Größen verwendet.

M 2: Einzelheiten zum Blei-Säure-Akkumulator

Als Elektrolyt wird im Blei-Säure-Akku verdünnte Schwefelsäure (H_2SO_4) mit einer Dichte von 1.28 (~ 38 %-ig für den voll geladenen Akku) verwendet.

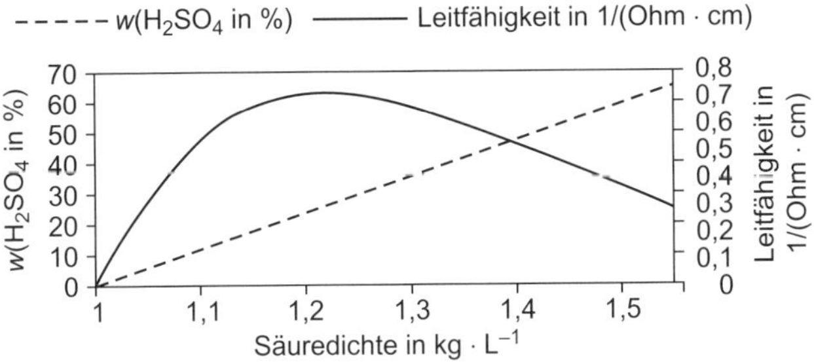

Abb. 1 a: Die beiden Graphen zeigen, wie sich die elektrische Leitfähigkeit und der Massenanteil an H_2SO_4 mit der Dichte der Batteriesäure ändern.

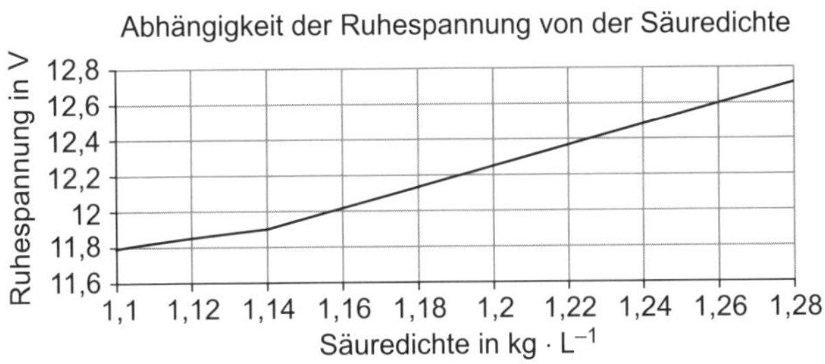

Abb. 1 b: Die Ruhespannung, das ist die Klemmspannung des nicht belasteten Akkus, ist als Funktion der Säuredichte dargestellt. 11,8 V stellen bereits eine den Akku gefährdende Tiefentladung dar.

Basierend auf http://www.taunus-biker.de/~mdvp/Bat/Batterie.html und http://de.wikipedia.org/wiki/Starterbatterie

Angaben zu Kapazität und Energie des Blei-Säure-Akkus:
Die theoretische spezifische Energie beträgt 160 Wh · kg^{-1} und die praktische 30–40 Wh · kg^{-1}. Die theoretische spezifische Kapazität beträgt 80 Ah · kg^{-1} und die praktische 15–20 Wh · kg^{-1}.

Quelle: http://www.ict.fraunhofer.de/deutsch/scope/ae/bleisystem.html

M 3: Die Zink-Luft-Knopfzelle

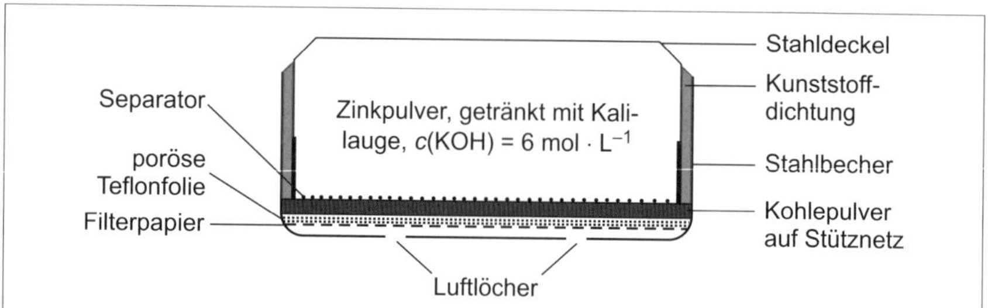

Die Bodenplatte wird vom Hersteller durch eine luftdichte Folie versiegelt. Diese wird bei Inbetriebnahme entfernt.

Nach Aktivierung muss die Zink-Luft-Batterie zügig verbraucht werden, da auf Dauer Kohlenstoffdioxid eindringt und den Elektrolyten ungünstig verändert.
Verwendung: in Hörgeräten
Anodenreaktion:

$$Zn + 4\ OH^- \longrightarrow [Zn(OH)_4]^{2+} + 2\ e^-; \quad E^0 = -1{,}266\ V$$

Spezifische Energie im Handel befindlicher Zellen: 150 Wh · kg^{-1}, teilweise mehr
Zellenspannung: ca: 1,4 V.

M 4: Der Lithium-Ionen-Polymer-Akku

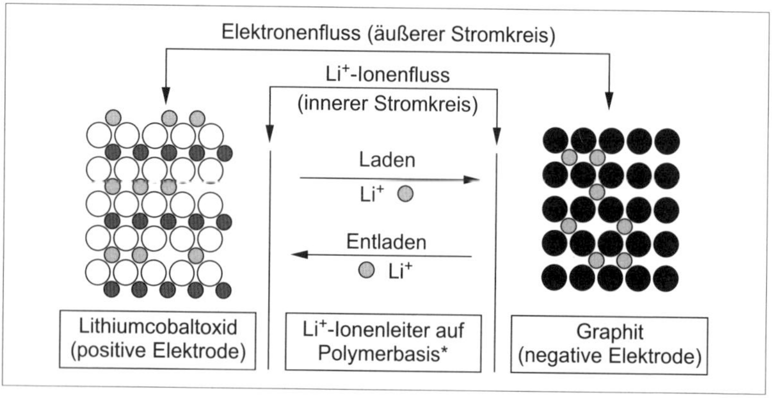

$$LiC_6 \longrightarrow Li^+ + C_6 + e^-$$

$$CoO_2 + Li^+ + e^- \longrightarrow LiCoO_2$$

Zellenspannung: 3,7 V
Theoretische spezifische Energie: 630 Wh · kg^{-1}
Praktisch erreichbare spezifische Energie: 150–200 Wh · kg^{-1}
Ein Vorteil des Lithium-Ionen-Polymer-Akkus ist die sehr geringe Selbstentladung.

* Die Polymerfolie ist bei dieser Batterie nicht nur Separator, sondern zugleich der Elektrolyt. Da die elektrische Leitfähigkeit dieser Folie recht klein ist, arbeitet man mit sehr dünnen Folien (Dicke = 80–200 µm) und großen Flächen. Bei den Elektrolytsystemen der beiden anderen Zellarten, Blei-Säure und Zink-Luft, erreicht man die benötigte hohe elektrische Leitfähigkeit über die Wahl geeigneter Konzentrationen der gelösten Elektrolyte.

M 5: Angaben zum Glycin

Name	Glycin, Aminoessigsäure, Glykokoll
Summenformel	$C_2H_5NO_2$
Aussehen	farbloser Feststoff
Dichte	1,16 g · cm^{-3}
Schmelztemperatur bei gleichzeitiger Zersetzung	233–236 °C
Löslichkeit	225 g je 1 L Wasser, schlecht löslich in Alkohol, unlöslich in Heptan
pH am isoelektrischen Punkt	6,06
zwei p*K*s-Werte	2,35 und 9,78
Strukturformel	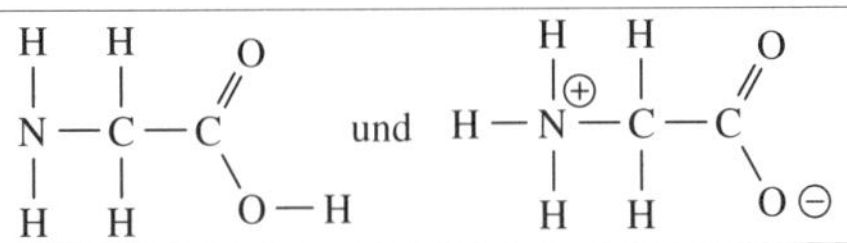
Vorkommen und Bedeutung als Biomolekül	Glycin ist am Aufbau der polymeren Eiweißstoffe beteiligt. Als Monomer spielt es eine Rolle bei der Regulation des Muskeltonus.

Tab. 2: Die Tabelle enthält einige charakteristische Daten des Glycins nebst zwei Strukturformeln.

M 6: Durchführung und Ergebnis der pH-Titration einer Glycinhydrochloridlösung

Materialien und Chemikalien für die Durchführung der Titration:
Kalibriertes pH-Meter mit Glaselektrode, elektronische Waage, Wägegläschen, Magnetrührer mit Rührstäbchen, Erlenmeyerkolben, Bürette mit 0,1 mL-Einteilung, 2 Messkolben ($V = 0{,}5$ L),

ferner: übliche Laborgeräte wie Messzylinder, Bechergläser, Spatel, Trichter usw.
Glycin; destilliertes Wasser; Natriumhydroxid (ätzend); Salzsäure, $c = 1$ mol · L^{-1}

Prozedur: Vorgelegt wurden 200 mL Glycinhydrochloridlösung (eine äquimolare Mischung von Salzsäure und Glycin, $c(HCl) = c(\text{Glycin}) = 0{,}2$ mol · L^{-1}). Titriert wurde mit Natronlauge der Konzentration $c(NaOH) = 4$ mol · L^{-1}.

Titration von Glycinhydrochlorid:

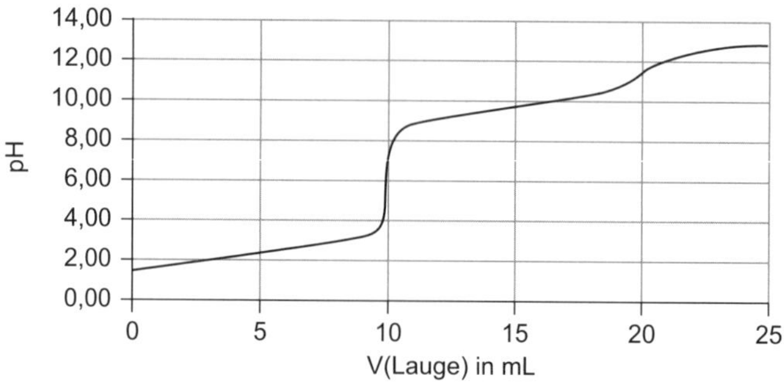

Abb. 4: Der Graph zeigt den Verlauf des pH-Werts bei der Titration

M 7: Die Zusammensetzung der Lösung ändert sich bei der Titration

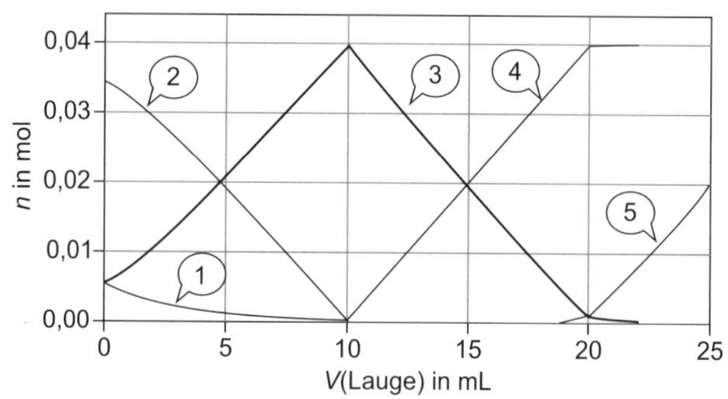

Abb. 5: Im Titrationsgefäß tauchen insgesamt 8 ionische bzw. molekulare Teilchen in unterschiedlichen Konzentrationen auf. Die Stoffmengenverläufe für 5 dieser Spezies sind in Abhängigkeit vom zugegebenen Laugenvolumen dargestellt. Es fehlen die Graphen für das H_2O-Molekül, das Cl^-- und das Na^+-Ion.

Lösung

1.1 Elektrochemische Energiespeicher

Blei-Säure-Akkumulator

Halbzellengleichgewichte:

$$Pb_{(s)} + SO_4^{2-}{}_{(aq)} \rightleftharpoons PbSO_{4\,(s)} + 2\,e^- \qquad E^0 = -0{,}36\ V$$

$$PbO_{2\,(s)} + 4\,H_3O^+{}_{(aq)} + SO_4^{2-}{}_{(aq)} + 2\,e^- \rightleftharpoons PbSO_{4\,(s)} + 6\,H_2O_{(l)} \qquad E^0 = 1{,}69\ V$$

Gesamtgleichung:

$$Pb_{(s)} + PbO_{2\,(s)} + 4\,H_3O^+{}_{(aq)} + 2\,SO_4^{2-}{}_{(aq)} \rightleftharpoons 2\,PbSO_{4\,(s)} + 6\,H_2O_{(l)}$$

Berechnung der Zellenspannung:

$$\Delta E = E_{\text{Reduktion}} - E_{\text{Oxidation}}$$

$$= 1{,}69\ V - (-0{,}36\ V) = 2{,}05\ V$$

Bei dem Blei-Säure-Akkumulator handelt es sich um ein Sekundärelement mit einem wässrigen Elektrolytsystem. Es liegt ein geschlossenes System und damit Massenerhalt vor.

Zink-Luft-Knopfzelle

Halbzellengleichgewichte:

$$Zn_{(s)} + 4\,OH^-{}_{(aq)} \rightleftharpoons [Zn(OH)_4]^{2-}{}_{(aq)} + 2\,e^-$$

$$O_{2\,(g)} + 4\,e^- + 2\,H_2O_{(l)} \rightleftharpoons 4\,OH^-{}_{(aq)}$$

Das Zinkat $[Zn(OH)_4]^{2-}$ fällt unter Wasserabspaltung als schwer lösliches Zinkoxid aus:

$$[Zn(OH)_4]^{2-}{}_{(aq)} \longrightarrow ZnO_{(s)} + H_2O_{(l)} + 2\,OH^-{}_{(aq)}$$

Gesamtgleichung:

$$2\,Zn_{(s)} + O_{2\,(g)} + 4\,OH^-{}_{(aq)} + 2\,H_2O_{(l)} \rightleftharpoons 2\,[Zn(OH)_4]^{2-}{}_{(aq)}$$

Zellenspannung: ca. 1,4 V

Bei der Zink-Luft-Knopfzelle handelt es sich um ein Primärelement mit einem nicht-wässrigen Elektrolytsystem. Da ein offenes System vorliegt, kommt es zur Massenänderung bei Energieabgabe.

Lithium-Ionen-Polymer-Akku

Halbzellengleichgewichte:

$$LiC_6 \rightleftharpoons Li^+ + C_6 + e^-$$

$$CoO_2 + Li^+ + e^- \rightleftharpoons LiCoO_2$$

Gesamtgleichung:

$$CoO_2 + Li^+ + LiC_6 \rightleftharpoons LiCoO_2 + Li^+ + C_6$$

Zellenspannung = 3,7 V

Bei dem Lithium-Ionen-Polymer-Akku handelt es sich um ein Sekundärelement mit einem nicht-wässrigen Elektrolytsystem. Es liegt ein geschlossenes System und damit Massenerhalt vor.

1.2 Der Blei-Schwefelsäure-Akkumulator

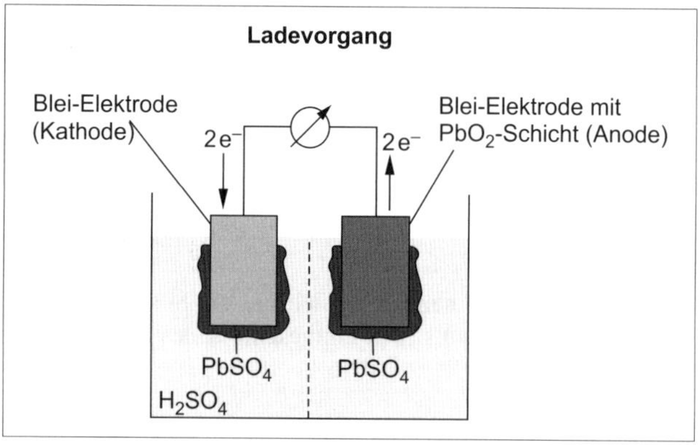

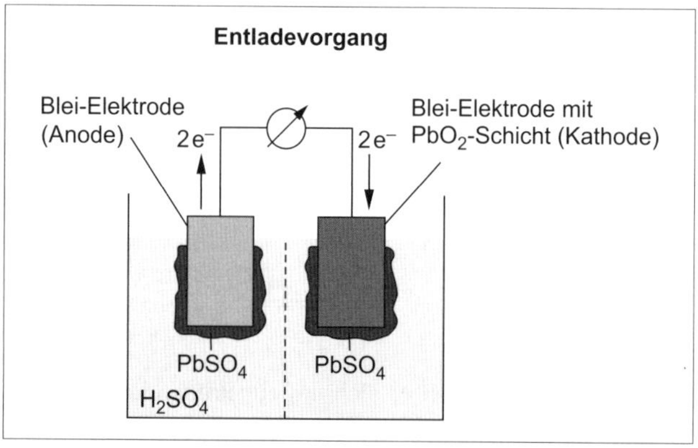

1. Ladevorgang

Das 1. Aufladen liefert elementaren Wasserstoff an der Kathode und Bleidioxid (und Sauerstoff) an der Anode.

$$\text{Ox.:}\quad \overset{0}{Pb}_{(s)} + 6\,H_2O_{(l)} \longrightarrow \overset{+IV}{Pb}O_{2\,(s)} + 4\,e^- + 4\,H_3O^+_{(aq)}$$

$$\text{Red.:}\quad 2\,\overset{+I}{H_3}O^+_{(aq)} + 2\,e^- \longrightarrow \overset{0}{H}_{2\,(g)} + 2\,H_2O_{(l)}$$

$$\text{Redox:}\quad Pb_{(s)} + 2\,H_2O_{(l)} \longrightarrow PbO_{2\,(s)} + 2\,H_{2\,(g)}$$

1. Entladevorgang

Beim ersten Entladen wird an der Anode elementares Blei (Pb) zu Pb^{2+}-Kationen oxidiert, die sich als Bleisulfat ($PbSO_4$) an der Elektrode abscheiden. An der Kathode werden die Pb^{4+}-Kationen aus dem Bleidioxid (PbO_2) zu Pb^{2+}-Kationen reduziert, die sich ebenfalls als Bleisulfat ($PbSO_4$) an der Elektrode abscheiden.

Da die Elektroden räumlich voneinander getrennt sind, fließen die Elektronen über den äußeren Stromkreis von der Anode zur Kathode. Im Elektrolyten findet ein Ladungsausgleich durch Sulfatanionen (SO_4^{2-}) bzw. Oxoniumionen (H_3O^+) statt.

Ox.: $\overset{0}{Pb}_{(s)} + SO_{4\,(aq)}^{2-} \longrightarrow \overset{+II}{Pb}SO_{4\,(s)} + 2\,e^-$

Red.: $\overset{+IV}{Pb}O_{2\,(s)} + 2\,e^- + 4\,H_3O^+_{(aq)} + SO_{4\,(aq)}^{2-} \longrightarrow \overset{+II}{Pb}SO_{4\,(s)} + 6\,H_2O_{(l)}$

Redox: $Pb_{(s)} + 2\,SO_{4\,(aq)}^{2-} + PbO_{2\,(s)} + 4\,H_3O^+_{(aq)} \longrightarrow 2\,PbSO_{4\,(s)} + 6\,H_2O_{(l)}$

Weitere Ladevorgänge

Die sich anschließenden Ladevorgänge stellen eine Umkehr dieses Entladeprozesses dar. An der Anode werden Pb^{2+}-Kationen aus dem abgeschiedenen Bleisulfat zu Pb^{4+}-Kationen oxidiert, die sich als Bleidioxid (PbO_2) an der Anode abscheiden. An der Kathode werden Pb^{2+}-Kationen aus dem abgeschiedenen Bleisulfat zu elementarem Blei (Pb) reduziert, das sich an der Kathode abscheidet.

Da die Elektroden räumlich voneinander getrennt sind, fließen die Elektronen über den äußeren Stromkreis von der Anode zur Kathode. Im Elektrolyten findet ein Ladungsausgleich durch Sulfatanionen (SO_4^{2-}) bzw. Oxoniumionen (H_3O^+) statt.

Ox.: $\overset{+II}{Pb}SO_{4\,(s)} + 6\,H_2O_{(l)} \longrightarrow \overset{+IV}{Pb}O_{2\,(s)} + 2\,e^- + 4\,H_3O^+_{(aq)} + SO_{4\,(aq)}^{2-}$

Red.: $\overset{+II}{Pb}SO_{4\,(s)} + 2\,e^- \longrightarrow \overset{0}{Pb}_{(s)} + SO_{4\,(aq)}^{2-}$

Redox: $2\,PbSO_{4\,(s)} + 6\,H_2O_{(l)} \longrightarrow Pb_{(s)} + 2\,SO_{4\,(aq)}^{2-} + PbO_{2\,(s)} + 4\,H_3O^+_{(aq)}$

Weitere Entladevorgänge

Die weiteren Entladevorgänge unterscheiden sich nicht vom ersten Entladevorgang.

1.3 Durch einen geringeren Wasseranteil kann das Gewicht der Batterie verringert werden. Ist der Wasseranteil aber zu gering (ab einem Schwefelsäuregehalt von $w(H_2SO_4) > 38\ \%$), so wird die Leitfähigkeit vermindert. Letztendlich muss man zwischen Vor- und Nachteil einer hohen Schwefelsäurekonzentration abwägen.

Kontrolle des Ladezustandes

Bei der Teilgleichung der Reduktion des Entladevorgangs wird Wasser gebildet, wodurch sich die Konzentration der Schwefelsäure verringert. Die Abnahme der Säurekonzentration führt zu einer verringerten Dichte. Das bedeutet, der Ladungszustand des Akkumulators kann über die Dichte des Elektrolyten kontrolliert werden.

Des Weiteren hängt die Spannung (Ruhespannung des nicht belasteten Systems) von der Säuredichte ab. Bei Abnahme der Säurekonzentration verringert sich gleichzeitig die messbare Ruhespannung (Abb. 1b in M2). Auch über die Messung der Ruhespannung lässt sich demnach der Ladezustand kontrollieren.

1.4 **Berechnung der Massen von Blei und Bleidioxid**

Die gesuchten Massen lassen sich mithilfe des Faraday'schen Gesetzes berechnen.

Geg.: $Q = 96\,485$ As
$M(\text{Pb}) = 207\ \text{g} \cdot \text{mol}^{-1}$
$M(\text{PbO}_2) = 239\ \text{g} \cdot \text{mol}^{-1}$
$F = 96\,485\ \text{As} \cdot \text{mol}^{-1}$
$z = 2$

Ges.: $m(\text{Pb})$
$m(\text{PbO}_2)$

Die geflossene Ladungsmenge Q ist zur abgeschiedenen Stoffmenge n eines Reaktionsproduktes proportional (Faraday'sches Gesetz).

$$Q = z \cdot F \cdot n$$

$$Q = z \cdot F \cdot n(\text{Pb}) = z \cdot F \cdot \frac{m(\text{Pb})}{M(\text{Pb})}$$

$$m(\text{Pb}) = \frac{Q \cdot M(\text{Pb})}{z \cdot F} = \frac{96485\ \text{As} \cdot 207\ \text{g} \cdot \text{mol}^{-1}}{2 \cdot 96485\ \text{As} \cdot \text{mol}^{-1}} = 103{,}5\ \text{g}$$

$$m(\text{PbO}_2) = \frac{Q \cdot M(\text{PbO}_2)}{z \cdot F} = \frac{96485\ \text{As} \cdot 239\ \text{g} \cdot \text{mol}^{-1}}{2 \cdot 96485\ \text{As} \cdot \text{mol}^{-1}} = 119{,}5\ \text{g}$$

Berechnung der Masse von Schwefelsäure

Geg.: $M(\text{H}_2\text{SO}_4) = 98\ \text{g} \cdot \text{mol}^{-1}$
$w(\text{H}_2\text{SO}_4) = 38\ \%$

Ges.: $m(\text{H}_2\text{SO}_4)_{38\,\%}$

Wie der Gesamtgleichung des Entladevorgangs (vgl. 1.2) entnommen werden kann, werden pro Mol Blei zwei Mol Schwefelsäure umgesetzt.

$$n(\text{H}_2\text{SO}_4) = 2 \cdot n(\text{Pb}) = 2 \cdot \frac{m(\text{Pb})}{M(\text{Pb})} = 2 \cdot \frac{103{,}5\ \text{g}}{207\ \text{g} \cdot \text{mol}^{-1}} = 1\ \text{mol}$$

$$m(H_2SO_4) = n(H_2SO_4) \cdot M(H_2SO_4) = 1\,\text{mol} \cdot 98\,\text{g} \cdot \text{mol}^{-1} = 98\,\text{g}$$

$$m(H_2SO_4)_{38\%} = 98\,\text{g} \cdot \frac{100}{38} = 258\,\text{g}$$

Für 96 485 As benötigt man mindestens 103,5 g Blei, 119,5 g Bleidioxid und 258 g Schwefelsäure (w = 38 %).

Theoretische spezifische Kapazität

Bei der Berechnung der theoretischen Kapazität des Bleiakkumulators bleibt der Wasseranteil der Schwefelsäure unberücksichtigt.

Geg.: Q = 96 485 As
m = 103,5 g + 119,5 g + 98 g = 321 g = 0,321 kg

Ges.: $Q_{(\text{Theorie})}$

$$Q_{(\text{Theorie})} = \frac{Q}{m} = \frac{96485\,\text{As}}{0{,}321\,\text{kg}} = \frac{26{,}8\,\text{Ah}}{0{,}321\,\text{kg}} = 83{,}5\,\text{Ah} \cdot \text{kg}^{-1}$$

Praktische spezifische Kapazität

Geg.: 96 485 As
m = 103,5 g + 119,5 g + 258 g = 481 g = 0,481 kg

Ges.: $Q_{(\text{real})}$

$$Q_{(\text{real})} = \frac{Q}{m} = \frac{96485\,\text{As}}{0{,}481\,\text{kg}} = \frac{26{,}8\,\text{Ah}}{0{,}481\,\text{kg}} = 55{,}7\,\text{Ah} \cdot \text{kg}^{-1}$$

Die Ergebnisse liefern 55,7 Ah · kg^{-1}. Der Wert liegt zwischen der theoretischen spezifischen Kapazität von 83,5 Ah · kg^{-1} und der praktischen Kapazität von 15–20 Ah · kg^{-1}.

1.5 Der **Blei-Säure-Akkumulator** hat ein hohes Gewicht. Zudem enthält der Akkumulator mit Schwefelsäure eine ätzende und aggressive Säure, die bei einem Auslaufen die entsprechenden Geräte oder Personen schädigen könnte.

Die **Zink-Luft-Zelle** ist sehr klein und leicht und hat dennoch eine hohe spezifische Energie, weshalb sie in kleinen Geräten (Hörgeräte, Armbanduhren etc.) eingesetzt werden kann. Allerdings ist die Zink-Luft-Zelle ein Primärelement, kann daher nicht wieder aufgeladen werden und muss anschließend entsorgt werden.

Der **Lithium-Ionen-Polymer-Akkumulator** ist je nach Kapazität relativ klein und leicht. Er kann daher gut in Mobiltelefonen oder Laptops eingesetzt werden. Der Akkumulator hat eine hohe spezifische Energie (hohe Spannung) und eine geringe Selbstentladung, sodass die Geräte über einen langen Zeitraum laufen. Der Lithium-Ionen-Polymer-Akkumulator ist zudem ein Sekundärelement und damit wiederaufladbar.

Anhand des Periodensystems und der elektrochemischen Spannungsreihe wird deutlich, weshalb Lithium besonders gut für den Bau von Zellen geeignet ist. Lithium besitzt eine ausgesprochen geringe molare Masse ($M = 6{,}94\ \mathrm{g \cdot mol^{-1}}$) und ein besonders niedriges elektrochemisches Standardpotenzial.
Die spezifische Energie ist die auf eine Masse bezogene Energie mit der Einheit $\mathrm{J \cdot kg^{-1}}$. Die hohe spezifische Energie des Lithium-Ionen-Polymer-Akkus ist durch seinem Aufbau begründet. Die Kathode ist aus einer Lithiumverbindung aufgebaut, die Mangan-, Nickel- oder Cobaltoxide enthalten kann. Als Anode wird eine Graphitverbindung eingesetzt und als Elektrolyt dient ein gelartiger Polymerelektrolyt. **Lithium-Ionen-Polymer-Akkus** haben wegen ihrer Baumaterialien eine sehr geringe Dichte und daher auch eine niedrige Masse. Die Energieausbeute bezogen auf die Masse ist daher relativ hoch.
Bei der **Zink-Luft-Batterie** wird der aus der Umgebungsluft bezogene Sauerstoff bei der Berechnung der Zellenmasse nicht mit einberechnet. Die Zink-Luft-Batterie hat daher eine relativ hohe Energieausbeute bezogen auf die Masse.
Der **Bleiakku** hat aufgrund seiner Bauweise (Bleiplatten mit Bleiverbindungen und Schwefelsäure) eine hohe Dichte. Er hat somit eine geringere Energieausbeute bezogen auf die Masse.

2.1 Glycin hat mit 233–236 °C eine im Vergleich zu anderen organischen Verbindungen hohe Schmelztemperatur. Es können daher nicht ausschließlich Van-der-Waals-Wechselwirkungen oder Wasserstoffbrücken für den Zusammenhalt des Molekülgitters verantwortlich sein. Die hohe Schmelztemperatur lässt vermuten, dass im Glycin eine salzartige Struktur vorliegt. Zwischen den Zwitterionen des Glycins bilden sich starke elektrostatische Anziehungskräfte aus. Zudem sprechen die gute Wasserlöslichkeit (225 g pro Liter Wasser) und die schlechte Löslichkeit in Alkohol und Heptan für die zwitterionische Strukturformel.

2.2 **Titration von Glycinhydrochlorid**
Vorbereitung

Aus den Ergebnissen einer potentiometrischen Titration erhält man wichtige Informationen über das Dissoziationsverhalten von Säuren. Dieses Verfahren lässt sich beim Glycin nicht so einfach anwenden. Um die im Molekül vorliegende dissoziierte Carboxygruppe R–COO⁻ zu erfassen, müsste in einem ersten Ansatz Glycin gegen z. B. Salzsäure (HCl) titriert werden:

$$H_3\overset{\oplus}{N}-CH_2-COO^{\ominus}{}_{(aq)} + HCl_{(aq)} \longrightarrow H_3\overset{\oplus}{N}-CH_2-COOH_{(aq)} + Cl^-_{(aq)}$$

Um die im Molekül vorliegende protonierte Ammoniumgruppe $R-NH_3^+$ *zu erfassen, müsste in einem zweiten Ansatz Glycin gegen z. B. Natronlauge (NaOH) titriert werden:*

$$H_3\overset{\oplus}{N}-CH_2-COO^{\ominus}{}_{(aq)} + NaOH_{(aq)} \longrightarrow$$

$$H_2N-CH_2-COO^{\ominus}{}_{(aq)} + Na^+{}_{(aq)} + H_2O_{(l)}$$

Aus beiden Teilkurven müsste anschließend die Gesamtkurve zusammengesetzt werden. Da dies sehr umständlich ist, wird Glycin nicht in Wasser, sondern in Salzsäure gelöst.

Lösen von Glycin in Salzsäure:

$$H_3\overset{\oplus}{N}-CH_2-COO^{\ominus}{}_{(aq)} + HCl_{(aq)} \longrightarrow H_3\overset{\oplus}{N}-CH_2-COOH_{(aq)} + Cl^{-}_{(aq)}$$

Die anschließende Titration gegen Natronlauge wird also mit einer Glycinhydrochloridlösung durchgeführt:

$$H_3\overset{\oplus}{N}-CH_2-COOH_{(aq)} + 2\,NaOH_{(aq)} \longrightarrow$$

$$H_2N-CH_2-COO^{\ominus}{}_{(aq)} + 2\,Na^+{}_{(aq)} + 2\,H_2O_{(l)}$$

Messwertaufnahme

Geräte: Kalibriertes pH-Meter mit Glaselektrode, elektronische Waage, Wägegläschen, Magnetrührer mit Rührstäbchen, Erlenmeyerkolben (Becherglas), Bürette mit 0,1 mL Einteilung, 2 Messkolben (V = 0,5 L), Messzylinder, Bechergläser, Spatel, Trichter, Stativmaterial.

Chemikalien: Glycin, destilliertes Wasser, Natriumhydroxid (ätzend), Salzsäure (c = 1 mol · L^{-1})

Versuchsaufbau

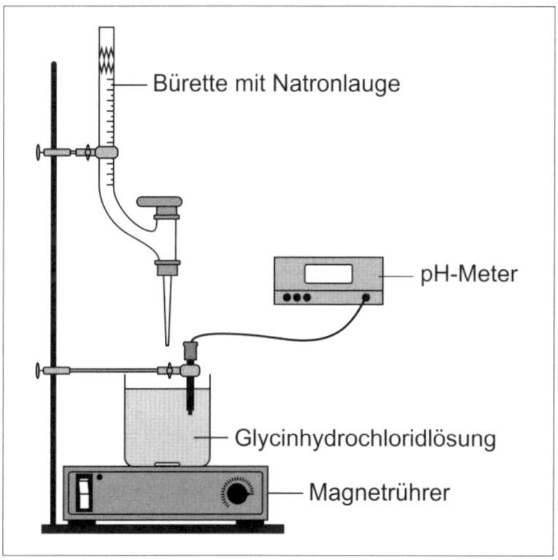

Versuchsdurchführung

Es wurden 200 mL Glycinhydrochloridlösung (eine äquimolare Mischung von Salzsäure und Glycin mit c(HCl) = c(Glycin) = 0,2 mol · L^{-1}) vorgelegt. Anschließend wurde mit Natronlauge der Konzentration c(NaOH) = 4 mol · L^{-1} titriert.

Titrationskurve

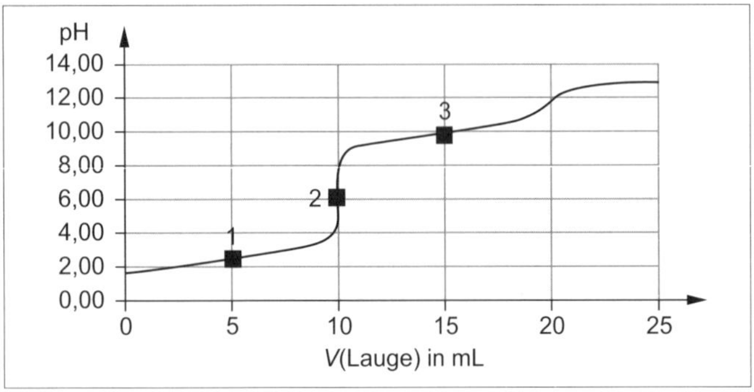

Messpunkte	V(NaOH) [mL]	pH-Wert
1: 1. Halbäquivalenzpunkt	5	2,35
2: 1. Äquivalenzpunkt	10	6
3: 2. Halbäquivalenzpunkt	15	9,78

Diskussion des Äquivalenzpunktes (ÄP)

Der Äquivalenzpunkt ist erreicht, wenn weder die Säure, die titriert wurde, noch die Base, mit der titriert wurde, im Überschuss vorliegt.

n(Säure) = *n*(Base)

Geg.: *V*(Glycinhydrochlorid) = 200 mL
c(Glycinhydrochlorid) = 0,2 mol · L^{-1}
V(NaOH) = 10 mL (Verbrauch an NaOH bis zum 1. ÄP)
c(NaOH) = 4 mol · L^{-1}

Ges.: *n*(Glycinhydrochlorid)
n(NaOH)

n(Glycinhydrochlorid) = 0,04 mol

n(NaOH) = *c*(NaOH) · *V*(NaOH) = 4 mol · L^{-1} · 0,01 L = 0,04 mol

Vorsicht: Bei Glycinhydrochlorid handelt es sich um eine **zweiprotonige Säure**.

Diskussion der Halbäquivalenzpunkte

Allgemein gilt für eine Säure folgendes Protolysegleichgewicht:

$$HA + H_2O \rightleftharpoons H_3O^+ + A^-$$

Massenwirkungsgesetz:

$$K_S = \frac{c(H_3O^+) \cdot c(A^-)}{c(HA)}$$

Bei einer schwachen Säure liegt dieses Gleichgewicht weit auf der linken Seite. In guter Näherung kann davon ausgegangen werden, dass bei der Zugabe der

Hälfte der zur Neutralisation benötigten Menge an Lauge (Halbäquivalenzpunkt) die Konzentration der Säure (c(HA)) gleich der Konzentration der Säurerestanionen ($c(A^-)$) ist. Für schwache Säuren gilt demnach am Halbäquivalenzpunkt: $pH = pK_S$.

Aus der Titrationskurve kann abgelesen werden, dass sich der 1. Halbäquivalenzpunkt bei V(NaOH) = 5 mL und pH = 2,35 befindet. Der pK_{S1}-Wert entspricht daher 2,35. Der 2. Halbäquivalenzpunkt befindet sich bei V(NaOH) = 15 mL und pH = 9,78. Der pK_{S2}-Wert entspricht daher 9,78. Die Werte aus Arbeitsmaterial M 5 werden also bestätigt.

Diskussion der pK_S-Werte

Der Wert $pK_{S1} = 2,35$ zeigt, dass das Proton der COOH-Gruppe im Glycinmolekül leicht abgegeben wird. Begründen lässt sich dies mit dem –I-Effekt der benachbarten NH_3^+-Gruppe. Der Wert $pK_{S2} = 9,78$ wird der NH_3^+-Gruppe zugeordnet. Der Wert $pK_{S2} = 9,78$ zeigt, dass die NH_2-Gruppe im Glycinmolekül eine vergleichsweise geringe Basizität besitzt. Das liegt daran, dass das freie Elektronenpaar der Aminogruppe für die Aufnahme eines Protons nicht so leicht verfügbar ist. Ursache hierfür ist eine intramolekulare Wasserstoffbrückenbindung.

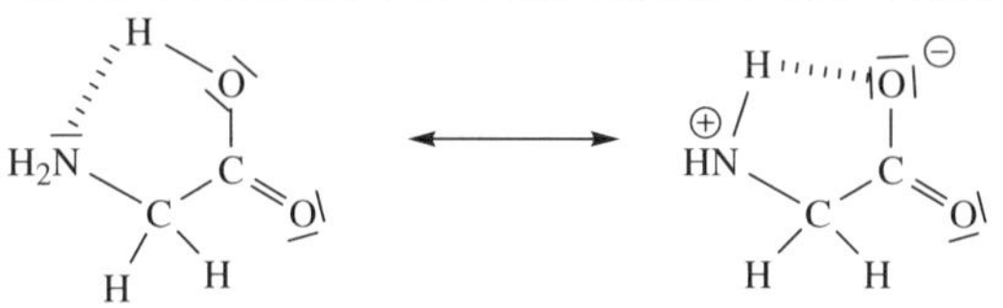

2.3 **Zuordnung**

(1): H_3O^+

Die Stoffmenge an H_3O^+-Ionen nimmt bis zum Äquivalenzpunkt ab, da die Oxoniumionen durch die in der Natronlauge enthaltenen Hydroxidionen neutralisiert werden.

(2): $H_3N^+CH_2-COOH$

Die Stoffmenge an $H_3N^+CH_2-COOH$-Ionen nimmt ab, da die Säure protolysiert (1. Protolysegleichgewicht).

$$\overset{\oplus}{H_3N}-CH_2-COOH_{(aq)} + H_2O_{(l)} \rightleftharpoons \overset{\oplus}{H_3N}-CH_2-COO^{\ominus}_{(aq)} + H_3O^+_{(aq)}$$

Aufgrund des –I-Effektes der NH_3^+-Gruppe und der Mesomeriestabilisierung der entstehenden Carboxylatgruppe wird zunächst das Proton der Carboxygruppe abgegeben. Die Oxoniumionen werden neutralisiert. Das Protolysegleichgewicht verschiebt sich dadurch vollständig auf die rechte Seite.

(3): $H_3N^+CH_2{-}COO^-$

Die Stoffmenge an $H_3N^+CH_2{-}COO^-$-Teilchen nimmt bis zum 1. Äquivalenzpunkt zu. Ist die erste Protolyse vollständig abgelaufen, so sinkt die Stoffmenge dieser Spezies wieder, da nun ein weiteres Proton abgespalten wird (2. Protolysegleichgewicht).

$$\overset{\oplus}{H_3N}-CH_2-CO\overset{\ominus}{O}_{(aq)} + H_2O_{(l)} \rightleftharpoons H_2N-CH_2-CO\overset{\ominus}{O}_{(aq)} + H_3O^+_{(aq)}$$

(4): $H_2NCH_2{-}COO^-$

Die Stoffmenge an $H_2NCH_2{-}COO^-$-Ionen steigt, da die Oxoniumionen im 2. Protolysegleichgewicht durch die in der zugegebenen Natronlauge enthaltenen Hydroxidionen neutralisiert werden. Das 2. Protolysegleichgewicht verschiebt sich nach rechts und die Menge an gebildeten $H_2NCH_2{-}COO^-$-Ionen steigt an.

(5): OH^-

Nachdem sämtliche Oxoniumionen vollständig neutralisiert sind, steigt bei weiterer Zugabe von Natronlauge die Stoffmenge der Hydroxidionen.

Bei den drei im Diagramm nicht berücksichtigten Teilchen handelt es sich um Na^+, Cl^- und H_2O.

Na^+
$n(Na^+) = c(\text{Lauge}) \cdot V(\text{Lauge}) = 4\ \text{mol} \cdot L^{-1} \cdot V(\text{Lauge})$
Der Graph wird, ausgehend vom Ursprung des Koordinatensystems, proportional zum Volumen an Lauge ansteigen, da die Zahl an Hydroxidionen zunimmt.

Cl^-
$n(Cl^-) = 0{,}04\ \text{mol}$
Der Graph wird parallel zur x-Achse verlaufen, da weder Chloridanionen zugegeben werden, noch Chloridanionen in irgendeiner Form an der Reaktion beteiligt sind.

H_2O
$n(H_2O) = 11{,}1$ bis $12{,}2\ \text{mol} \approx \text{const.}$
Der Graph wird (nahezu) parallel zur x-Achse verlaufen. Die Wassermenge steigt nur in geringem Maße durch die Zugabe von Natronlauge.

Chemie (Niedersachsen): Leistungskurs
Abiturprüfung 2007 – Aufgabe II

Phenole

1 **Eigenschaften von Phenol**

1.1 In M 1 werden Eigenschaften von Phenol genannt. Erklären Sie die in M 1 a genannten Eigenschaften mit der Struktur des Moleküls. Ziehen Sie zum Vergleich Ihre Kenntnisse über den Stoff Methanol heran.

1.2 Formulieren Sie die Reaktionsgleichung für die Titration von Natriumphenolat mit Salzsäure.
Zeichnen Sie mit den in M 2 angegebenen Werten das *V*(Salzsäure)-pH-Diagramm und interpretieren Sie den Verlauf des Graphen. Ermitteln Sie aus den experimentellen Daten den pK_S-Wert von Phenol.

1.3 Berechnen Sie die Masse des Natriumphenolats aus den Versuchsergebnissen. Begründen Sie die Differenz zur Einwaage.

2 **Derivate des Phenols**

2.1 Erläutern Sie anhand von M 3, welchen Einfluss Substituenten auf die Säurestärke haben.

2.2 Stellen Sie an einem selbstgewählten Beispiel den säurekatalysierten Mechanismus einer Veresterung dar. Erläutern Sie, warum es unter normalen Bedingungen nicht gelingt, Phenolester auf diese Weise herzustellen.

2.3 Formulieren Sie unter Verwendung von Strukturformeln (M 4) das Reaktionsschema (nicht den Reaktionsmechanismus) für die Herstellung eines Polycarbonats aus Bisphenol A und Phosgen.
Begründen Sie, warum es sich bei dem Reaktionsprodukt um einen Polyester handelt und warum anstelle der Säure Phosgen eingesetzt wird.
Beurteilen Sie die mögliche Variationsbreite der Stoffklasse der Polycarbonate unter chemischen Aspekten.

3 **Hydrochinon und Chinon**

3.1 Chinon lässt sich durch Oxidation von Hydrochinon herstellen.
Formulieren Sie die Teilgleichungen mit Angabe der Oxidationszahlen bei Einsatz von Wasserstoffperoxid (H_2O_2) als Oxidationsmittel und begründen Sie den Ablauf der Gesamtreaktion mit den entsprechenden Redoxpotenzialen.

3.2 In M 5 ist eine Chinhydron-Halbzelle beschrieben. Als zweite Halbzelle wird eine Platinelektrode verwendet, die in eine saure Lösung von Wasserstoffperoxid (H_2O_2) taucht.
Erläutern Sie die Vorgänge an den Elektroden und berechnen Sie die Spannung des galvanischen Elements unter Standardbedingungen.

3.3 Eine Chinhydron-Halbzelle wurde früher zur pH-Messung eingesetzt. Stellen Sie den Zusammenhang zwischen dem pH-Wert und dem Potenzial der Chinhydron-Halbzelle her. Erläutern Sie dabei Vorzüge und Nachteile dieser Elektrode und gehen Sie auch auf die geringe Empfindlichkeit gegenüber anderen Oxidationsmitteln ein.

M 1: Eigenschaften von Phenol

M 1a

Phenol ist eine aromatische organische Verbindung mit der Formel C_6H_5OH. Der Stoff wurde früher als Karbolsäure bezeichnet. Phenol ist im Gegensatz zu den aliphatischen Alkanolen schwach sauer. Die farblosen, nadelförmigen Kristalle des reinen Phenols schmelzen bei 43 °C und sieden bei 182 °C. Phenol löst sich gut in organischen Lösungsmitteln, ist aber bei Raumtemperatur nur mäßig löslich in Wasser.
Bei Zugabe von Natronlauge erhöht sich die Löslichkeit.

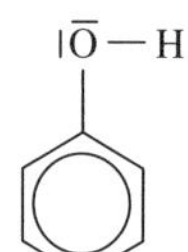

Phenol

M 1b

Phenol hat einen scharfen Geruch.
An Licht und an Luft ist die organische Verbindung unbeständig und zerfließt aufgrund ihrer hygroskopischen Wirkung.
Phenol wurde erstmalig 1867 von dem britischen Chirurgen Joseph Lister als Desinfektionsmittel zum Sterilisieren von Wunden, Verbänden und Operationsinstrumenten verwendet. Verdünnte Lösungen wirken antiseptisch, während konzentrierte Lösungen das Gewebe verätzen. Inzwischen haben mildere und wirkungsvollere Germizide (keimtötende Mittel) Phenol verdrängt.
Phenol reagiert leicht unter Substitution und ist somit ein wichtiger Ausgangsstoff für die chemische Industrie. Bei der Herstellung von Kunstharzen, Kunststoffen, Insektiziden, Sprengstoffen, Farbstoffen und Reinigungsmitteln sowie als Ausgangsstoff für Arzneimittel ist er nicht mehr wegzudenken.

M 2: pH-Titration einer Natriumphenolat-Probe

Ein Chemiestudent hatte als Aufgabe, den pK_S-Wert von Phenol zu bestimmen. Er ging folgendermaßen vor:
Er wog 1,160 g Natriumphenolat ab und füllte mit destilliertem Wasser genau auf 100 mL auf. Die so erhaltene Lösung titrierte er mit Salzsäure ($c(HCl) = 1\ mol \cdot L^{-1}$), wobei er mithilfe einer Glaselektrode den sich ändernden pH-Wert ermittelte. Seine Messergebnisse sind in der folgenden Tabelle dargestellt.

V (Salzsäure) in mL	pH-Wert
0	11,42
1	10,82
2	10,46
3	10,22
4	10,03
5	9,84
6	9,65
7	9,44
8	9,16
9	8,62
10	2,33
11	1,86
12	1,65
13	1,51
14	1,40
15	1,32

M 3: Phenol und einige Derivate

Name	Phenol	2-Nitrophenol	2,4,6-Trinitrophenol	2-Methylphenol	1,2-Dihydroxybenzol
Struktur	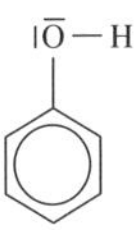	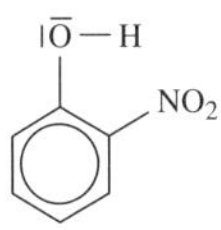	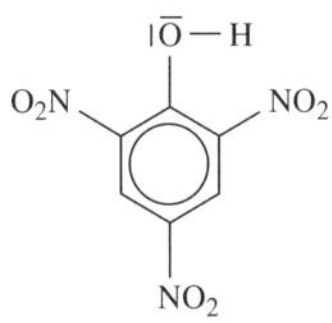	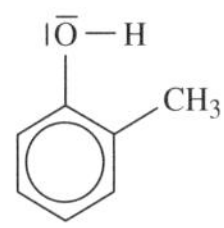	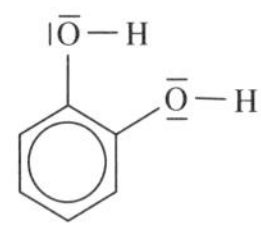
pK_S-Wert	10,0	7,2	1,0	10,2	9,4*

* Dieser Stoff hat zwei pK_S-Werte. Es soll aber nur der angegebene pK_{S1}-Wert betrachtet werden.

Basierend auf: Christen-Vögtle, Grundlagen der Organischen Chemie, Salle+Sauerländer
Aylward, Datensammlung Chemie, Taschentext

M 4: Polycarbonat

M 4a

Polycarbonate sind synthetische Polymere aus der Familie der Polyester und zwar aus Kohlensäure und zweiwertigen Alkoholen.
Handelsnamen sind unter anderem Makrolon (Bayer AG) und Lexan (General-Electric). 1953 wurde das erste industriell relevante Polycarbonat von Hermann Schnell bei der Bayer AG entwickelt. Das Verfahren basierte auf der Umsetzung von 2,2-Bis(4-hydroxyphenyl)-propan (Bisphenol A) mit Phosgen.

http://de.wikipedia.org/wiki/Polycarbonat (gekürzt)

M 4 b

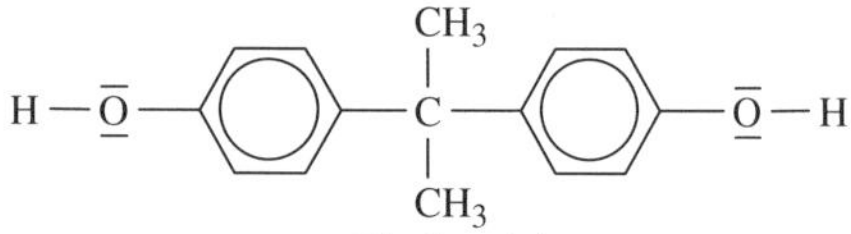

Bisphenol A

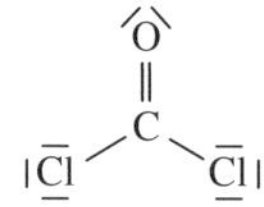

Phosgen

M 4 c

Makrolon®, das Hightech-Polycarbonat von Bayer MaterialScience.
Makrolon® kann transparent und lichtundurchlässig sein, ist witterungsbeständig, schlagfest, hitze- und kältebeständig. Seit 50 Jahren scheint das Innovationspotenzial dieses Kunststoffes unerschöpflich. Jedes Jahr werden neue Anwendungsmöglichkeiten gefunden – hier stellen wir einige davon vor, die aus unserem Alltag nicht mehr wegzudenken sind.

http://www.makrolon.de/BMS/DB-RSC/MakrolonCMSR6.nsf/id/home_de

M 5: Hydrochinon und Chinon

M 5 a

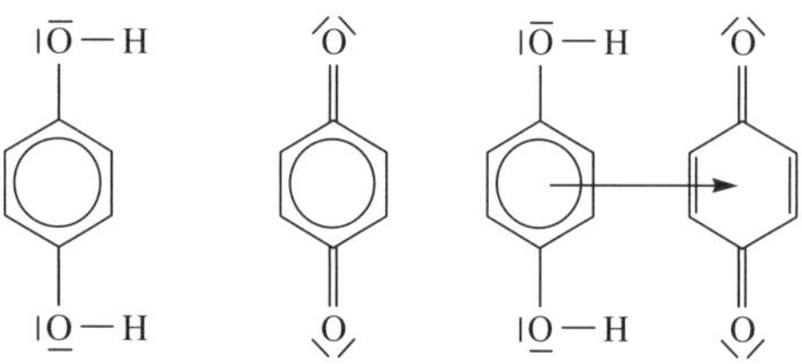

Hydrochinon Chinon Chinhydron

M 5 b
In dem als Chinhydron bezeichneten Komplex liegen Chinon und Hydrochinon genau im stöchiometrischen Verhältnis von 1 : 1 vor.
Die Bezeichnung Chinhydron (aus Chinon und Hydrochinon) geht auf Friedrich Wöhler (1844) zurück. In der frühen elektrochemischen pH-Messung spielte die sogenannte Chinhydron-Elektrode eine wichtige Rolle. Heute sind diese Elektroden durch die pH-Glaselektrode völlig verdrängt.

http://www.archaeometrielabor.com/Bilder/pdf/VL-Chemie-II(34c).pdf (gekürzt)

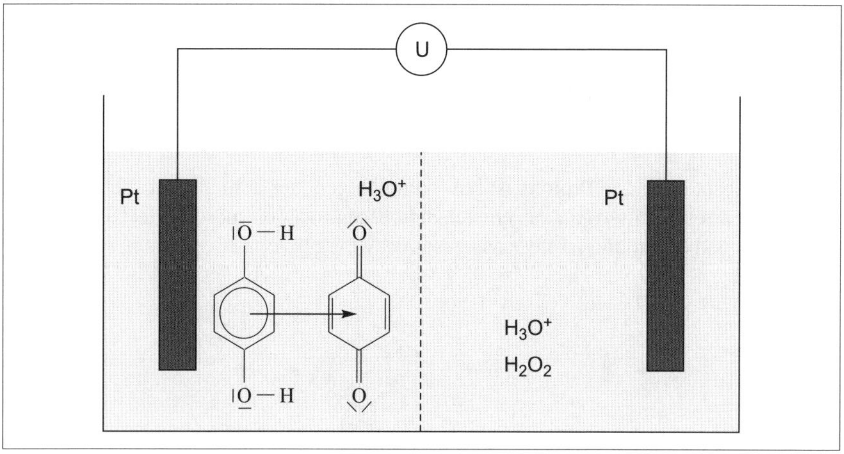

Die Elektrode besteht aus einem Platinblech, das in eine gesättigte Chinhydronlösung eintaucht. Das Potenzial der Elektrode hängt in ähnlicher Weise vom pH-Wert ab wie das der Wasserstoffelektrode. Die Vorteile der Chinhydron-Elektrode liegen in der einfachen Handhabung, der schnellen Potenzialeinstellung und dem hohen Standardpotenzial von $E^0 = 0{,}70$ V. Letzteres bedingt, dass die Chinhydron-Elektrode auch eingesetzt werden kann, wenn in der Analysenlösung Oxidationsmittel vorhanden sind, die durch Wasserstoff am Platin reduziert würden.
In alkalischen Lösungen mit pH-Werten über 8,5 kann die Chinhydron-Elektrode hingegen nicht verwendet werden, denn Hydrochinon ist eine schwache zweiprotonige Säure, die im alkalischen Gebiet weitgehend als Anion vorliegt, sodass das Potenzial nicht mehr in einfacher Weise vom pH-Wert abhängt. Im Übrigen wird Chinhydron in alkalischer Lösung leicht durch Luftsauerstoff oxidiert, was zwar nicht prinzipiell unvermeidbar, im praktischen Einsatz aber lästig ist.

Schubert, Volker; Reininger, Gernot; Uviversität Paderborn (Hersg.): http://groups.uni-paderborn.de/cc/lehrveranstaltungen/_aac/vorles/skript/kap_11/kap11_2/kap11_25.htm

Lösung

1.1 Phenol reagiert **schwach sauer**, da das Wasserstoffatom der Hydroxygruppe als Proton abgespalten werden kann.

$$C_6H_5OH + H_2O \rightleftharpoons C_6H_5O^- + H_3O^+$$

Die Abspaltung des Protons ist bei Phenol gegenüber dem aliphatischen Alkohol Methanol erleichtert, da das entstehende Phenolatanion mesomeriestabilisiert ist. Die negative Ladung ist über das gesamte Molekül verteilt.

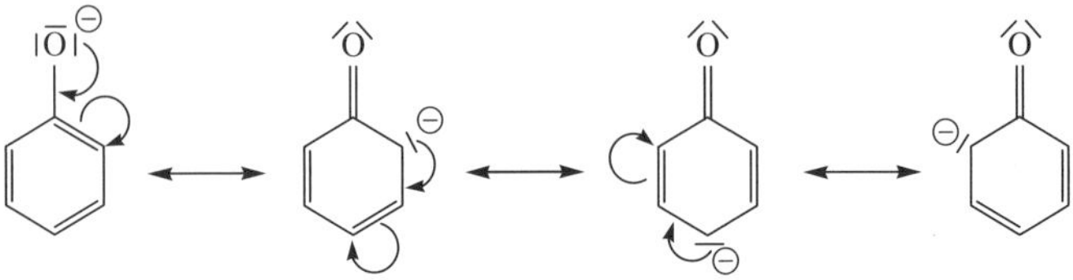

Der **Schmelzpunkt** von Phenol liegt bei 43 °C, der Siedepunkt bei 182 °C. Aufgrund der größeren Moleküloberfläche sind die Van-der-Waals-Wechselwirkungen zwischen Phenolmolekülen stärker als zwischen Methanolmolekülen. Folglich sind Schmelz- und Siedetemperatur von Phenol höher als von Methanol.

Phenol bildet **farblose**, nadelförmige Kristalle. Das konjugierte Doppelbindungssystem ist für eine Verschiebung des Absorptionsmaximums in den sichtbaren Bereich des elektromagnetischen Spektrums nicht groß genug.

Der **hydrophobe** (lipophile) Kohlenwasserstoffrest ist im Phenolmolekül größer als die hydrophile (lipophobe) Hydroxygruppe. In organischen Lösungsmitteln wie Ethanol und Ether ist Phenol daher gut, in Wasser (bei Raumtemperatur) nur mäßig löslich. Durch Zugabe von Natronlauge bilden sich negativ geladene Phenolatanionen aus, die in Wasser gut löslich sind. Da der Kohlenwasserstoffrest im Methanolmolekül kleiner ist als im Phenolmolekül, überwiegen im Methanol die hydrophilen Eigenschaften.

1.2 **Titration von Natriumphenolat mit Salzsäure**

$$Na^+{}_{(aq)} + C_6H_5O^-{}_{(aq)} + H_3O^+{}_{(aq)} + Cl^-{}_{(aq)} \longrightarrow$$
$$C_6H_5OH_{(aq)} + H_2O_{(l)} + Na^+{}_{(aq)} + Cl^-{}_{(aq)}$$

Titrationskurve

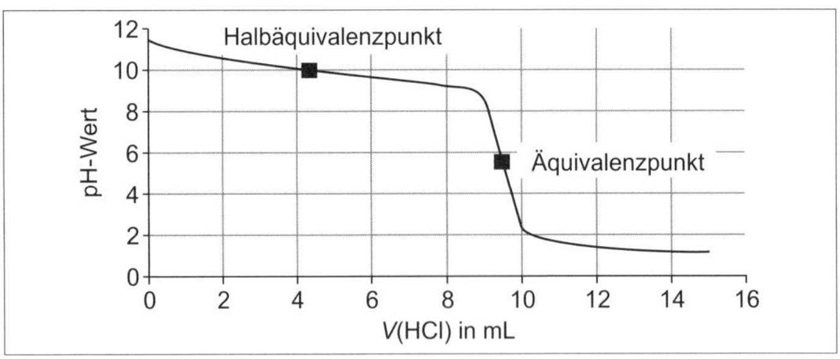

Zu Beginn der Titration liegt der pH-Wert bei 11,42. Nach der Zugabe von ca. 9,4 mL Salzsäure kann ein deutlicher pH-Sprung vom alkalischen ins stark saure Milieu beobachtet werden. Der Äquivalenzpunkt der Titration befindet sich im sauren Bereich, da Phenol leicht sauer reagiert. Nach weiterer Zugabe von Salzsäure fällt der pH-Wert bis auf 1,32 ab.

Ermittlung des pK_S-Wertes

$$C_6H_5OH + H_2O \rightleftharpoons C_6H_5O^- + H_3O^+$$

$$K_S = \frac{c(H_3O^+) \cdot c(C_6H_5O^-)}{c(C_6H_5OH)}$$

Am Halbäquivalenzpunkt sind die Konzentrationen der Säurerestanionen ($c(C_6H_5O^-)$) und der Säure ($c(C_6H_5OH)$) gleich.

$$K_S = c(H_3O^+) \quad \Rightarrow \quad pK_S = pH$$

$$pK_S(C_6H_5OH) \approx 10$$

1.3 **Berechnung der Stoffmenge von Natriumphenolat**

Geg.: $V(HCl) = 9{,}4\ mL = 0{,}0094\ L$ (Verbrauch an HCl bis zum ÄP)
$c(HCl) = 1\ mol \cdot L^{-1}$
$M(NaOC_6H_5) = 116\ g \cdot mol^{-1}$

Ges.: $m(NaOC_6H_5)$

Laut Reaktionsgleichung reagieren Salzsäure und Natriumphenolat im Verhältnis 1 : 1.

$$n(NaOC_6H_5) = n(HCl)$$

$$n(NaOC_6H_5) = c(HCl) \cdot V(HCl) = 1\ mol \cdot L^{-1} \cdot 0{,}0094\ L = 0{,}0094\ mol$$

$$m(NaOC_6H_5) = M(NaOC_6H_5) \cdot n(NaOC_6H_5)$$

$$m(NaOC_6H_5) = 116\ g \cdot mol^{-1} \cdot 0{,}0094\ mol = 1{,}09\ g$$

Die Masse des Natriumphenolats beträgt 1,09 g.

Laut Material hat der Chemiestudent 1,160 g Natriumphenolat abgewogen. Eine mögliche Erklärung für die Differenz zwischen errechneter Masse und Einwaage könnte eine Ungenauigkeit beim Ablesen des Äquivalenzpunktes sein.
Da Phenol hygroskopisch ist (M 1b), kann man annehmen, dass dies auch für Natriumphenolat gilt. Natriumphenolat hat also vermutlich 0,07 g Wasser (6 %) aufgenommen.

2.1 Phenol ist eine Brönstedt-Säure. Substituenten am Benzolring nehmen über induktive und mesomere Effekte Einfluss auf die Säurestärke des Phenols.

2-Nitrophenol und 2,4,6-Trinitrophenol

Eine oder mehrere NO_2-Gruppen bewirken durch ihren –M-Effekt eine Zunahme der Säurestärke (Verringerung des pK_S-Wertes). Die Verteilung der negativen Ladung des Phenolatanions über den Benzolring sowie über die Nitrogruppe(n) begünstigt die Bildung des Phenolations. Aufgrund der zusätzlichen mesomeren Grenzstrukturen von 2-Nitrophenol bzw. 2,4,6-Trinitrophenol gegenüber Phenol kann das Proton der Hydroxygruppe leichter abgespalten werden, die Säurestärke nimmt folglich zu.

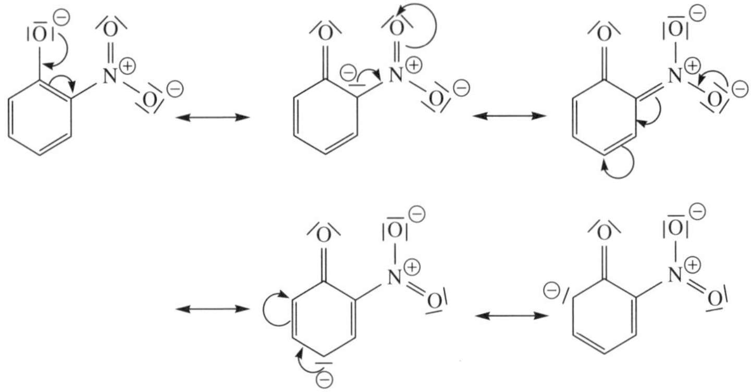

2-Methylphenol

Die Methylgruppe erhöht durch ihren +I-Effekt die Elektronendichte im Benzolring. Da die Partialladungen dadurch teilweise kompensiert werden, verringert sich die Polarisierung der O–H-Bindung. Als Folge davon kann das Wasserstoffatom schlechter als Proton abgespaltet werden.

1,2-Dihydroxybenzol

Die Hydroxygruppe verringert durch ihren –I-Effekt die Elektronendichte im Benzolring. Die Bindung zwischen Wasserstoff- und Sauerstoffatom wird dadurch weiter polarisiert und das Wasserstoffatom kann leichter als Proton abgespaltet werden.

2.2 **Reaktionsmechanismus der Esterbildung**
Protonierung der Carboxygruppe:

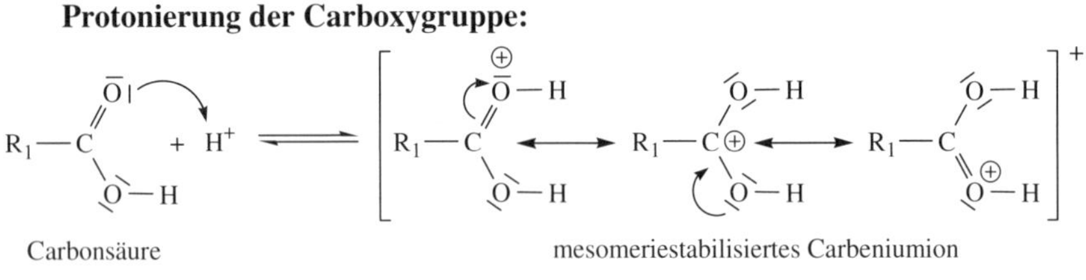

Nukleophiler Angriff des Alkoholmoleküls:

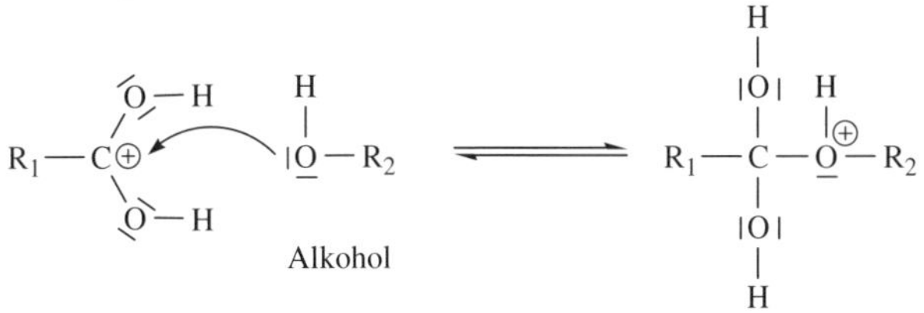

Intramolekulare Protonenwanderung:

Wasserabspaltung und Deprotonierung:

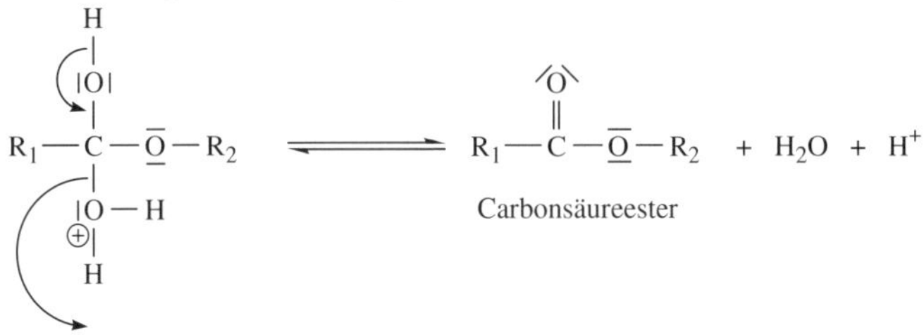

Bei der Bildung von Phenolestern müsste sich das freie Elekronenpaar der OH-Gruppe nukleophil an das positive C-Atom des Carbeniumions anlagern. Da das freie Elektronenpaar an der Mesomeriestabilisierung beteiligt ist, steht es allerdings nicht uneingeschränkt für die Bindungsbildung zu dem C-Atom zur Verfügung. Zudem besitzt das Phenolmolekül eine erhöhte Ladungsdichte in o- und p-Stellung und reagiert daher bevorzugt nach dem Mechanismus der elektrophilen Substitution. Das Carbeniumion würde sich also eher elektrophil am Phenolmolekül anlagern, als das Phenolmolekül das Carbeniumion nukleophil angreifen würde.

2.3 **Reaktionsschema für die Polycarbonatbildung**

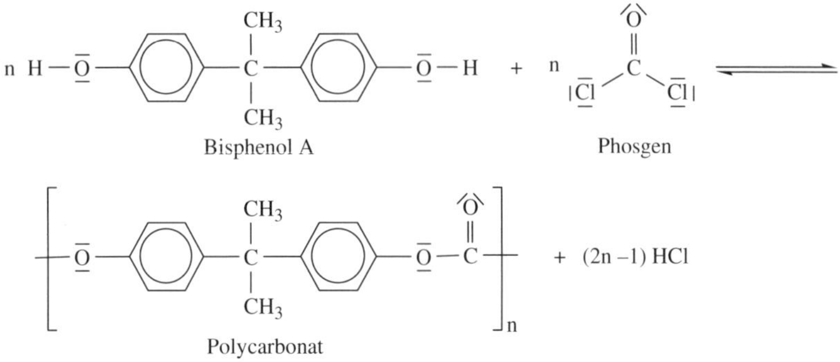

Bei dem Reaktionsprodukt handelt es sich um einen Polyester, da die typischen Estergruppierungen im Molekül enthalten sind. Die kettenförmigen Polycarbonatmakromoleküle bilden sich durch Veresterung bifunktioneller Alkohol- und Säurekomponenten.
Phosgen ist das Säurechlorid der Kohlensäure und wird anstelle der Kohlensäure eingesetzt, da Kohlensäuremoleküle selbst nicht stabil sind (zwei OH-Gruppen an einem C-Atom).
Eine große Vielfalt der Polycarbonate wird dadurch ermöglicht, dass der aromatische Rest von Bisphenol A durch verschiedenste Substituenten verändert werden kann. Art und Anzahl dieser Substituenten beeinflussen die Eigenschaften des entstehenden Kunststoffes.

3.1

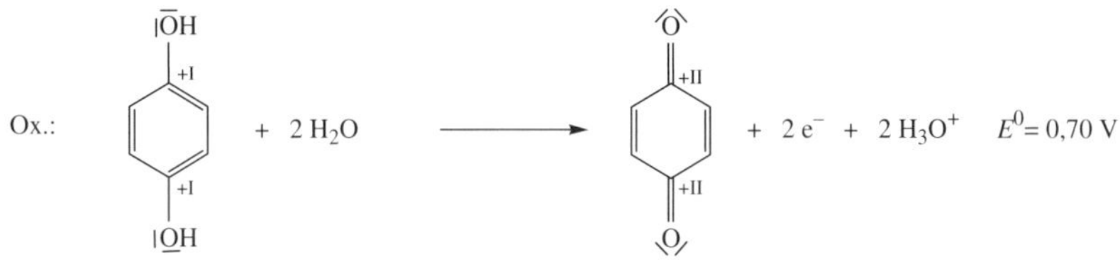

Red.: $\overset{-I}{H_2O_2} + 2\,H_3O^+ + 2\,e^- \longrightarrow 4\,H_2\overset{-II}{O}$ $\quad E^0 = 1{,}77$ V

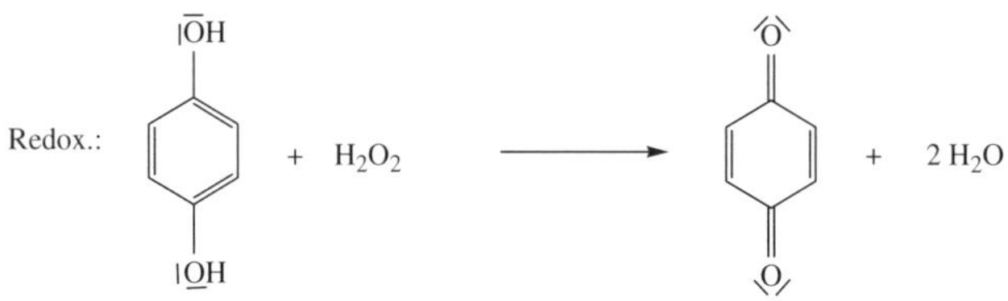

$\Delta E = E_{Akzeptor} - E_{Donator}$

Die Reaktion läuft ab, wenn die Potenzialdifferenz ΔE einen positiven Wert annimmt. Wasserstoffperoxid ist demnach unter Standardbedingungen Elektronenakzeptor, wird also reduziert und Hydrochinon ist Elektronendonator und wird oxidiert.

3.2 Chinhydron ist eine Komplexverbindung, in der Chinon (Ch) und Hydrochinon (HCh) im Verhältnis 1 : 1 vorliegen. In wässriger Lösung dissoziiert dieser Komplex in seine Bestandteile.

Berechnung des Potenzials

Das Potenzial lässt sich mithilfe der Nernst'schen Gleichung berechnen.

$$E(\text{HCh / Ch}) = E^0(\text{HCh / Ch}) + \frac{0{,}059\text{V}}{2} \cdot \lg \frac{c(\text{Ch}) \cdot c^2(\text{H}_3\text{O}^+)}{c(\text{HCh})}$$

Mit $c(\text{Ch}) = c(\text{HCh})$ ergibt sich:

$$E(\text{HCh / Ch}) = E^0(\text{HCh / Ch}) + \frac{0{,}059\text{V}}{2} \cdot \lg c^2(\text{H}_3\text{O}^+)$$

Bei pH = 0 liegen Standardbedingungen vor:

$$E(\text{HCh / Ch}) = E^0(\text{HCh / Ch}) = 0{,}70 \text{ V}$$

$$\Delta E = E_{Akzeptor} - E_{Donator}$$

$$\Delta E = E(\text{H}_2\text{O / H}_2\text{O}_2) - E(\text{HCHh / Ch})$$

$$\Delta E = 1{,}77 \text{ V} - 0{,}70 \text{ V} = 1{,}07 \text{ V}$$

Die Spannung des galvanischen Elements beträgt 1,07 V.

3.3 **Zusammenhang zwischen pH-Wert und dem Potenzial der Chinhydron-Halbzelle**

$$E(\text{HCh / Ch}) = E^0(\text{HCh / Ch}) + \frac{0{,}059\text{V}}{2} \cdot \lg \frac{c(\text{Ch}) \cdot c^2(\text{H}_3\text{O}^+)}{c(\text{HCh})}$$

$$= E^0(\text{HCh / Ch}) + \frac{0{,}059\text{V}}{2} \cdot \lg c^2(\text{H}_3\text{O}^+)$$

$$= E^0(\text{HCh / Ch}) + 0{,}059\text{V} \cdot \lg c(\text{H}_3\text{O}^+)$$

$$= E^0(\text{HCh / Ch}) - 0{,}059\text{V} \cdot \text{pH}$$

Das Potenzial der Chinhydron-Halbzelle steigt mit sinkendem pH-Wert.

$$\Delta E = E_{Akzeptor} - E_{Donator} = E(\text{H}_2\text{O / H}_2\text{O}_2) - E(\text{HCh / Ch})$$

Die Gesamtspannung ΔE sinkt folglich mit sinkendem pH-Wert.

alternativ:

$$\text{Hydrochinon} + 2\,H_2O \rightleftharpoons \text{Chinon} + 2\,H_3O^+ + 2\,e^-$$

Obiges Gleichgewicht wird bei der Erhöhung von $c(H_3O^+)$ (sinkender pH-Wert) nach links verschoben, Elektronen werden verbraucht. Da das Potenzial dadurch größer als 0,70 V wird, sinkt folglich die Gesamtspannung.

Vorteil
Alle Stoffe mit einem Standardpotenzial $E^0 > 0$ V würden am Platinblech der Wasserstoffelektrode reduziert werden. Die Reduktion setzt in der Chinonhalbzelle erst bei einem Standardpotenzial von $E^0 = 0{,}70$ V ein.

Nachteil
Die pH-Messung ist für pH > 7 nicht möglich, da die Konzentrationen von Chinon und Hydrochinon im alkalischen Milieu aufgrund der Protolyse des Hydrochinons nicht mehr gleich sind.

Chemie (Niedersachsen): Grundlegendes Anforderungsniveau
Abiturprüfung 2008 – Aufgabe I

Fossile und regenerative Kraftstoffe

1 **Fossile Kraftstoffe**

1.1 Vergleichen Sie eine typische Reaktion einer im Erdöl vorkommenden Stoffklasse (M 1) mit einer typischen Reaktion der Alkene (ohne Reaktionsmechanismen; keine Verbrennung).
Erläutern Sie daraufhin, welche Gründe es dafür geben könnte, dass Erdöl kaum Alkene enthält.

1.2 Entwickeln Sie eine mögliche Reaktion beim Cracken (M 2a) von Hexadecan ($C_{16}H_{34}$), bei der mindestens drei Produkte entstehen, darunter wenigstens ein Alken. Begründen Sie am Beispiel von Octan in M 2b, dass solche Reaktionen endotherm sind.

1.3 Erklären Sie unter Verwendung einer Rechnung am Beispiel des Octans, dass Benzin als Kraftstoff geeignet ist. Bestätigen Sie durch Rechnung die Heizwerte von Wasserstoff und Octan als Beispiel für Benzin (M 3).

1.4 Beschreiben Sie die Unterschiede zwischen Winter- und Sommerkraftstoffen (M 4a). Begründen Sie, warum verschiedene Sorten verwendet werden, und erläutern Sie beispielhaft unter Einbeziehung von M 4b, welche konkreten Änderungen möglicherweise vorgenommen werden.

2 **Regenerative Kraftstoffe**

2.1 Diskutieren Sie die Verwendung von Erdgas und von Wasserstoff als Treibstoffe im Vergleich mit herkömmlichen Erdölprodukten unter ökologischen Aspekten (M 5).

2.2 Stellen Sie anhand von M 6a die fehlenden Teilgleichungen für die Vorgänge in einer alkalischen bzw. sauren Wasserstoff-Brennstoffzelle dar. Berechnen Sie die Zellspannungen. Erläutern Sie die beiden Ergebnisse unter Berücksichtigung des Diagramms M 6b.

2.3 Geben Sie für die in M 7 dargestellte Verbrennung von Wasserstoff einen Reaktionstyp an und wenden Sie auf die aufgeführten Teilschritte begründet charakterisierende Fachbegriffe an.

M 1: Erdöl

Erdöl. […] Die im Rohöl vorhandenen Kohlenwasserstoffe gehören im wesentlichen folgenden Gruppen an: Alkanen, Cycloalkanen (die hier von alters her Naphthene genannt werden) u. Aromaten. Die Alkane setzen sich aus geradkettigen Paraffinen (von CH_4 bis ca. $C_{30}H_{62}$, in Ausnahmefällen bis $C_{90}H_{182}$) u. den verzweigten Vertretern zusammen, die alicycl. Verb. bestehen hauptsächlich aus ggf. alkylierten Cyclopentanen u. -hexanen sowie aus Cycloheptan […]. Bei den Aromaten handelt es sich im allg. um Alkylbenzole.

Quelle: Falbe, Jürgen; Römpp, Hermann; Regitz, Manfred (Hersg.): Römpp Chemie Lexikon, Thieme, Stuttgart, 9. Auflage, 1995

M 2: Cracken

M 2a

Als Cracken bezeichnet man die Aufspaltung von Kohlenwasserstoffmolekülen in kleinere Bruchstücke. Von thermischem Cracken spricht man, wenn die Bindungsspaltung nur durch hohe Temperatur und hohen Druck erreicht wird. Dabei entsteht in der Regel auch Koks, der sich ablagert und von Zeit zu Zeit abgebrannt werden muss. Das Cracken wird vor allem bei der Erdölverarbeitung angewendet. Beim thermischen Cracken werden die hochsiedenden Rückstände aus der vorangegangenen Erdöldestillation weiterverarbeitet und in leichter siedende Fraktionen (zum Beispiel Benzine) umgewandelt.

Quelle: Brockhaus Enzyklopädie in 30 Bänden, 21. Auflage, 2006; Wissenmedia GmbH

M 2b

Beispielreaktion:

Octan $\longrightarrow$ Pentan + Propen

$$CH_3{-}CH_2{-}CH_2{-}CH_2{-}CH_2{-}CH_2{-}CH_2{-}CH_3 \longrightarrow$$

$$CH_3{-}CH_2{-}CH_2{-}CH_2{-}CH_3 + CH_2{=}CH{-}CH_3$$

M 3: Heizwerte

Energieträger	Heizwert in $MJ \cdot kg^{-1}$
Benzin (Octan)	44
Wasserstoff	122

Quelle: Brockhaus Enzyklopädie in 30 Bänden, 21. Auflage, 2006; Wissenmedia GmbH

M 4: Daten von Ottokraftstoffen

Um ein konstantes Zündverhalten zu gewährleisten, unterscheiden sich die Zusammensetzungen von Kraftstoffen im Winter und im Sommer.

M 4a: Daten zum Flüchtigkeitsverhalten von Ottokraftstoffen

Auszug aus den Normen für Ottokraftstoffe (DIN EN 228: 2004 unter Berücksichtigung von 98/70/EG)

Dampfdruck:	
1. 5.–30. 9. (Sommer)	mind. 45 kPa – max. 60 kPa
16. 11.–15. 3. (Winter)	mind. 60 kPa – max. 90 kPa
sonst (Übergang)	mind. 45 kPa – max. 90 kPa
Siedeverlauf:	
E70 (Gehalt an Kohlenwasserstoffen, die bis 70 °C verdampfen)	
1. 5.–30. 9. (Sommer)	mind. 20 Vol.-% – max. 48 Vol.-%
16. 11.–15. 3. (Winter)	mind. 22 Vol.-% – max. 50 Vol.-%
sonst (Übergang)	mind. 20 Vol.-% – max. 50 Vol.-%
E100 (Gehalt an Kohlenwasserstoffen, die bis 100 °C verdampfen)	
ganzjährig	mind. 46 Vol.-% – max. 71 Vol.-%
E150 (Gehalt an Kohlenwasserstoffen, die bis 150 °C verdampfen)	
ganzjährig	mind. 75 Vol.-%
Siedeendpunkt, ganzjährig	max. 210 °C

Quelle: Brockhaus Enzyklopädie in 30 Bänden, 21. Auflage, 2006; Wissenmedia GmbH

M 4b: Einige Bestandteile von Superbenzin

Propan	Pentan	2-Methylpentan	Cyclohexan
2-Methylpropan	2-Methyl-2-buten	3-Methylpentan	3-Methylhexan
Butan	2,2-Dimethylbutan	Hexan	2,2,4-Trimethylpentan
2-Methylbutan	Cyclopentan	Methylcyclopentan	Heptan
Penten-1	2,3-Dimethylbutan	Benzol	Toluol

Nach: Liening; Bernhard: Lehrbuch der Chemie SII, Frankfurt am Main: Diesterweg, 1993

M 5: Aussagen und Daten zu alternativen und herkömmlichen Energieträgern

Die konventionellen fossilen Treibstoffe Diesel und Benzin werden kontinuierlich weiterentwickelt und verbessert. Durch schwefelarmen Diesel lassen sich die SO_2-Emissionen stark verringern. Als alternative Treibstoffe in Verbrennungsmotoren kommen unter anderem Wasserstoff, Erdgas, Flüssiggas, Alkohole (Methanol, Ethanol) und synthetische Kraftstoffe […] in Frage. Neben ökologischen Gesichtspunkten ist auch die ökonomische Betrachtung unabdingbar. Die ökologische Betrachtung muss in jedem Fall die gesamte Herstellungskette des Treibstoffs umfassen. […]

Erdgas hat durch den höheren Wasserstoffgehalt des CH_4 einen geringeren CO_2-Emissionsfaktor als Diesel- oder Ottokraftstoffe. CH_4 ist etwa 20-mal so klimawirksam wie CO_2. Durch Verluste während des Transports wird die CO_2-Bilanz daher erheblich verschlechtert, besonders unter dem Gesichtspunkt, dass sich aufgrund zur Neige gehender Ressourcen die Transportwege verlängern werden. Außerdem kann die CH_4-Verbrennung nicht so effizient gestaltet werden […]. Erdgas ist schwefelfrei und verbrennt ohne Rußentwicklung. Mit Erdgas betriebene Fahrzeuge, welche heute bereits die Euro-4-Norm unterschreiten, weisen zudem den Vorteil auf, mit erneuerbarem Biogas versorgt werden zu können.

Wasserstoff kann in Verbrennungsmotoren oder in Brennstoffzellen eingesetzt werden. Auch bei Wasserstoff muss die gesamte Energiekette betrachtet werden. Zwar herrscht lokal Emissionsfreiheit, bei der Produktion des Wasserstoffs kann jedoch auch CO_2 erzeugt werden. Prädestiniert für die H_2-Herstellung sind Solar- und Windkraftstrom, wobei die regenerative Erzeugung durch Elektrolyse mit photovoltaischem Strom überwiegt. Hier sind Kosten und mangelnder Ausbau ein Hemmfaktor.

Auch viele Organismen können Wasserstoff produzieren. Meistens entsteht der Wasserstoff infolge der Vergärung von organischen Makromolekülen (z. B. Zucker). […] Besonders interessant erscheint die Wasserstoffproduktion durch Mikroorganismen, die autotroph leben, ihre Energie also durch die Umwandlung der Sonnenenergie in chemische Energie gewinnen. Zu diesen biologischen Systemen zählen vor allem Algen und Cyanobakterien. […]

Momentan ist keines der biologischen Systeme in der Lage, im technischen Maßstab Wasserstoff bereitzustellen.

Quellen: Geringer, Bernhard; Winter, Franz; Lackner Maximilian: Chemie in unserer Zeit 2005, Bd. 39/4; WILEY-VCH sowie Ulber, Roland; Puls, Jürgen; Sell, Dieter: Chemie in unserer Zeit 2007, Bd. 41/2; WILEY-VCH

M 6: Elektrodenreaktionen und -potenziale in einer Brennstoffzelle

M 6a

	alkalischer Elektrolyt (pH = 14)	saurer Elektrolyt (pH = 0)
Minus-Pol	$2\ H_{2\ (g)} + 4\ OH^-_{\ (aq)} \rightarrow 4\ H_2O_{\ (l)} + 4\ e^-$ $E(H_2/H_2O) = -0{,}83\ V$	
Plus-Pol		
Zellreaktion		

M 6b: Elektrodenpotenziale in Abhängigkeit vom pH-Wert

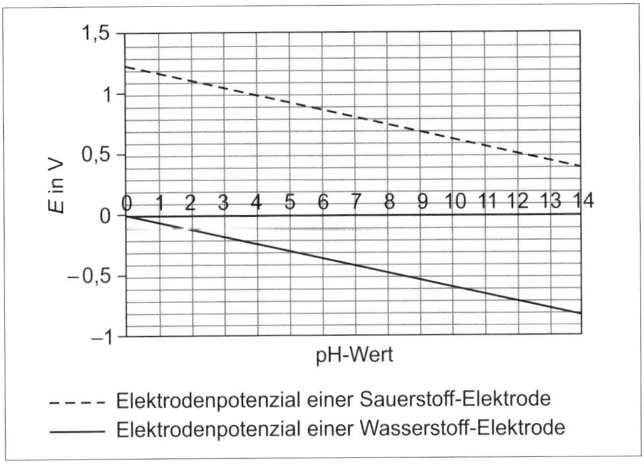

Quelle: Lackner, Maximilian; Winter, Franz; Geringer, Bernhard: Chemie in unserer Zeit 2005; Bd. 39/4; S. 247; Wiley-VCH Verlag

M 7: Reaktionsschritte bei der Verbrennung von Wasserstoff

(a)	$H_2 + O_2 \longrightarrow 2\,OH\cdot$	(d)	$\cdot O\cdot + H_2 \longrightarrow OH\cdot + H\cdot$
(b)	$OH\cdot + H_2 \longrightarrow H_2O + H\cdot$	(e)	$2\,H\cdot \longrightarrow H_2$
(c)	$H\cdot + O_2 \longrightarrow OH\cdot + \cdot O\cdot$	(f)	$OH\cdot + H\cdot \longrightarrow H_2O$

Lösung

1.1 **(Cyclo-) Alkane**

Wie schon der frühere Gattungsname Paraffine (lat. *parum* = wenig, *affinis* = geneigt) andeutet, sind die Alkane im Allgemeinen nicht sehr reaktionsfreudig, d. h. **reaktionsträge**. Eine typische Reaktion der Alkane ist die **radikalische Substitution**, die als Kettenreaktion in drei Stufen verläuft. Beim Kettenstart werden durch Zufuhr einer entsprechend **hohen Aktivierungsenergie** (z. B. in Form von Licht) Radikale erzeugt. Diese Radikale setzen eine Kettenreaktion in Gang, die schließlich durch Rekombination zweier Radikale (Kettenabbruch) zum Erliegen kommt.

alternativ:

Aromaten

Aromatische Verbindungen, wie z. B. Benzol, sind sehr **reaktionsträge**. Mithilfe eines geeigneten **Katalysators** können sie aber durch eine entsprechende **Verminderung der Aktivierungsenergie** Reaktionen eingehen. Für aromatische Verbindungen ist die **elektrophile Substitution** charakteristisch. Die Substitution wird – ähnlich einer elektrophilen Addition – durch Anlagerung eines elektrophilen Teilchens an das π-Elektronensystem des Aromaten eingeleitet. Durch abschließende Abspaltung eines Protons vom mesomeriestabilisierten σ-Komplex wird das aromatische System wiederhergestellt.

Alkene

Im Gegensatz zu Alkanen und Aromaten weisen Alkene aufgrund ihrer im Molekül enthaltenen Doppelbindung eine **hohe Reaktivität** auf. Die typische Reaktion der Alkene ist die **elektrophile Addition**. Die hohe Elektronendichte an der Doppelbindung bietet gute Angriffsmöglichkeiten für elektrophile Teilchen. Dementsprechend wird nur eine **geringe Aktivierungsenergie** benötigt.

Erdöl enthält kaum Alkene, da die ungesättigten Kohlenwasserstoffe zu reaktionsfreudig sind. Sie reagieren durch elektrophile Addition relativ leicht zu gesättigten Kohlenwasserstoffen.

1.2 $C_{16}H_{34} \longrightarrow C_8H_{18} + C_4H_{10} + C_3H_6 + C$

Hexadecan → Octan + Butan + Propen + Kohlenstoff

Cracken von Octan

$$C_8H_{18\,(g)} \longrightarrow C_5H_{12\,(g)} + C_3H_{6\,(g)}$$

Der Crackvorgang findet bei höheren Temperaturen statt. Für alle beteiligten Stoffe kann also der gasförmige Zustand angenommen werden.

$$\Delta_R H_m^0 = \sum \Delta_f H_m^0 \text{ (Produkte)} - \sum \Delta_f H_m^0 \text{ (Edukte)}$$

$$\Delta_R H_m^0 = \Delta_f H_m^0(C_5H_{12\,(g)}) + \Delta_f H_m^0(C_3H_{6\,(g)}) - \Delta_f H_m^0(C_8H_{18\,(g)})$$

$\Delta_R H_m^0 = (-146\ \text{kJ} \cdot \text{mol}^{-1}) + (20\ \text{kJ} \cdot \text{mol}^{-1}) - (-208\ \text{kJ} \cdot \text{mol}^{-1})$

$\Delta_R H_m^0 = 82\ \text{kJ} \cdot \text{mol}^{-1}$

Die Reaktionsenthalpie ist größer als null; es handelt sich folglich um eine **endotherme Reaktion**.

1.3 **Verbrennung von Octan**

$C_8H_{18\,(l)} + 12{,}5\ O_{2\,(g)} \longrightarrow 8\ CO_{2\,(g)} + 9\ H_2O_{(g)}$

Der Verbrennungsvorgang findet bei höheren Temperaturen statt. Unter der Annahme, dass Octan in Form kleiner Tröpfchen in den Verbrennungsraum eingespritzt wird, ergeben sich die in der Reaktionsgleichung aufgeführten Aggregatzustände. Eine Nutzung der Kondensationswärme von Wasser findet unter den gegebenen Bedingungen nicht statt.

$\Delta_R H_m^0 = \sum \Delta_f H_m^0\ (\text{Produkte}) - \sum \Delta_f H_m^0\ (\text{Edukte})$

$\Delta_R H_m^0 = 8 \cdot \Delta_f H_m^0 (CO_{2\,(g)}) + 9 \cdot \Delta_f H_m^0 (H_2O_{(g)}) - \Delta_f H_m^0 (C_8H_{18\,(l)})$

$\Delta_R H_m^0 = 8 \cdot (-394\ \text{kJ} \cdot \text{mol}^{-1}) + 9 \cdot (-242\ \text{kJ} \cdot \text{mol}^{-1}) - (-250\ \text{kJ} \cdot \text{mol}^{-1})$

$\Delta_R H_m^0 = -5\,080\ \text{kJ} \cdot \text{mol}^{-1}$

Die Reaktionsenthalpie ist kleiner als null; Benzin (Octan) ist daher als Kraftstoff geeignet.

Heizwert von Wasserstoff

$H_{2\,(g)} + 0{,}5\ O_{2\,(g)} \longrightarrow H_2O_{(g)}$

Es kann davon ausgegangen werden, dass das Reaktionsprodukt Wasser unter den gegebenen Reaktionsbedingungen (Verbrennungsreaktion) gasförmig vorliegt.

$\Delta_R H_m^0 = \sum \Delta_f H_m^0\ (\text{Produkte}) - \sum \Delta_f H_m^0\ (\text{Edukte})$

$\Delta_R H_m^0 = \Delta_f H_m^0 (H_2O_{(g)}) = -242\ \text{kJ} \cdot \text{mol}^{-1}$

$$\text{Heizwert}\ (H_2) = \frac{|\Delta_R H_m^0|}{M(H_2)}$$

$$\text{Heizwert}\ (H_2) = \frac{242\ \text{kJ} \cdot \text{mol}^{-1}}{0{,}002\ \text{kg} \cdot \text{mol}^{-1}} = 121\,000\ \text{kJ} \cdot \text{kg}^{-1} = 121\ \text{MJ} \cdot \text{kg}^{-1}$$

Heizwert von Benzin (Octan)

$$\text{Heizwert}\ (C_8H_{18}) = \frac{|\Delta_R H_m^0|}{M(C_8H_{18})}$$

$$\text{Heizwert}\ (C_8H_{18}) = \frac{5\,080\ \text{kJ} \cdot \text{mol}^{-1}}{0{,}114\ \text{kg} \cdot \text{mol}^{-1}} = 44\,561\ \text{kJ} \cdot \text{kg}^{-1} \approx 44\ \text{MJ} \cdot \text{kg}^{-1}$$

1.4 **Winter- und Sommerkraftstoff**

Der Winterkraftstoff enthält einen höheren Anteil an niedrig siedenden Kohlenwasserstoffen als der Sommerkraftstoff und besitzt daher auch einen höheren Dampfdruck.

Da im Winter niedrigere Außentemperaturen vorliegen als im Sommer, sollte der Kraftstoff auch bei niedrigeren Temperaturen in den gasförmigen Zustand übergehen. Entsprechend kann der Anteil an niedrig siedenden Bestandteilen im Sommerkraftstoff vermindert werden. Für den Dampfdruck und damit für den Gehalt an niedrig siedenden Bestandteilen sind aber genaue Grenzen festgelegt.

Betrachtet man die Bestandteile von Superbenzin, so ist anzunehmen, dass niedrig siedende Stoffe, wie z. B. Pentan oder Hexan, im Sommerkraftstoff in geringerem Maße vorhanden sind.

2.1 **Herkömmliche Erdölprodukte**

- Diesel und Benzin haben einen höheren CO_2-Emissionsfaktor.
- Die Herstellung von schwefelarmem Diesel erhöht die Produktionskosten.
- Die Verbrennung von Diesel und Benzin ist mit einer Rußentwicklung verbunden.
- Die Erdölvorräte sind begrenzt.
- Die Förderung von Erdöl wird immer aufwendiger (z. B. Tiefseebohrungen).

Erdgas (Methan)

- Erdgas zeichnet sich durch einen hohen Wasserstoffgehalt und damit durch einen geringeren CO_2-Emissionsfaktor aus.
- Der Transport ist vergleichsweise aufwendig, Verluste sind dabei nicht auszuschließen.
- Bei der Verbrennung entstehen weder Schwefeldioxid (Erdgas ist schwefelfrei) noch Ruß.
- Methan ist 20-mal so klimawirksam wie CO_2.
- Methan kann regenerativ in Biogas-Anlagen produziert werden.

Wasserstoff

- Wasserstoff kann sowohl in Verbrennungsmotoren als auch in Brennstoffzellen eingesetzt werden.
- Bei der Wasserstoffverbrennung entsteht als Reaktionsprodukt nur Wasser.
- Die Wasserstoffgewinnung ist nur dann emissionsfrei, wenn zur Gewinnung Solar- bzw. Windkraftstrom eingesetzt wird.
- Die Gewinnung von Wasserstoff durch Elektrolyse mit photovoltaischem Strom ist mit hohen Kosten verbunden.
- Die Gewinnung von Wasserstoff durch Mikroorganismen scheint eine Alternative zu sein. Bisher ist es aber auf diesem Wege noch nicht möglich, Wasserstoff in technischem Maßstab bereitzustellen.

Resümee

Betrachtet man nur die „aktuellen Kosten", so stellt der Einsatz von Erdgas und Wasserstoff noch keine Alternative zu den herkömmlichen Erdölprodukten dar. Logistische Probleme bei der Erdgastechnik sowie hohe Kosten bei der Wasserstoffgewinnung begrenzen die Einsatzmöglichkeiten dieser alternativen Energieträger bislang noch.

Bezieht man aber die Folgekosten, die sich durch den Gebrauch fossiler Brennstoffe aufgrund des resultierenden Treibhauseffektes ergeben, in die Betrachtungen mit ein, so scheint vor allem der Einsatz von Wasserstoff deutlich sinnvoller zu sein. Da ein Ende der fossilen Energieträger vorgegeben ist, sollte die Entwicklung der Wasserstofftechnik vorangetrieben werden, um die derzeitigen „Risiken und Nebenwirkungen" zu minimieren.

2.2 Alkalische Brennstoffzelle

Minus-Pol (Oxidation): $2\,\overset{0}{H}_{2\,(g)} + 4\,OH^-_{(aq)} \longrightarrow 4\,\overset{+I}{H}_2O_{(l)} + 4\,e^-$

Plus-Pol (Reduktion): $\overset{0}{O}_{2\,(g)} + 2\,H_2O_{(l)} + 4\,e^- \longrightarrow 4\,\overset{-II}{O}H^-_{(aq)}$

Redoxreaktion: $2\,H_{2\,(g)} + O_{2\,(g)} \longrightarrow 2\,H_2O_{(l)}$

Berechnung der Zellspannung

$$\Delta E = E_{\text{Akzeptor}} - E_{\text{Donator}}$$

$$\Delta E = E^0(OH^- / O_2) - E^0(H_2 / H_2O)$$
$$= 0{,}4\ V - (-0{,}83\ V) = 1{,}23\ V$$

Saure Brennstoffzelle

Minus-Pol (Oxidation): $\overset{0}{H}_{2\,(g)} + 2\,H_2O_{(l)} \longrightarrow 2\,\overset{+I}{H}_3O^+_{(aq)} + 2\,e^-$

Plus-Pol (Reduktion): $\overset{0}{O}_{2\,(g)} + 4\,H_3O^+_{(aq)} + 4\,e^- \longrightarrow 6\,H_2\overset{-II}{O}_{(l)}$

Redoxreaktion: $2\,H_{2\,(g)} + O_{2\,(g)} \longrightarrow 2\,H_2O_{(l)}$

Berechnung der Zellspannung

$$\Delta E = E_{\text{Akzeptor}} - E_{\text{Donator}}$$

$$\Delta E = E^0(H_2O / O_2) - E^0(H_2 / H_3O^+)$$
$$= 1{,}23\ V - 0V = 1{,}23\ V$$

Sowohl Gesamtreaktion als auch Zellspannung sind bei der sauren und der alkalischen Brennstoffzelle identisch. Die Reaktionsgleichungen sind identisch, da jeweils die gleichen Stoffe auf elektrochemischem Wege umgesetzt werden. Die Potenzialdifferenz ist identisch, da laut M 6b in beiden Halbzellen die gleiche pH-Abhängigkeit des Potenzials vorliegt (paralleler Verlauf der beiden Geraden im Diagramm).

2.3 Es handelt sich um eine **radikalische Reaktion**.

Startreaktion:

Im Verlauf der Startreaktion wird ein Wasserstoffmolekül durch eine lokale Zündquelle so stark aufgeheizt, dass es in zwei sehr reaktionsfähige und damit sehr kurzlebige Wasserstoffradikale zerfällt. Diese Radikale reagieren mit Sauerstoffmolekülen zu OH-Radikalen.

(a) $H_2 + O_2 \longrightarrow 2\,OH\cdot$

Kettenreaktion:

Die OH-Radikale reagieren im Verlauf der nachfolgenden Kettenreaktion mit weiteren H_2-Molekülen. Neben dem Endprodukt Wasser entstehen neue H-Radikale, die wiederum mit O_2-Molekülen reagieren. Auch die Entstehung von Sauerstoffdiradikalen ist möglich. Im Rahmen dieser Kettenreaktion kann beliebig viel Brennstoff (H_2) in das Endprodukt Wasser umgewandelt werden.

(b) $OH\cdot + H_2 \longrightarrow H_2O + H\cdot$

(c) $H\cdot + O_2 \longrightarrow OH\cdot + \cdot O\cdot$

(d) $\cdot O\cdot + H_2 \longrightarrow OH\cdot + H\cdot$

Kettenabbruchreaktion:

Treffen zufällig zwei Radikale aufeinander, so entstehen aus diesen hochreaktiven Teilchen im Verlauf einer Kettenabbruchreaktion stabile Moleküle wie Wasserstoff- oder Wassermoleküle.

(e) $2\,H\cdot \longrightarrow H_2$

(f) $OH\cdot + H\cdot \longrightarrow H_2O$

Typisch für eine derartige Reaktion ist das lawinenartige Anwachsen der Anzahl reaktiver Teilchen (siehe Verdopplung der Radikalzahl bei den möglichen Kettenreaktionsschritten c und d). Dieser Umstand, verbunden mit der exponentiell mit der Temperatur ansteigenden Reaktionsgeschwindigkeit, ist verantwortlich für den Nutzen, aber auch für die Gefahren beim Umgang mit leicht entzündlichen Stoffen in Gegenwart von Zündquellen.

Färbeverfahren und Textilien

1 Färben von Textilien

1.1 Stellen Sie das Prinzip der Küpenfärbung unter Verwendung von M 1 dar. Ordnen Sie die Strukturen A, B, C begründet in das vorgegebene Schema ein. Erläutern Sie, ob es sich bei dem jeweiligen Reaktionsschritt um eine Redox- oder Säure-Base-Reaktion handelt.

1.2 Beurteilen Sie die Farbstoffe in M 2 bezüglich ihrer Eignung zur dauerhaften Färbung von Wolle bzw. Baumwolle (M 7).

1.3 Nennen Sie Anforderungen, die ein Farbstoff für die Verwendung in der Textilindustrie haben sollte. Vergleichen Sie diese mit den Eigenschaften von Kongorot und beschreiben Sie, weshalb Kongorot heute im Textilbereich nicht mehr verwendet wird. (M 3)

1.4 Erläutern Sie am Beispiel von Kongorot (M 4) ausführlich die Wirkungsweise eines Säure-Base-Indikators.

2 Synthetische Fasern – Polymerschutz

2.1 Erläutern Sie den Mechanismus der Reaktion, die zur Bildung des Teflons führt (M 5).

2.2 Beschreiben Sie mithilfe der Materialien M 6a und M 6b die Funktion einer Gore-Tex-Membran und überprüfen Sie die verschiedenen Angaben des Herstellers bezüglich der Porengröße auf Schlüssigkeit.

2.3 Zeichnen Sie einen Ausschnitt aus der Struktur des aus Acrylsäure hergestellten Polycarboxylats (M 7). Erklären Sie, warum die großen Faserbruchstücke von Wolle oder Baumwolle in der polycarboxylathaltigen Waschlauge gehalten werden können, ohne sich abzusetzen.
Prüfen Sie, ob auch Teflon zur Beschichtung einer Faser geeignet wäre.

M 1: Küpenfärbung mit Indigo

Indigo wird in einer alkalischen Lösung suspendiert, mit Natriumdithionit ($Na_2S_2O_4$) versetzt und erhitzt. Nach einiger Zeit löst sich der Farbstoff unter Bildung einer schwach gelben Färbung auf. In diese Lösung gibt man einen Baumwollstreifen. Nach 5 Minuten wird er herausgenommen, mit klarem Wasser ausgewaschen und zum Trocknen an die Luft gehängt. Der Baumwollstreifen nimmt langsam eine blaue Farbe an.

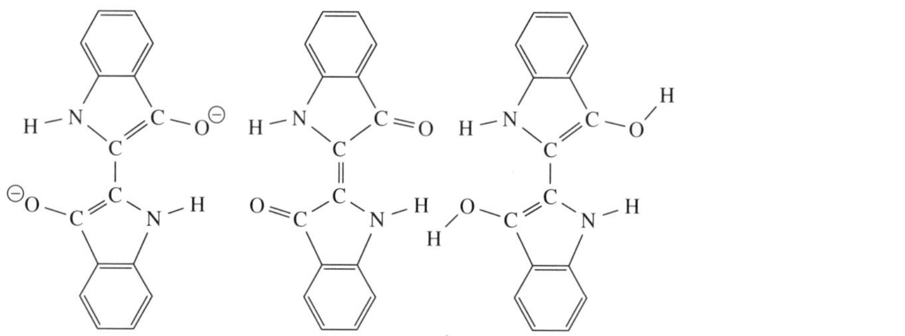

A B C

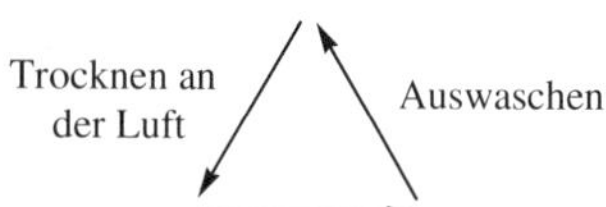

Nach: Heinz Wambach: Materialien-Handbuch Kursunterricht Chemie, Band 6, Aulis Verlag, Köln, S. 216

M 2: Strukturformeln verschiedener Farbstoffmoleküle

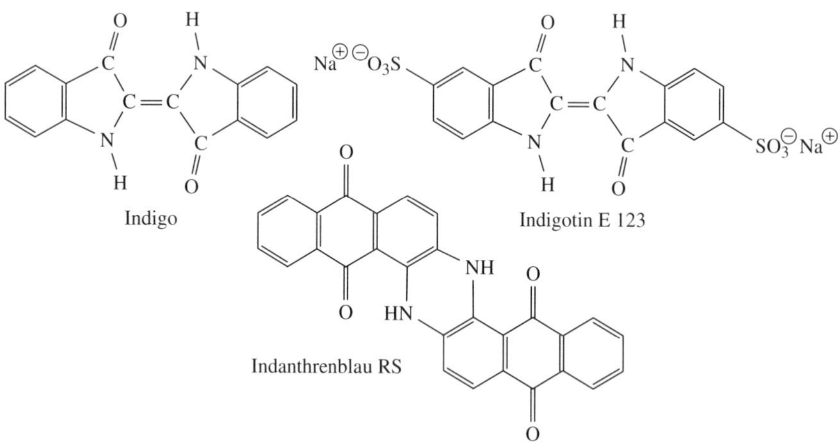

Indigo

Indigotin E 123

Indanthrenblau RS

M 3: Verwendung und Eigenschaften von Kongorot

1883 wurde das Kongorot entdeckt. Die Entdeckung der Azokupplung (= chemisches Verfahren zur Synthese von Molekülen wie z. B. Kongorot) (1858) leitete eine stürmische Entwicklung der Farbstoffindustrie ein. Während zunächst vor allem versucht wurde, natürliche Produkte synthetisch (billiger und in größerer Reinheit) zu gewinnen, konzentrierte sich das Interesse der Farbenchemie sehr bald auf die Entwicklung neuer Farbstoffe. Die geringeren Herstellungskosten, die größere Leuchtkraft und die besseren Echtheitseigenschaften dieser „Teerfarbstoffe“ verhalfen ihnen bald zu einer dominierenden Stellung und ließen die Naturfarbstoffe immer mehr in den Hintergrund treten. Allerdings bilden Kongorot und andere Direktfarbstoffe hauptsächlich Nebenvalenzen (Wasserstoffbrückenbindungen und Van-der-Waals-Bindungen), was deren relativ geringe Echtheit begründet. Durch die Entwicklung noch neuerer Farbstoffe und wegen gestiegener Echtheitsanforderungen findet ein Einsatz heute nur noch im Ausnahmefall statt.
Seit einiger Zeit stehen viele synthetische Farbstoffe in der Diskussion, ob sie für die Umwelt verträglich sind.
Ein weiteres Problem entsteht dadurch, dass sich viele Farbstoffe durch Schweiß oder beim Waschen auswaschen und damit Farbstoffreste auf die Haut oder in das Abwasser gelangen. Viele Menschen reagieren mit Allergien und Hautkrankheiten, wenn sie mit bestimmten Farbstoffen in Kontakt kommen. Kongorot wurde aufgrund des Verdachts auf kanzerogene Wirkung inzwischen durch unbedenkliche Farbstoffe ersetzt. Es wird aber noch in der Mikroskopie eingesetzt, um bestimmte Eiweiße anzufärben. Kongorot wird auch als pH-Indikator verwendet. Es schlägt bei pH 3,0–5,2 von blauviolett nach rotorange um und eignet sich daher als Indikator für die Säure-Base-Titration. Aufgrund dieser Eigenschaft setzte sich der Farbstoff beim Färben von Kleidung nicht durch.

Zusammengestellt aus verschiedenen Quellen

M 4: Strukturformeln von Kongorot bei verschiedenen pH-Werten

(1) rot

(2) blau

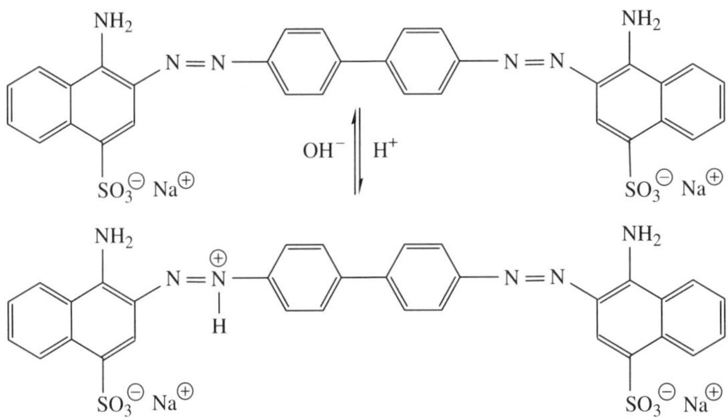

M 5: Entdeckung von Teflon

Polytetrafluorethylen (Kurzzeichen PTFE, gelegentlich auch Polytetrafluorethen oder -äthylen) ist ein vollfluoriertes Polymer. Umgangssprachlich wird dieser Kunststoff oft mit dem Handelsnamen Teflon der Firma DuPont bezeichnet. Weitere häufig verwendete Handelsnamen anderer Hersteller von PTFE sind Dyneon PTFE (ehemals Hostaflon) und Gore-Tex für PTFE-Membranen.
PTFE wird aufgrund seines niedrigen Reibungskoeffizienten und seiner hohen Hitzebeständigkeit häufig als Antihaftbeschichtung von Bratpfannen und Kochtöpfen verwendet. Entgegen einer verbreiteten Meinung ist PTFE kein Nebenprodukt der Raumfahrt, die erst 1957 begann. Es wurde bereits 1938 von dem Chemiker Roy Plunkett durch Zufall entdeckt, als er auf der Suche nach Kältemitteln für Kühlschränke mit Tetrafluorethylen (TFE, Tetrafluorethen) experimentierte und eines Morgens statt Gas nur noch weiße Krümel in der Flasche fand. Das Gas hatte sich in PTFE umgewandelt. Nach seinem Entdecker heißt das noch heute gebräuchliche Herstellungsverfahren Plunkett-Verfahren.

http://de.wikipedia.org/wiki/Polytetrafluorethylen

M 6a: Funktion einer Gore-Tex-Membran

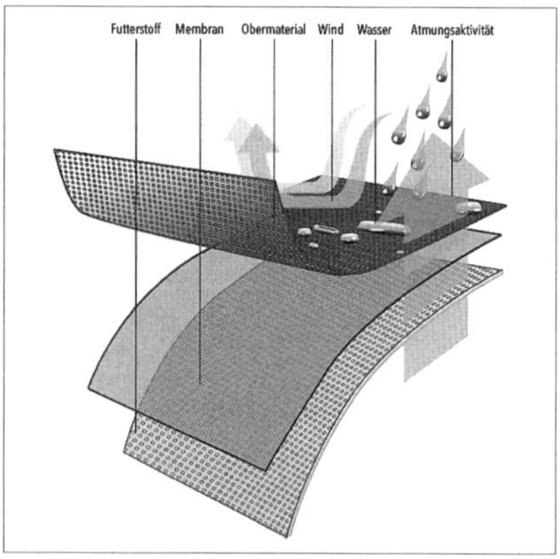

Abb.1: aus Informationsserie des Fonds „Textilchemie"

Abb.2

Was ist das GORE-TEX® Material?

Die GORE-TEX® Membran weist pro Quadratzentimeter über 1,4 Milliarden mikroskopisch kleiner Poren auf. Diese Poren sind rund 20 000 Mal kleiner als ein Wassertropfen, jedoch 700 Mal größer als ein Wasserdampfmolekül.

Quelle: W. L. Gore & Associaters http://www.gore-tex.de/remote/satellite/inhalt/was-ist-gore-tex/membrane;

M 6b: Durchmesser verschiedener Wasserteilchen

Durchmesser eines Wassermoleküls ca. 0,3 nm

Durchschnittlicher Durchmesser eines Wassertropfens

in leichtem Nebel	10–20 µm
in dichtem Nebel	20–40 µm
in sehr feuchtem Nebel	bis 100 µm
in Landregen	0,5 mm
in einem Wolkenbruch	bis 8 mm

M 7: Polymere als unsichtbare Helfer

In der Waschmaschine werden Faserbruchstücke bei höherer Temperatur abgelöst, sodass sie in der Waschlauge schwimmen. Nun sollen sie ins Abwasser gelangen und damit gilt es zu verhindern, dass sie sich wieder an der Kleidung festsetzen und damit die Kleidung vergrauen.

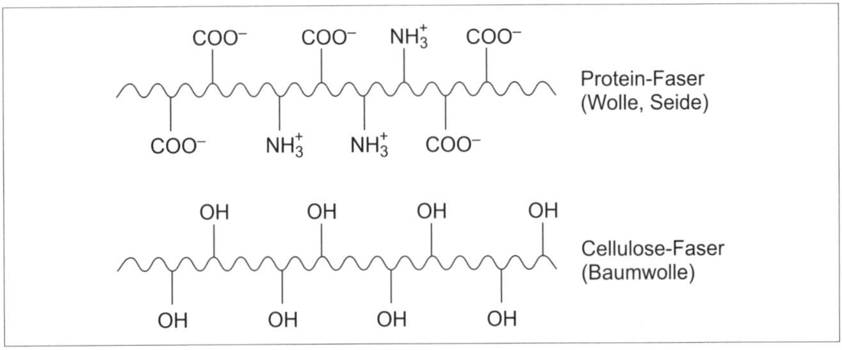

Als Vergrauungsinhibitoren werden Polycarboxylate ($M \approx 70\,000\ g \cdot mol^{-1}$) eingesetzt. Durch Polymerisation von Acrylsäure erhält man Polyacrylsäure. Diese Acrylsäure bildet im alkalischen Milieu Anionen (Polycarboxylate). Diese können sich mit einzelnen ihrer funktionellen Gruppen an Fasern binden und so eine Schicht bilden, die eine Rückkehr der Faserbruchstücke auf die Kleidung verhindert.

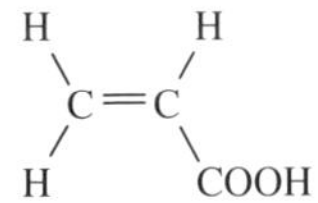

Acrylsäure

Lösung

1.1 **Prinzip der Küpenfärbung**

Beim **Ansetzen der Küpe** wird die wasserunlösliche Form des Indigos (B) durch Reduktion mit Natriumdithionit in die wasserlösliche, überwiegend farblose Leukoform (A) überführt. Die im alkalischen Milieu deprotonierten Moleküle (Enolate) sind aufgrund ihrer negativen Ladung sehr gut wasserlöslich. Die kleinen Farbstoffteilchen dringen in die Hohlräume der Faser ein und lagern sich darauf ab.

Ox.: $\overset{+III}{S}_2O_4^{2-} + 4\,OH^- \longrightarrow 2\,\overset{+IV}{S}O_3^{2-} + 2\,e^- + 2\,H_2O$

Red.:

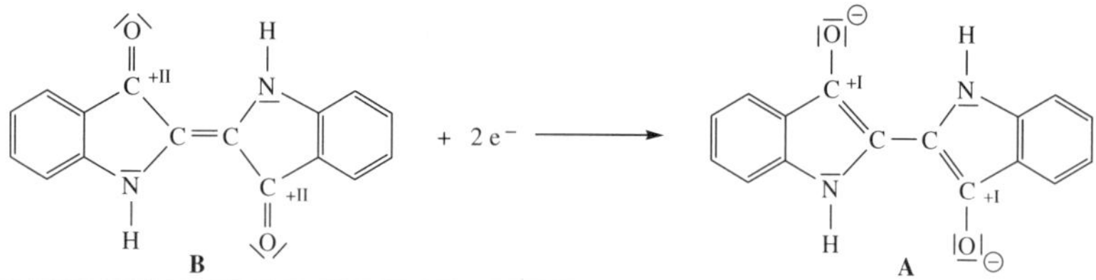

Redox: $S_2O_4^{2-} + 4\,OH^- + B \longrightarrow 2\,SO_3^{2-} + 2\,H_2O + A$

Beim **Auswaschen** des Baumwollstreifens mit Wasser sinkt der pH-Wert ab; an die reduzierte Leukoform lagern sich Protonen an.

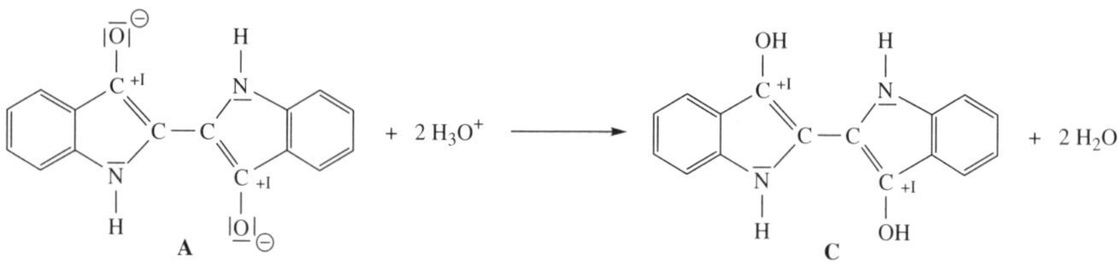

Während des **Trocknens** wird die reduzierte Form durch den Luftsauerstoff oxidiert; auf der Faser bildet sich wasserunlöslicher Indigo.

Ox.:

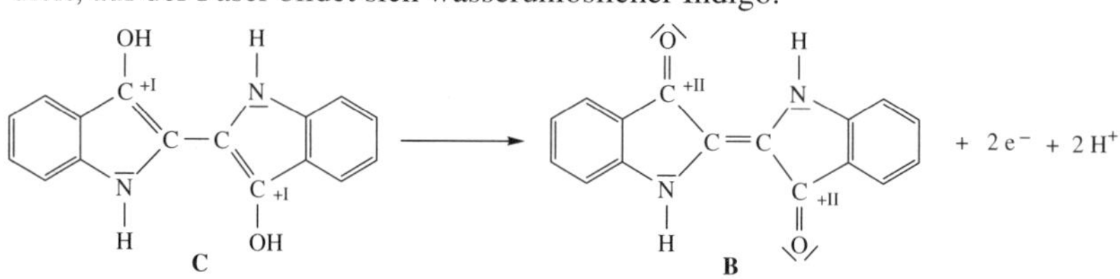

Red.: $\overset{0}{O}_2 + 4\,e^- + 4\,H^+ \longrightarrow 2\,H_2\overset{-II}{O}$

Redox: $2\,\mathbf{C} + O_2 + 4\,H^+ \longrightarrow 2\,B + 2\,H_2O$

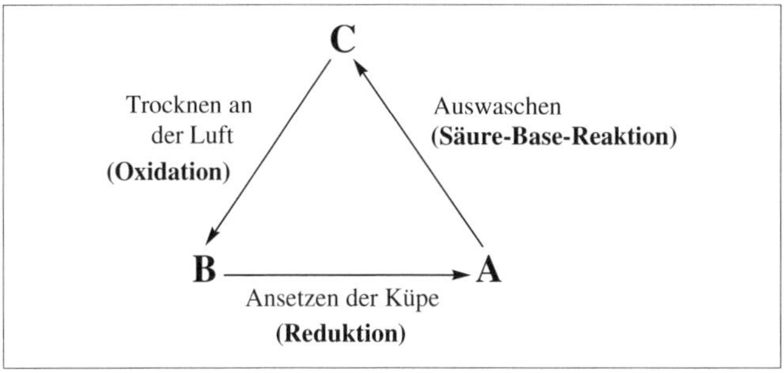

1.2 **Baumwolle**
Baumwolle besteht aus Cellulose-Fasern, in deren Zwischenräumen Farbstoffmoleküle eingelagert werden können. Die Farbstoffmoleküle werden über **Van-der-Waals-Kräfte** und über **Wasserstoffbrückenbindungen**, die zu den polaren Hydroxygruppen der Cellulose ausgebildet werden, auf der Faser fixiert.

Wolle
Wolle besteht aus Proteinfasern mit sauren und basischen Seitenketten und kann daher anionische und kationische Farbstoffmoleküle über ionische Wechselwirkungen binden.

Eignung der Farbstoffe
Über ihre negativ geladenen Substituenten können **Indigotinmoleküle** zu den Ammoniumgruppen der Wollfaser ionische Wechselwirkungen ausbilden. Eine Haftung an Baumwollfasern erfolgt über Van-der-Waals-Kräfte und Wasserstoffbrücken, die sich zwischen den Carbonylgruppen des Farbstoffmoleküls und den positiv polarisierten Wasserstoffatomen der Hydroxygruppen in der Cellulose-Faser ausbilden.
Indigo und **Indanthrenblau** sind wasserunlösliche Küpenfarbstoffe. Die wasserunlöslichen Formen müssen erst durch Reduktion in die entsprechenden wasserlöslichen Formen überführt werden. Sind die Farbstoffe auf die Faser aufgebracht, erfolgt mithilfe des Luftsauerstoffs Oxidation in die ursprünglichen Formen. Das Färbeverfahren ist vergleichsweise aufwendig.
Beide Farbstoffmoleküle können über Van-der-Waals-Kräfte und Wasserstoffbrücken an der Baumwollfaser fixiert werden. Zwischen Indanthrenblaumolekülen werden aufgrund der Größe des Moleküls stärkere Van-der-Waals-Kräfte wirksam. Die Haftung der beiden Farbstoffe an Wollfasern ist dagegen nur schlecht möglich, da in den Molekülen keine ionischen Seitenreste vorhanden sind.

1.3 **Anforderungen an einen Textilfarbstoff**

- waschecht
- lichtecht
- temperaturbeständig
- geringe Herstellungskosten
- gesundheitlich unbedenklich
- beständig gegenüber Säuren und Alkalien
- umweltverträglich

Eigenschaften von Kongorot

Kongorot ist ein wasserlöslicher Direktfarbstoff, weshalb bei der Färbung kein aufwendiges Küpenverfahren durchgeführt werden muss. Der Farbstoff kann sehr günstig und in großer Reinheit hergestellt werden.

Kongorot ist nur wenig waschecht, da zwischen den Farbstoffmolekülen und den Textilfasern hauptsächlich Van-der-Waals-Kräfte und Wasserstoffbrückenbindungen ausgebildet werden. Insbesondere in Verbindung mit Schweiß (leicht sauer) kann es zu Verfärbungen der Kleidung oder zum Abfärben auf die Haut kommen. Kongorot steht außerdem im Verdacht Allergien auszulösen und kanzerogen zu sein. Der Farbstoff findet daher in der Textilindustrie heute keine Verwendung mehr.

1.4 **Säure-Base-Indikatoren**

Indikatoren sind schwache organische Säuren, bei denen die Säure (HInd) eine andere Farbe hat als ihre konjugierte Base (Ind^-).

$$HInd + H_2O \rightleftharpoons Ind^- + H_3O^+$$

Durch die Zugabe einer Säure verschiebt sich das Gleichgewicht nach links, bei Zugabe einer Base nach rechts.

In Abhängigkeit vom pH-Wert der Lösung stellt sich zwischen der protonierten (2) und der deprotonierten Form (1) von Kongorot ein Gleichgewicht ein.

$$\underset{\text{blau}}{(2)} + H_2O \rightleftharpoons \underset{\text{rot}}{(1)} + H_3O^+$$

Durch die Zugabe einer Säure verschiebt sich das Gleichgewicht nach links, die Lösung nimmt eine blaue Farbe an. Die Zugabe einer Base bewirkt wiederum eine Verschiebung des Gleichgewichts nach rechts, die Lösung nimmt dann eine rote Farbe an.

2.1 Die Bildung von Polytetrafluorethylen (PTFE) erfolgt ausgehend von gasförmigem Tetrafluorethen über eine **radikalische Polymerisation**.

Kettenstart:

Als Initiatoren dienen häufig organische Peroxide, die unter Einsatz von Wärme gespalten werden.

$$R-\overline{\underline{O}}-\overline{\underline{O}}-R \longrightarrow R-\overline{\underline{O}}\cdot$$

Ein Startradikal addiert unter Ausbildung eines neuen Radikals an die Doppelbindung des Tetrafluorethenmoleküls.

Kettenwachstum:
Die Kettenreaktion setzt sich fort, wenn das gebildete Radikal ein weiteres Tetrafluorethenmonomer angreift. Es bildet sich ein lineares Makromolekül.

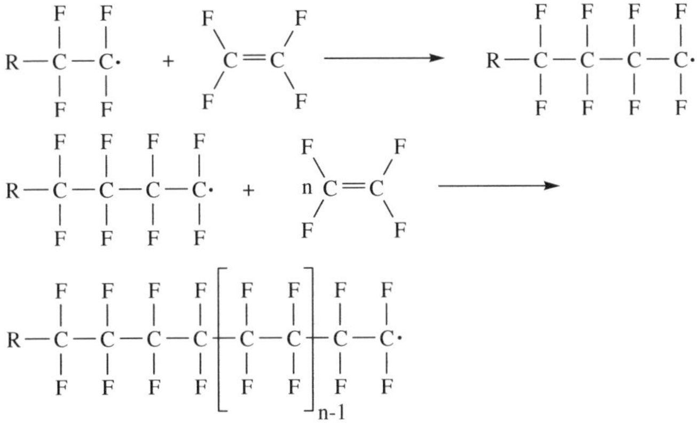

Kettenabbruch:
Treffen zwei Radikale aufeinander, kommt es zum Abbruch der Kettenreaktion.

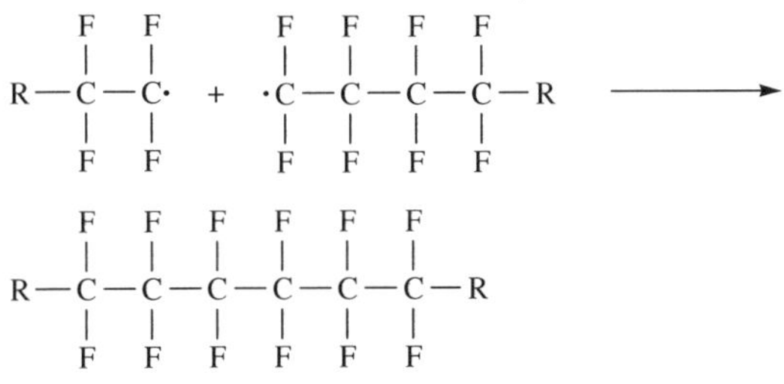

2.2 **Funktionskleidung**

Ein Kleidungsstück, bestehend aus einer Gore-Tex-Membran, bietet Schutz vor Wind und Regen. Während die Gore-Tex-Membran für Regen undurchlässig ist, kann verdunstender Schweiß aber nach außen abgegeben werden.

Die Gore-Tex-Kleidungsstücke sind aus drei Schichten aufgebaut: Futterstoff, Membran und Obermaterial. Der Schweiß kann über die Poren der Membran nach außen entweichen, da sie größer sind als ein Wassermolekül. Gleichzeitig aber können Wassertropfen über diese Poren nicht nach innen gelangen, da die Poren kleiner sind als ein Wassertropfen.

Überprüfung der Herstellerangaben

Geg.: Anzahl der Poren $N = 1\,400\,000\,000$ Poren $\cdot$ cm^{-2}
Membranfläche $A = 1$ cm^2 = 0,0001 m^2

Ges.: Porendurchmesser d

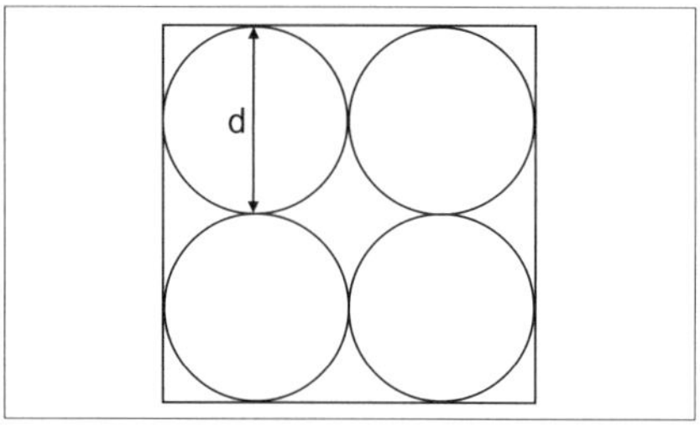

$$A(\text{quadratische Membranfläche}) = (\mathrm{x} \cdot d)^2 = \mathrm{x}^2 \cdot d^2$$

$$N(\text{kreisförmige Poren}) = \mathrm{x}^2$$

$$A = N \cdot d^2$$

$$d = \sqrt{\frac{A}{N}} = \sqrt{\frac{0{,}0001\ \mathrm{m}^2}{1\,400\,000\,000}} = 2{,}67 \cdot 10^{-7}\ \mathrm{m} = 267\ \mathrm{nm}$$

Der errechnete Wert entspricht der oberen Grenze des Porendurchmessers. Da unbekannt ist, wie groß der Abstand zwischen den Poren ist, nimmt man an, dass der tatsächliche Durchmesser der Poren kleiner als 267 nm ist.

Die Herstellerangabe „Die Poren sind 700 Mal größer als ein Wasserdampfmolekül" wird durch nachfolgende Rechnung bestätigt.

$$d(\text{Pore}) = d(\mathrm{H_2O}\text{ - Molekül}) \cdot 700 = 0{,}3\ \mathrm{nm} \cdot 700 = 210\ \mathrm{nm}$$

Die Herstellerangabe „Die Poren sind 20 000 Mal kleiner als ein Wassertropfen" ist sehr ungenau. Tatsächlich können kleine Wassertropfen (in leichtem Nebel) die Membran durchdringen. Bezieht man sich allerdings auf große Wassertropfen (in einem Wolkenbruch), sind die Angaben einigermaßen stimmig.

$$d(\text{Pore}) = \frac{d(\text{H}_2\text{O - Tropfen, leichter Nebel})}{20\,000} = \frac{10\,000\ \text{nm}}{20\,000} = 0{,}5\ \text{nm}$$

$$d(\text{Pore}) = \frac{d(\text{H}_2\text{O - Tropfen, Wolkenbruch})}{20\,000} = \frac{8\,000\,000\ \text{nm}}{20\,000} = 400\ \text{nm}$$

2.3 **Strukturformelausschnitte**

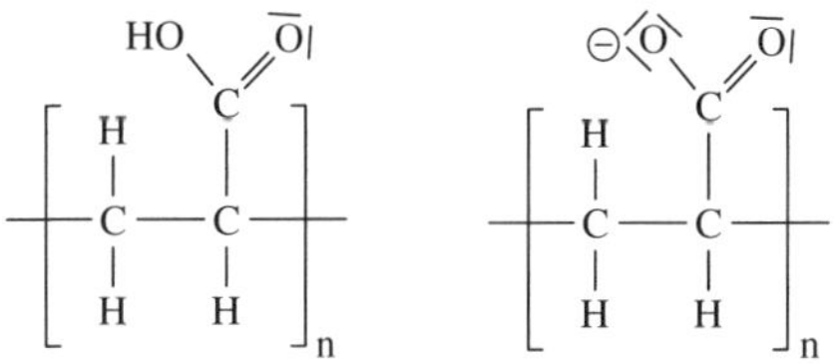

Polyacrylsäure   Polyacrylat

Im alkalischen Milieu der Waschlauge liegt die Polyacrylsäure als negativ geladenes Polyacrylat vor. Zwischen den Carboxylatgruppen des Polyacrylats und den Hydroxygruppen der Cellulosefaser bilden sich Wasserstoffbrückenbindungen aus, die eine gute Haftung des Polymers auf der Cellulosefaser bewirken.
Die ebenfalls gute Haftung auf der Proteinfaser kommt durch ionische Wechselwirkungen zustande, die sich zwischen den negativ geladenen Carboxylat- und den positiv geladenen Ammoniumgruppen ausbilden. Die geladenen Gruppen bewirken eine gute Hydratisierung der Faserbruchstücke. Die gegenseitige Abstoßung negativ geladener Carboxylatgruppen verhindert das Zusammenlagern der einzelnen Faserbruchstücke.

Trotz der stark polaren C–F-Bindung finden aufgrund der Molekülgeometrie keine Ladungsverschiebungen innerhalb der Teflonmoleküle statt, die daher auf den Fasern kaum haften bleiben.

Chemie (Niedersachsen): Erhöhtes Anforderungsniveau
Abiturprüfung 2008 – Aufgabe I

Safran

1 **Safran als Gewürz**

1.1 Vergleichen Sie den materiellen Wert von Safran, Kochsalz und Gold unter Verwendung der Angaben aus M 1. Stellen Sie dazu die massenbezogenen Preise übersichtlich zusammen und interpretieren Sie das Ergebnis.

1.2 Von den drei Hauptkomponenten des Safrans (Safranal, Crocin, Picrocrocin) verursacht eine die Färbung, eine andere den bitteren Geschmack und die dritte den typischen heuartigen Geruch. Ordnen Sie anhand von M 3 begründet jeder Komponente die zutreffende Eigenschaft (Farbe, Geschmack, Geruch) zu und erklären Sie – so weit wie möglich – die entsprechende Eigenschaft aus der zugehörigen molekularen Struktur.

1.3 Stellen Sie die chemischen Zusammenhänge dar, welche die Grundlagen für die in M 2 genannte Unterscheidung von Safran und Kurkuma bilden.

2 **Die Chemie des Safranbestandteils Crocin**

2.1 Analysieren Sie die chemische Beziehung zwischen Crocin und Crocetin (siehe M 3 und M 4) und begründen Sie die Tatsache, dass Crocin einigermaßen gut in Wasser löslich ist, während sich Crocetin praktisch nicht in Wasser löst, wohl aber in Petrolether und Diethylether.

2.2 Werten Sie die Angaben der Tabelle 1 in M 5 umfassend aus.

2.3 Erläutern Sie das Zustandekommen des Absorptionsspektrums einer wässrigen Crocinlösung (siehe M 7, Abbildung 3a, dort der mit 0 µL gekennzeichnete Graph) mit einer geeigneten Vorstellung von der Wechselwirkung zwischen Licht und den Crocinmolekülen.
Hinweis: Die technischen Einzelheiten des Spektrometers müssen nicht dargelegt werden.
Erklären Sie den Zusammenhang zwischen dem Absorptionsspektrum der wässrigen Crocinlösung und deren intensiv gelber Farbe.

2.4 Deuten Sie die Veränderungen des Spektrums durch die sukzessive Zugabe des Bromwassers zur wässrigen Crocinlösung (siehe M 6 und M 7).

2.5 Begründen Sie die im Verlauf der Bromierung auftretenden Veränderungen des pH-Wertes (siehe M 6).

M 1: Safran, Kochsalz und Gold

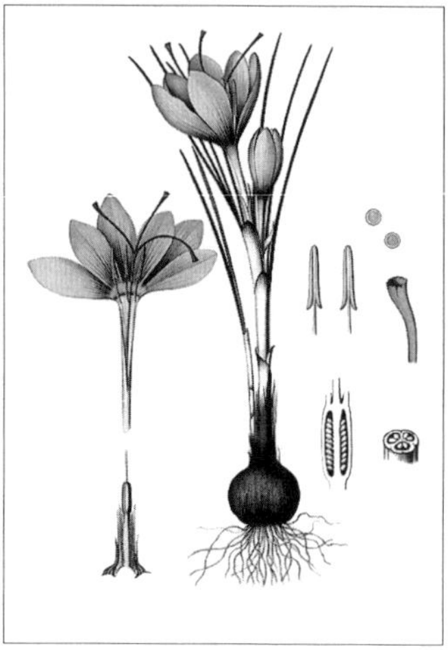

Safran ist ein weltweit beliebtes Gewürz. Es zeichnet sich durch einen bitteren Geschmack, einen heuartigen Duft sowie eine goldgelbe Farbe aus. Es besteht aus den getrockneten Stempelfäden einer Krokusart, *Crocus sativus* (siehe Abb.). Die Pflanze ist unfruchtbar, die Vermehrung erfolgt über die Knollen. Jede Blüte enthält einen sich in drei Narben verzweigenden Griffel. Nur diese süß-aromatisch duftenden Stempelfäden werden getrocknet als Gewürz verwendet. Um ein Kilogramm von ihnen zu gewinnen, benötigt man etwa 80 000 bis 150 000 Blüten aus einer Anbaufläche von ca. 1 000 Quadratmetern; die Ernte ist reine Handarbeit. Deshalb zählt Safran zu den teuersten Gewürzen. Im Handel zahlt man zwischen 4 und 14 € pro Gramm.

Die Informationen sind zusammengestellt nach:
http://de.wikipedia.org/wiki/Safran undhttp://en.wikipedia.org/wiki/Saffron

Safran	Speisesalz	Gold
Im Juli 2007 kostete ein halbes Gramm Safran im Supermarkt einer großen Handelskette 3,49 €.	Im Juli 2007 wurden 500 g Speisesalz in Supermärkten für 0,19 bis 0,50 € angeboten.	Der Preis für eine Feinunze Gold wurde am 30. 07. 2007 über Internetrecherche mit 660,20 US-Dollar ermittelt. Die Feinunze ist ein Gewichtsmaß für Edelmetalle. 1 Feinunze = 31,1034768 g. Ein Euro hatte am 27. 07. 2007 den Wert von 1,3682 US-Dollar.

M 2: Manche Fälschung kann leicht aufgedeckt werden

Wegen des hohen Preises ist die Geschichte der Safran-Fälschungen lang. Ein beliebtes Mittel, den teuren Safran zu strecken, ist das für die Zubereitung von Curry verwendete Pulver der getrockneten und gemahlenen Gelbwurz oder Kurkumapflanze.

Kurkuma ist eine bis zu einem Meter hohe Pflanze, die stark verzweigte, gelbe bis orange, zylindrische, aromatische Rhizome (Wurzelstöcke) ausbildet. Frisch hat der Wurzelstock einen harzigen, leicht brennenden Geschmack, getrocknet schmeckt er mildwürzig und etwas bitter – er wird vor allem gemahlen wegen seiner Färbekraft verwendet, z. B. als wesentlicher Bestandteil von Currypulver. Kurkuma ist dabei wesentlich preiswerter als der ebenfalls stark gelb färbende Safran. Für die intensiv gelbe Farbe ist das Curcumin verantwortlich.

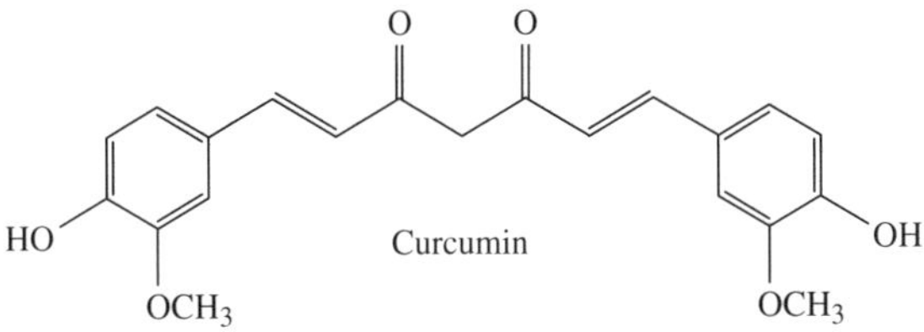

Ein ebenso einfacher wie zuverlässiger Unterscheidungstest besteht in der Zugabe von Natronlauge. Während sich die Farbe des Safranextraktes nicht ändert, färbt sich der Curcumaextrakt sofort rot.

M 3: Die Formeln der drei Hauptkomponenten des Gewürzes Safran

Safran besteht als Naturprodukt aus weit mehr als 100 Inhaltsstoffen. Die wesentlichen charakteristischen Eigenschaften werden jedoch durch die folgenden drei Hauptkomponenten hervorgerufen: Crocin, Safranal und Picrocrocin.

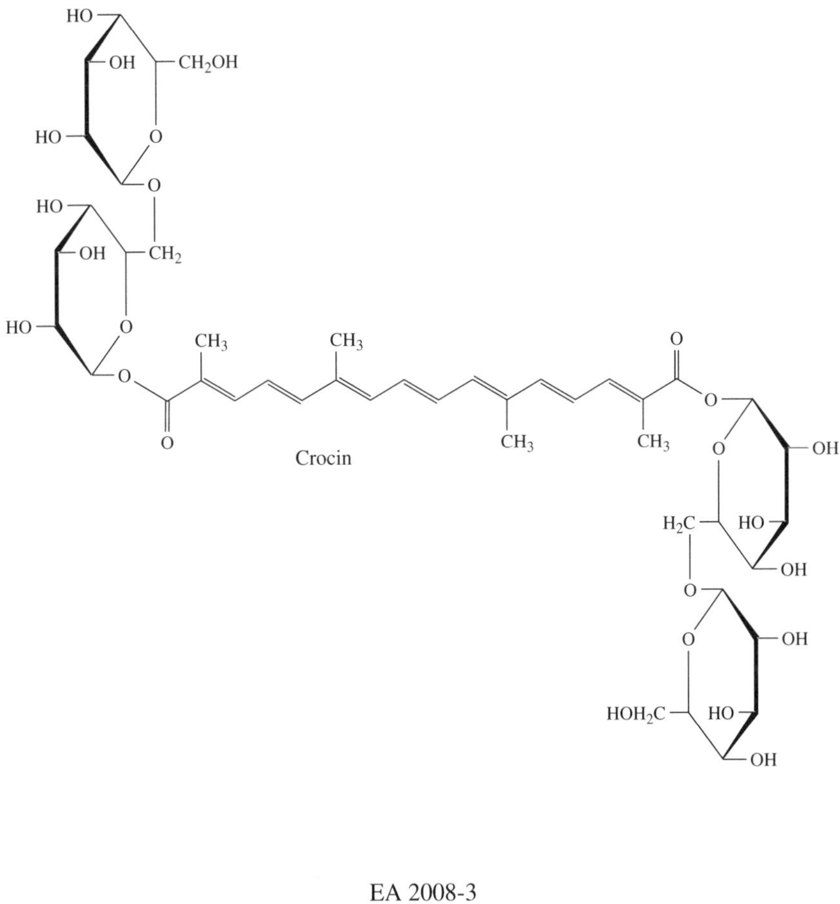

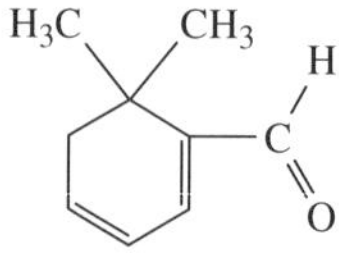

Safranal

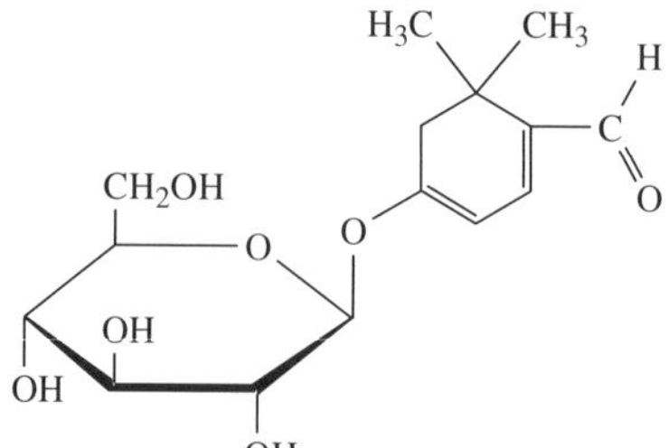

Picrocrocin

M 4: Die Formeln von Crocetin und Gentiobiose

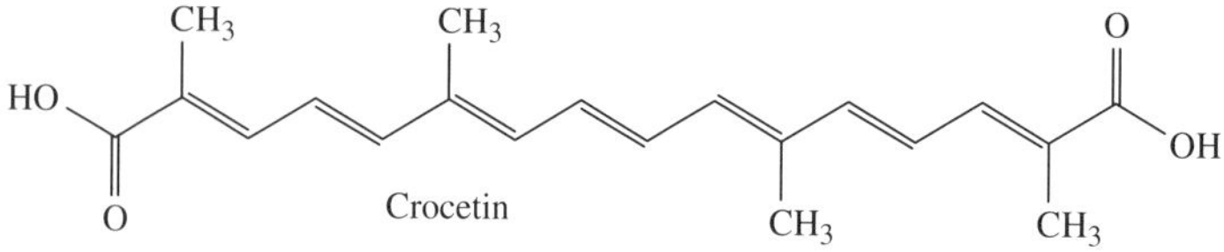

Crocetin

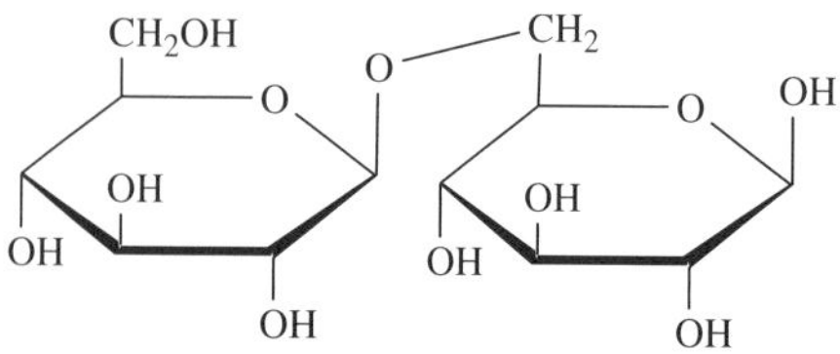

Gentiobiose

M 5: Crocin reagiert mit heißer Kalilauge

Die Safrankomponente Crocin kann leicht chemisch verändert werden. Diese Aussage wird durch die in Tabelle 1 dargestellte Abfolge von experimentellen Schritten einschließlich der zugehörigen Beobachtungen bewiesen.

Schritt	Experimentelle Maßnahme	Beobachtungen
1	Eine Spatelspitze Crocin wird in einem Reagenzglas in ca. 5 mL Kalilauge (w(KOH) = 1 %) gelöst. Die Lösung wird erhitzt und 2 Minuten auf Siedetemperatur gehalten.	Eine klare Lösung, deren gelb-orangener Farbton sich während und nach dem Erhitzen nicht ändert.
2	Nach dem Abkühlen wird die Lösung mit verdünnter Schwefelsäure angesäuert.	Es tritt eine starke Trübung ein, der Farbeindruck ist gelb-orange.
3	Die entstandene Suspension wird mit Diethylether überschichtet; die Mischung wird intensiv geschüttelt, dann stehen gelassen.	Eine Zweiphasenmischung, oben tief gelb-orange, unten schwach gelb, fast farblos. Beide Phasen klären sich allmählich.

Tab. 1: Zu den einzelnen experimentellen Schritten sind die Beobachtungen angegeben.

M 6: Die Reaktion von Crocin mit Bromwasser

Erläuterung der experimentellen Vorgehensweise

3,5 mL einer wässrigen Crocinlösung werden in eine Küvette gegeben und dort in sechs Schritten mit immer mehr Bromwasser versetzt. Nach jeder Bromwasserzugabe wird der Küvetteninhalt durch Schütteln gemischt, dann wird ein Spektrum aufgenommen. Zusätzlich werden die pH-Werte in der Küvette bei Nr. 0 und Nr. 4 gemessen. Nr. 0 ergab pH = 5,5 und Nr. 4 pH = 3,0 (siehe Tabelle 2 für die Einzelheiten).

Nr.	0	1	2	3	4	5	6
V(Bromwasser) in µL	0	10	20	30	130	330	530

Tab. 2: Die Nummern in der oberen Zeile markieren die Schritte. In der unteren Zeile ist das Gesamtvolumen an zugefügtem Bromwasser angegeben.

Die Vorgehensweise kann auch anhand von Abbildung 2 nachvollzogen werden.

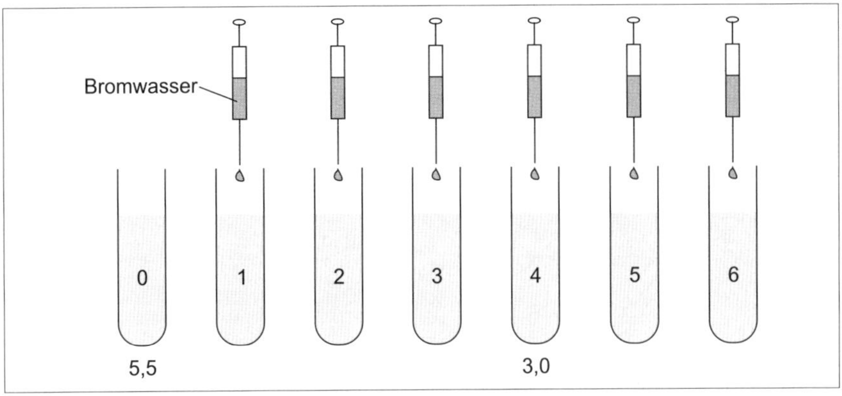

Abb. 2: Die Küvette enthält zunächst (Nr. 0) 3,5 mL einer wässrigen Crocinlösung. In Nr. 1 sind 10 µL Bromwasser hinzugekommen, in Nr. 2 weitere 10 µL, insgesamt also 20 µL Bromwasser, usw. In Nr. 3 ist der Inhalt der Küvette fast farblos geworden, in Nr. 4 herrscht vollständige Farblosigkeit. In allen übrigen Phasen der experimentellen Schrittfolge ist die Lösung mit unterschiedlicher Farbtiefe gelb-orange gefärbt. Die Ziffern unter der Küvette bei den Nummern 0 und 4 geben die ermittelten pH-Werte an.

Die aufgenommenen Spektren sind in M 7 abgebildet.

M 7: Spektren der mit Bromwasser versetzten wässrigen Crocinlösungen

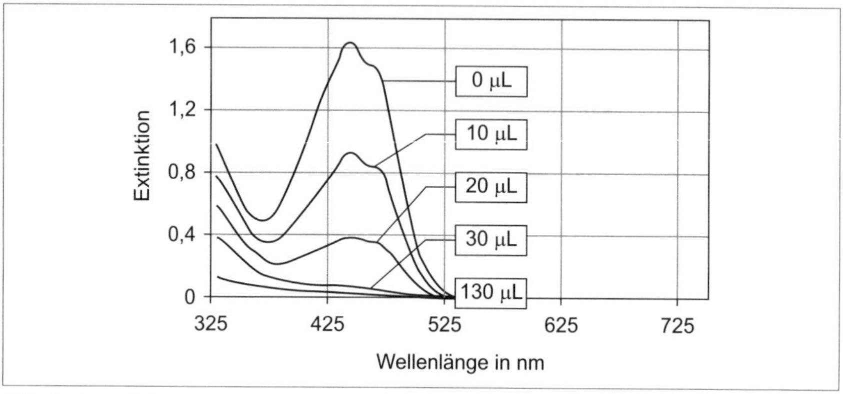

Abb. 3a: Der mit 0 µL gekennzeichnete Graph stellt das Spektrum der reinen wässrigen Crocinlösung dar. Um die Übersichtlichkeit nicht zu gefährden, sind die weiteren Spektren in Abb. 3b gesondert dargestellt.

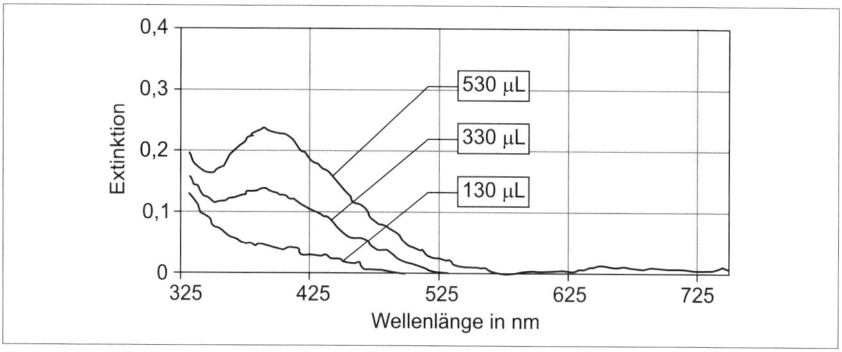

Abb. 3b: Beachten Sie bitte den veränderten Maßstab. Zur Verdeutlichung ist das Spektrum der mit 130 µL Bromwasser versetzten Probe erneut dargestellt.

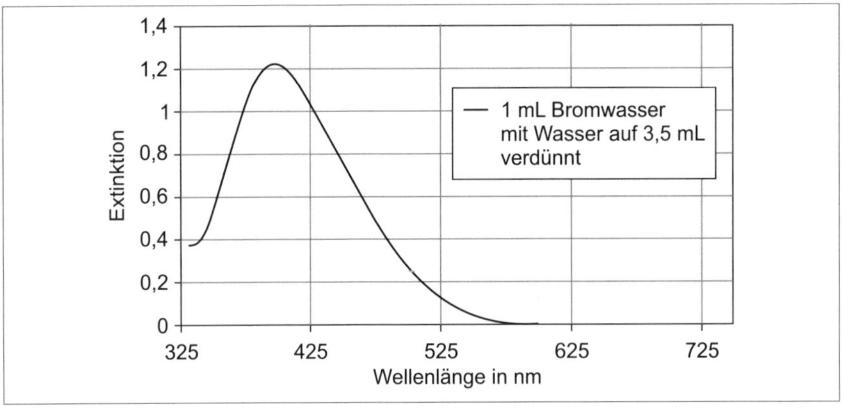

Abb. 3c: Zum Vergleich ist hier das Spektrum des reinen Bromwassers dargestellt. Für dessen Aufnahme ist das im Experiment nach Abbildung 2 verwendete Bromwasser im Verhältnis 1 zu 2,5 mit Wasser verdünnt worden.

Lösung

1.1 **Safran**

Geg.: 0,5 g Safran kosten 3,49 €.

Ges.: Preis in € · kg^{-1}

$$\frac{3,49\,€}{0,0005\,kg} = 6\,980\,€ \cdot kg^{-1}$$

Kochsalz

Geg.: 500 g Salz kosten (mindestens) 0,19 €.

Ges.: Preis in € · kg^{-1}

$$\frac{0,19\,€}{0,5\,kg} = 0,38\,€ \cdot kg^{-1}$$

Gold

Geg.: 31,1034768 g Gold kosten 660,20 $.
1 € hat den Wert von 1,3682 $.

Ges.: Preis in € · kg^{-1}

$$\frac{660,20\,\$}{0,0311034768\,kg} = 21\,225,98\,\$ \cdot kg^{-1}$$

$$21\,225,98\,\$ \cdot kg^{-1} \cdot \frac{1\,€}{1,3682\,\$} = 15\,513,80\,€ \cdot kg^{-1}$$

Gold und Safran haben einen deutlich höheren materiellen Wert als Kochsalz, wobei der Kilopreis von Gold mehr als doppelt so hoch ist wie der von Safran. Verantwortlich dafür sind die jeweiligen Kosten bei der Gewinnung bzw. der Aufarbeitung.

Safran	Kochsalz	Gold
hoher Arbeitsaufwand beim Anbau der Pflanzen, aufwendige Ernte	Große Lagerstätten mit hohem Reinheitsgrad, geringer Förder- und Reinigungsaufwand	aufwendige Abbauverfahren aus Erzlagern mit geringem Goldanteil

1.2 **Hauptkomponenten des Safrans**

Farbe

Crocin verleiht Safran aufgrund des **ausgedehnten π-Elektronensystems** im mittleren Molekülteil seine charakteristische Farbe. Die konjugierten Doppelbindungen bilden den **Chromophor**, also den farbgebenden Strukturteil. Zur Anregung der delokalisierten π-Elektronen ist Strahlung aus dem sichtbaren Bereich des Lichtes ausreichend. Die Farbe von Safran ergibt sich aus dem nicht absorbierten, reflektierten Anteil der elektromagnetischen Strahlung.

Geruch
Ein Vergleich der Safranal- und Picrocrocinmoleküle zeigt, dass die **intermolekularen Wechselwirkungen** zwischen Picrocrocinmolekülen deutlich stärker sind als zwischen Safranalmolekülen. Aufgrund der größeren Oberfläche bilden sich zwischen Picrocrocinmolekülen stärkere Van-der-Waals-Kräfte aus. Zudem besteht durch die vorhandenen Hydroxygruppen die Möglichkeit zur Ausbildung von Wasserstoffbrückenbindungen. Safranal ist folglich leichter verdampfbar und daher für den typischen heuartigen Geruch verantwortlich.

Geschmack
Picrocrocin muss demnach für den Geschmack verantwortlich sein.

1.3 Verantwortlich für die Farbe von Safran ist Crocin. Da im farbgebenden Molekülteil des Crocinmoleküls keine aciden Wasserstoffatome existieren, bewirkt die Zugabe von Natronlauge auch keine Farbänderung.
Im Curcuminmolekül werden dagegen durch Reaktion mit Natronlauge die Protonen der Hydroxygruppen abgespalten. Von dem entstehenden Curcuminanion können – im Gegensatz zum Curcuminmolekül (bei einer der beiden Grenzstrukturen tritt eine energetisch ungünstige Ladungstrennung auf) – zwei energetisch nahezu gleichwertige Grenzstrukturformeln formuliert werden. Das Absorptionsmaximum verschiebt sich daher in den längerwelligen Bereich und es erfolgt ein Farbwechsel von gelb nach rot.

Mesomere Grenzstrukturformeln

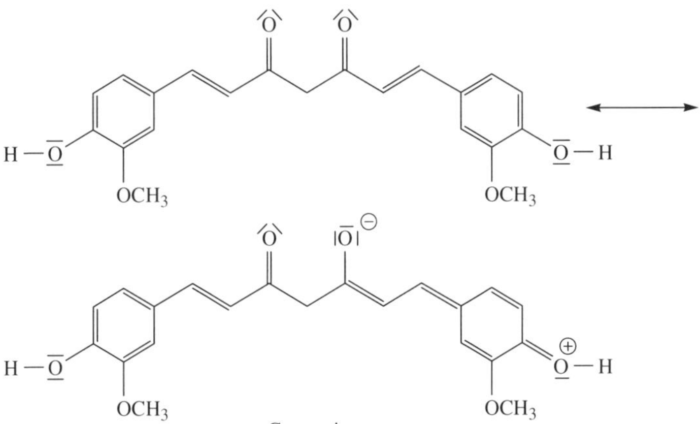

Curcumin

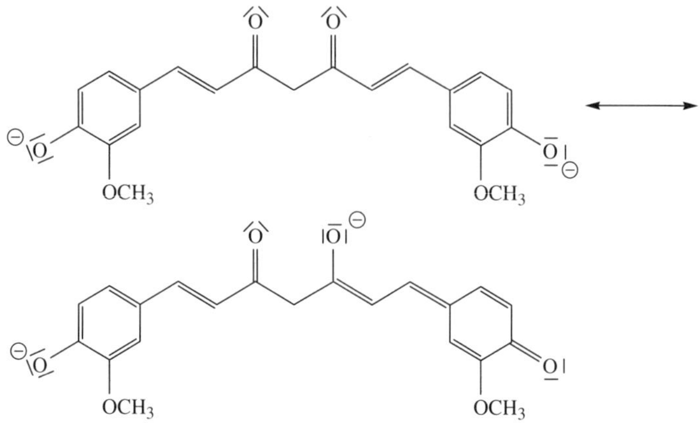

Curcuminanion

2.1 Bei Crocin handelt es sich um den **Gentiobiosediester der Disäure Crocetin**. Im Crocetinmolekül dominiert der hydrophobe Charakter der unpolaren Kohlenwasserstoffkette gegenüber dem hydrophilen Charakter der Carboxygruppen. Crocetin ist daher in Wasser unlöslich, in unpolaren Lösungsmitteln wie Petrolether oder Diethylether aber gut löslich.
Aufgrund der im Crocin enthaltenen Zuckerreste mit den zahlreichen polaren Hydroxygruppen überwiegt der hydrophile Charakter. Crocin ist folglich in Wasser gut löslich.

2.2 **Reaktion von Crocin mit Kalilauge**
Im Zuge einer alkalischen Esterspaltung entstehen das Crocetinatdianion und je zwei Gentiobiosereste. Das in Wasser gut lösliche Crocetinatdianion färbt die Lösung gelb-orange (genau wie das ursprünglich vorliegende Crocin).

Ansäuern mit Schwefelsäure
Die Zugabe von Schwefelsäure verschiebt das Protolysegleichgewicht in Richtung der freien Säure Crocetin, die in Wasser schwer löslich ist und ausfällt (starke Trübung setzt ein). Im Zweiphasengemisch ist daher die untere wässrige Phase nahezu farblos, die Diethyletherphase, in der Crocetin gelöst ist, ist gelborange gefärbt.

2.3 **Absorptionsspektrum**
Mithilfe eines Fotometers kann gemessen werden, in welchem Wellenlängenbereich eine bestimmte Substanz Photonen absorbiert. Die Energie der absorbierten Strahlung wird von den Elektronen der Atome oder Moleküle aufgenommen. Da die Elektronen nicht beliebige Energiemengen aufnehmen können, liefert ein mit einem Fotometer aufgezeichnetes Spektrum wichtige Informationen über die Struktur des vermessenen Stoffes.

Im Wellenlängenbereich 325 – 370 nm nimmt die Wahrscheinlichkeit, dass ein in die Lösung eingestrahltes Photon von einem Crocinmolekül absorbiert wird, zunächst ab; die Extinktion sinkt. Anschließend steigt die Absorptionswahrscheinlichkeit bis $\lambda = 450$ nm stark an. Die Extinktion ist bei $\lambda = 450$ nm am höchsten und verringert sich bei höheren Wellenlängen wieder. Ab $\lambda = 525$ nm findet schließlich kaum noch Absorption statt.
Das für das menschliche Auge sichtbare Licht umfasst elektromagnetische Strahlung im Wellenlängenbereich von 380 bis 780 nm. Der Bereich des Spektrums, in dem Wellenlängen unter 380 nm absorbiert werden, muss daher zur Ermittlung des Farbeindrucks nicht weiter berücksichtigt werden. Die Lösung absorbiert Licht im Wellenlängenbereich 380 nm < λ < 500 nm. Es wird also Licht der Farben violett, blau, blaugrün und grünblau absorbiert. Als Komplementärfarbe ergibt sich ein gelber Farbeindruck mit geringen orangefarbenen Anteilen. Folglich zeigt der wässrige Safranauszug eine intensiv gelbe Farbe.

2.4 Brommoleküle addieren elektrophil an die C–C-Doppelbindungen der Crocinmoleküle und unterbrechen damit das ausgedehnte konjugierte System an Doppelbindungen, welches die Grundlage für die Farbigkeit der Verbindung ist. Nach Zugabe von 30 µL Bromwasser ist in so vielen Crocinmolekülen das Doppelbindungssystem unterbrochen, dass nahezu keine Lichtabsorption mehr im sichtbaren Bereich stattfindet. Von 30 bis 130 µL werden weitere Doppelbindungen bromiert. Jede weitere Bromwasserzugabe bringt zusätzliche Brommoleküle in die Küvette, die nun keinen geeigneten Reaktionspartner (keine Doppelbindung) mehr vorfinden. Diese Brommoleküle absorbieren Strahlung aus dem sichtbaren Bereich des Lichts. Das Absorptionsmaximum λ_{max} von Brom liegt mit etwa 380 nm etwas niedriger als das Absorptionsmaximum von Crocin. Der Farbeindruck ist aber sehr ähnlich, da auch Brom im blauen Bereich des Spektrums absorbiert.

2.5 **Veränderungen des pH-Wertes im Verlauf der Bromierung**
Die Abnahme des pH-Wertes zeigt, dass während der Bromierung von Crocin Oxoniumionen gebildet werden.

Um erkennen zu können, in welchem Schritt die Bildung von Oxoniumionen möglich ist, kann die Formulierung des Reaktionsmechanismus der elektrophilen Addition von Brom an eine Doppelbindung hilfreich sein, auch wenn dies laut Aufgabenstellung nicht ausdrücklich gefordert ist.

Reaktionsmechanismus der elektrophilen Addition
Ein Brommolekül nähert sich einer Doppelbindung zwischen zwei Kohlenstoffatomen an. Dabei findet eine temporäre Polarisierung der Elektronenpaarbindung im Brommolekül statt; es treten entsprechende Partialladungen auf.

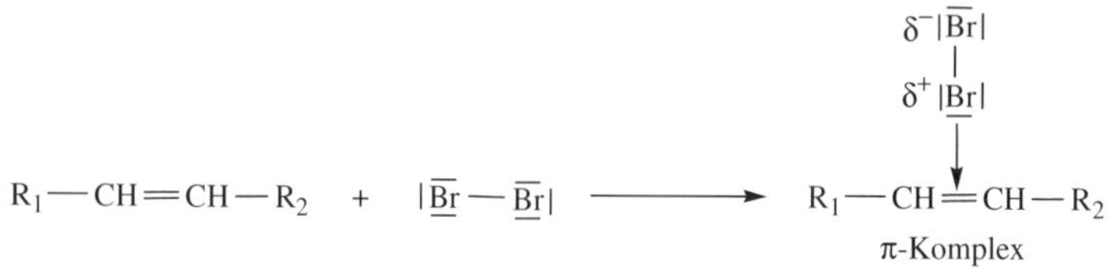

Das positivierte Bromatom greift die Doppelbindung elektrophil an. Als Zwischenprodukt entstehen ein cyclisches Bromoniumion und ein Bromidion.

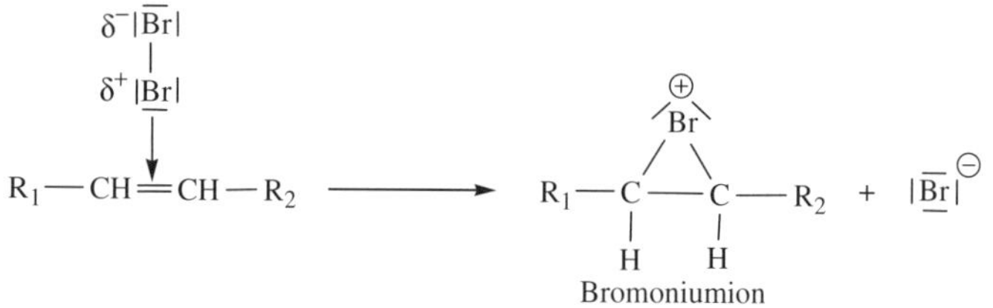

Im nächsten Reaktionsschritt kann nun das Bromidion das Bromoniumion nukleophil angreifen; es kommt zur Ringspaltung. Vom Bromidion bildet sich eine Elektronenpaarbindung zu einem der beiden Kohlenstoffatome aus. Es entsteht ein 1,2-Dibromalkan.

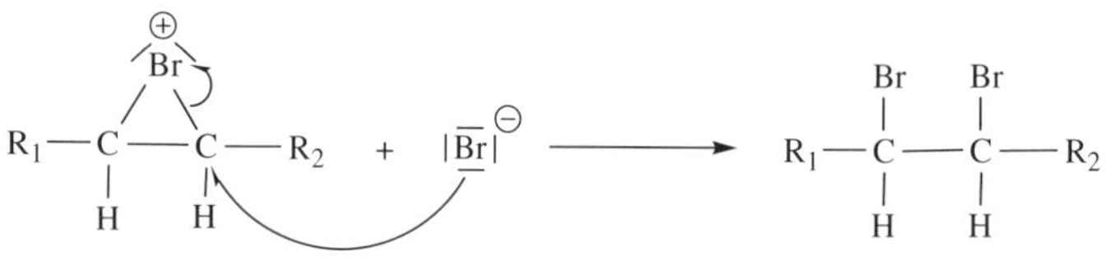

In einer wässrigen Lösung kann der nukleophile Angriff des Bromoniumions auch durch ein Wassermolekül erfolgen. Das abgespaltene Proton verbindet sich schließlich mit einem Wassermolekül zu einem Oxoniumion.

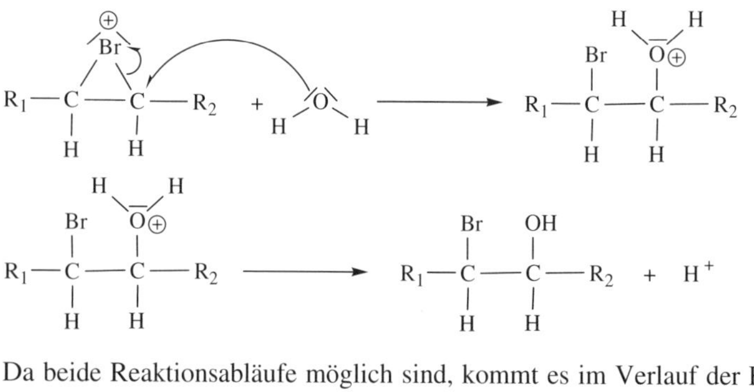

Da beide Reaktionsabläufe möglich sind, kommt es im Verlauf der Bromierung von Crocin zu einer Verringerung des pH-Wertes.

Chemie (Niedersachsen): Erhöhtes Anforderungsniveau
Abiturprüfung 2008 – Aufgabe II

Jenseits von Öl und Gas: die Methanolwirtschaft

1 **Methanol als Schlüsselprodukt des 21. Jahrhunderts (M 1)**

1.1 Stellen Sie in einer grafischen Übersicht die von Olah in seinem Buch „*Beyond Oil and Gas: The Methanol Economy*" skizzierte Methanolwirtschaft dar (M 1 a).

1.2 Geben Sie die in Material M 1 b beschriebenen Reaktionsbedingungen der industriellen Synthese des Methanols ausgehend von Methan an. Beurteilen Sie diese Reaktionsbedingungen unter dem Gesichtspunkt maximaler Ausbeute.
Hinweis: Gehen Sie bei Berechnungen vereinfachend von Standardbedingungen aus.

1.3 Diskutieren Sie, ob die Methanolwirtschaft, wie von Olah behauptet, eine Lösung des globalen Treibhauseffekt-Problems darstellen könnte (M 1 a).

2 **Polyethen aus Methanol (M 2)**

2.1 Stellen Sie die beiden Schritte des MTO-Prozesses (Umwandlung von Methanol zu Ethen) mit Reaktionsgleichungen dar (M 2 a).

2.2 Geben Sie die Reaktionsbedingungen für die Synthese von Hochdruckpolyethen an. Formulieren Sie den Reaktionsmechanismus in allen Teilschritten (M 2 b).

2.3 Geben Sie die Reaktionsbedingungen für die Synthese von Niederdruckpolyethen an. Erklären Sie anhand des in Material M 2 b dargestellten Reaktionsschemas die Funktionsweise des eingesetzten Katalysators mit dem Mechanismus der elektrophilen Addition.

2.4 Ordnen Sie begründend den unter 2.2 bzw. 2.3 beschriebenen Reaktionsbedingungen die Strukturen der gebildeten Polymere, ihre Eigenschaften und die daraus hergestellten Produkte zu (M 2 c).

3 **Energieträger Methanol (M 3)**

3.1 Beschreiben Sie die chemischen Vorgänge in den beiden Halbzellen der Grove-Zelle. Geben Sie die unter Standardbedingungen theoretisch erreichbare Spannung an (M 3 a).

3.2 Vergleichen Sie Aufbau und Funktionsweise der Original-Grove-Zelle und der Direkt-Methanol-Brennstoffzelle (M 3 b). Stellen Sie dazu auch Reaktionsgleichungen auf (Teilgleichungen mit Oxidationszahlen, Gesamtgleichung).

3.3 Berechnen Sie den unter Standardbedingungen theoretisch möglichen Wirkungsgrad der Direkt-Methanol-Brennstoffzelle (M 3 c).

M 1a: Jenseits von Öl und Gas

In dem 2006 erschienenen Buch entwickeln Olah (Chemie-Nobelpreis 1994) und seine Mitautoren eine Alternative zur heutigen Energiewirtschaft auf der Basis von Methanol.

Das Konzept der Methanolwirtschaft zeigt einen Weg auf, wie die Menschheit zwei miteinander gekoppelte globale Probleme in den Griff bekommen kann: die Abhängigkeit von (schwindenden) fossilen Brennstoffen und die Folgen des Treibhauseffektes. Die Methanolwirtschaft kann für die Produktion des Schlüsselproduktes Methanol auf schon heute genutzte Quellen zurückgreifen: die Umwandlung von Methan (Erdgas, Biogas) und das chemische Recycling von CO_2 (Abgase von Kraftwerken und Industrieanlagen) durch Reaktion mit H_2 aus Wasser (Thermolyse, Elektrolyse). In Zukunft wird es auch technische Lösungen für die Bindung von CO_2 direkt aus der Atmosphäre geben. Nach erneuter Freisetzung wird CO_2 dann mit H_2, gewonnen durch Einsatz von Sonnenenergie, zu Methanol reduziert ... Es muss betont werden, dass die Methanolwirtschaft keine Energie produziert. In Form des flüssigen Methanols speichert sie allerdings Energie weit bequemer und sicherer als zum Beispiel die Wasserstoffwirtschaft.

Methanol ist nicht nur ein einfach handhabbarer Kraftstoff für Motoren, seine chemische Energie lässt sich in Brennstoffzellen auch direkt in elektrische Energie umwandeln. Und man kann Methanol leicht in Ethen überführen, das heutige Schlüsselprodukt der chemischen Industrie, um damit zum Beispiel Polymere zu synthetisieren.

Die Fähigkeit, CO_2 auf chemischem Weg immer wieder zu Brennstoffen und chemischen Produkten zu recyclen, wird der Menschheit möglicherweise eine unerschöpfliche Kohlenstoff-Quelle zur Verfügung stellen. Auf diese Weise ergänzt die Methanolwirtschaft den natürlichen CO_2-Recycling-Prozess, die Fotosynthese.

Übersetzt aus: Olah, S. 7 f, S. 243 f und S. 258

M 1b: Industrielle Synthese von Methanol (nach dem heutigen Stand der Technik)

Beim Dampfreformieren reagiert Methan mit Wasserdampf bei hohen Temperaturen (800 bis 1 000 °C) und relativ niedrigem Druck (20 bis 30 bar) an einem Nickel-Katalysator zu H_2 und CO ... Für die Synthese von Methanol muss das Verhältnis von H_2 zu CO noch auf den stöchiometrischen Wert eingestellt werden.

Übersetzt aus: Olah, S. 215 f

Die Herstellung von Methanol im industriellen Maßstab aus Synthesegas (H_2/CO-Gemisch) bei hohen Drücken von 250 bis 350 bar und Temperaturen von 300 bis 400 °C wurde von der BASF in den 20er Jahren des letzten Jahrhunderts eingeführt. Rohstoffbasis war damals Kohle. Der eingesetzte ZnO-Cr_2O_3 Katalysator war noch nicht so effektiv, dafür aber unempfindlich gegen die im Synthesegas enthaltenen Verunreinigungen.

Nach dem zweiten Weltkrieg wechselte die Rohstoffbasis für das Synthesegas zu Erdgas, das in immer größeren Mengen zu günstigen Preisen zur Verfügung stand. Erdgas enthält zusätzlich weniger Verunreinigungen als Kohle bzw. es lässt sich leichter reinigen. Das erlaubte die Entwicklung effektiverer Katalysatoren für die Synthese von Methanol aus Synthesegas. Das in den 60er-Jahren des letzten Jahrhunderts entwickelte ICI-Niederdruckverfahren verwendete einen aktiveren Cu-Zn-Katalysator und erlaubte so mildere Reaktionsbedingungen von 50 bis 100 bar und 200 bis 300 °C.

Übersetzt aus: Olah, S. 213

Standardbildungsenthalpien von Methanol
gasförmig: $-201\ \text{kJ} \cdot \text{mol}^{-1}$
flüssig: $-239\ \text{kJ} \cdot \text{mol}^{-1}$

M 2a: MTO-Prozess

Der Methanol-zu-Olefin-Prozess (MTO) startet mit Methanol, hergestellt aus Synthesegas. Am Anfang des Prozesses steht die Umwandlung von Methanol zu Dimethylether unter Abspaltung von Wasser.
Der zweite Teil des Prozesses läuft in katalytisch aktiven Mikroporen von Zeolithen ab. Dabei setzt sich der Ether unter Abspaltung von Wasser zu Ethen um. In geringfügigen Mengen entstehen bei dem Prozess auch längerkettige Olefine (Alkene).

Übersetzt aus: Olah, S. 249

M 2b: K. Ziegler, Auszüge aus seiner Rede zum Chemie-Nobelpreis 1963

Der Nobelpreis für Chemie 1963 ist der gewaltigen Expansion der Makromolekül-Chemie und ihren industriellen Anwendungen gewidmet, die vor genau 10 Jahren an meinem Max-Planck-Institut für Kohleforschung in Mülheim/Ruhr begann. …

Die neue Entwicklung nahm ihren Anfang Ende 1953, als ich beobachtete, dass Ethen-Gas mit bestimmten Katalysatoren sehr schnell schon bei Normaldruck und bei Temperaturen unter 100 °C zu einem hochmolekularen Kunststoff polymerisiert …

Die Ergebnisse dieses Experiments überraschten uns sehr, da es bis dahin als sehr schwierig galt, Ethen zu polymerisieren. Das Polyethen der Imperial Chemical Industries, damals schon seit etwa 17 Jahren auf dem Markt, wurde unter einem Druck von 1 000 bis 2 000 bar und bei einer Temperatur von 200 °C unter Einsatz von Initiatoren (Sauerstoff oder Peroxide) hergestellt. Unsere Experimente zerstörten so ein Dogma. Darüber hinaus unterschied sich unser Polyethen deutlich von dem Hochdruck-Produkt. Das Niederdruck-Polyethen hatte eine größere Dichte, es war temperaturbeständiger und es war härter …

Der in dem Experiment eingesetzte Katalysator entstand bei der Mischung von Triethyl-Aluminium mit Titantetrachlorid.

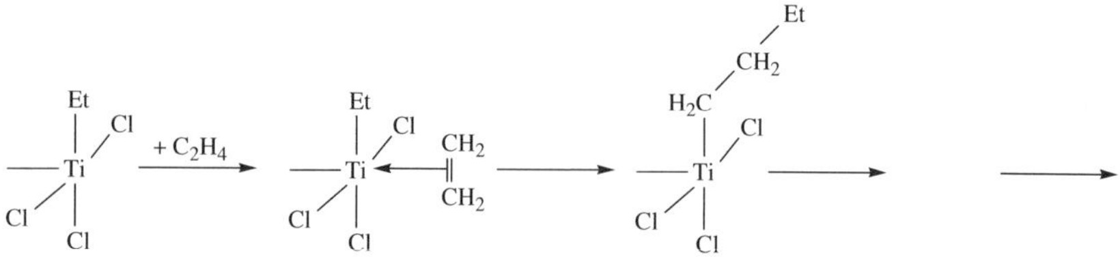

Reaktionsschema zur Arbeitsweise des Katalysators, Et: Ethyl-Gruppe

Aus: Rayner-Canham, Geoff; Willner, Helge; Jäckel, Manfred; Binnewies, Michael: Allgemeine und Anorganische Chemie; Spektrum Akademischer Verlag

M 2c: Struktur-Eigenschafts-Beziehungen beim Polyethen

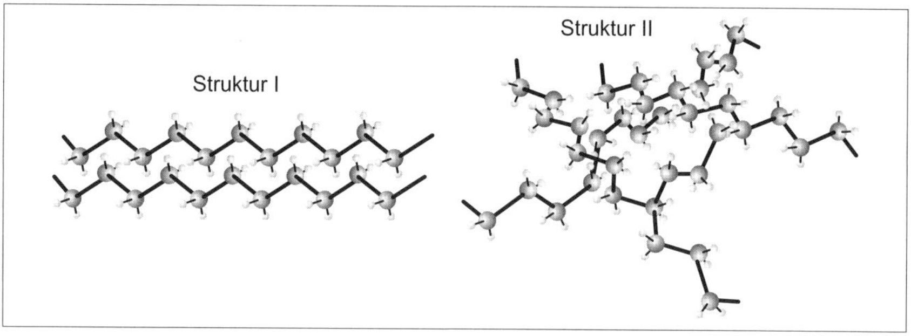

Aus: Kotz, The Chemical World, S. 584

PE-HD, Polyethen High Density (0,94 bis 0,97 $g \cdot cm^{-3}$)
Im Haushalt sind es Spülmittelflaschen, Shampooflaschen, viele weitere Flaschen und Trinkbecher.

PE-LD, Polyethen Low Density (0,915 bis 0,935 $g \cdot cm^{-3}$)
Dieses Material findet man in jedem Haushalt in Form von Abfallsäcken, Gefrierbeuteln oder einfach als Tragetasche.

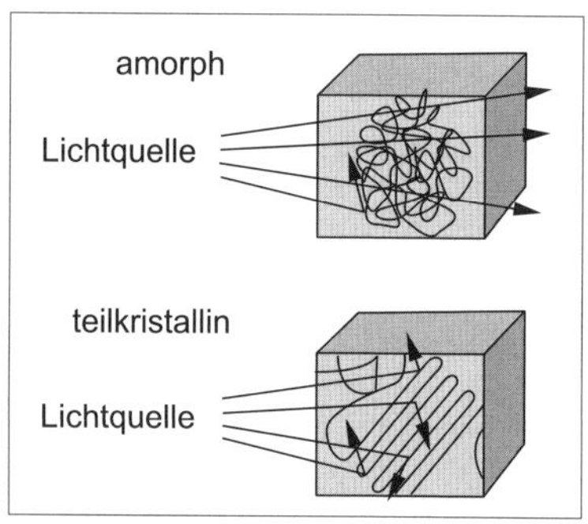

Quelle: Degussa AG: http://Bildungsklick.de/pm/34253/neues-chemie-unterrichtsmaterial-von-degussa/; Evonik Degussa

M 3: Brennstoffzellen: gestern und heute

M 3a: Die Grove-Zelle

Das Funktionsprinzip der Brennstoffzelle wurde schon 1839 von Sir William Grove entdeckt. Die Umsetzung in die technische Nutzung ist dagegen erst in der heutigen Zeit realisiert worden. Die Basis der meisten Brennstoffzellen-Technologien basiert allerdings weiterhin auf dem Prinzip der Grove-Zelle: In einer elektrochemischen Zelle werden Wasserstoff und Sauerstoff (Luft) kombiniert; die Zelle produziert Elektrizität und Wasser.

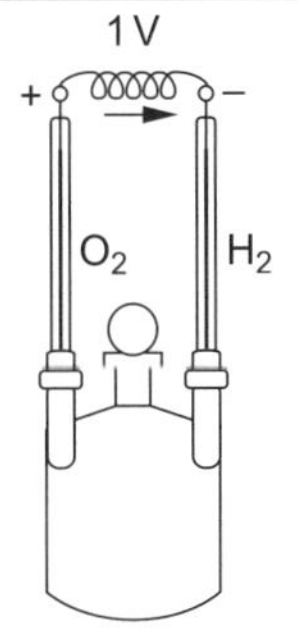

Übersetzt aus: Olah, S. 9

Grove experimentierte mit der Elektrolyse von Schwefelsäure. Dabei legte er eine Spannung zwischen zwei Platin-Elektroden an, die von der Säure umspült wurden. An der Kathode wurde Wasserstoff, an der Anode Sauerstoff produziert.
Als Grove die äußere Spannungsquelle entfernte, war er überrascht, denn es schien, als ob der Elektrolyseur nun rückwärts arbeitete. Er beobachtete eine Spannung von ca. 1 Volt zwischen den beiden Platin-Elektroden.

Quelle: Berry, Martyn; Macdonald, Averil: Wasserstoff: Energie für morgen, Bd. 2, S. 96; Heliocentris Energiesysteme GmbH; Übersetzer: Boehland, Dorothea; Colell, Henrik

M 3b: Die Direkt-Methanol-Brennstoffzelle

Brennstoffzellen auf PEM-Basis sind zurzeit die vielversprechendste Option, die allgegenwärtigen Verbrennungsmaschinen zu verdrängen. Sie arbeiten wie eine nachfüllbare Batterie, solange sie mit Brennstoff und Sauerstoff (Luft) versorgt werden. Im Herzen der Zellen steckt als Elektrolyt eine dünne Polymermembran (**P**olymer**e**lektrolyt-**M**embran). Die Membran ist durchlässig für Protonen (**p**roton **e**xchange **m**embrane) und gleichzeitig ein Isolator für Elektronen. Auf beiden Seiten der Membran liegen mit einem Katalysator imprägnierte poröse Graphit-Elektroden.
Die ersten Methanol-Brennstoffzellen arbeiteten noch mit einem Reformer, der aus dem Methanol Wasserstoff für die Brennstoffzelle freisetzte. 1990 gelang es amerikanischen Forschern, durch die Entwicklung eines speziellen Katalysatorsystems die Brennstoffzelle direkt mit Methanol zu betreiben. Die theoretisch erreichbare Spannung dieser Direkt-Methanol-Brennstoffzelle liegt bei 1,21 V.

Übersetzt aus: Olah, S. 162 f. und S. 191 f:

Hinweis: Methanol reagiert an der Graphit-Elektrode der Direkt-Methanol-Brennstoffzelle mit Wasser zu Kohlenstoffdioxid und Protonen.

M 3c: Wirkungsgrad

Mit Wirkungsgrad der Brennstoffzelle ist in diesem Beispiel das Verhältnis von nutzbarer Energie zu eingesetzter Energie (= Reaktionsenthalpie der Gesamtreaktion) gemeint. Bei der Brennstoffzelle entspricht die nutzbare Energie der von der Zelle zur Verfügung gestellten elektrischen Energie.

Es gilt:
elektrische Energie = transportierte Ladungsmenge · Spannung der Brennstoffzelle

Lösung

1.1 Methanolwirtschaft

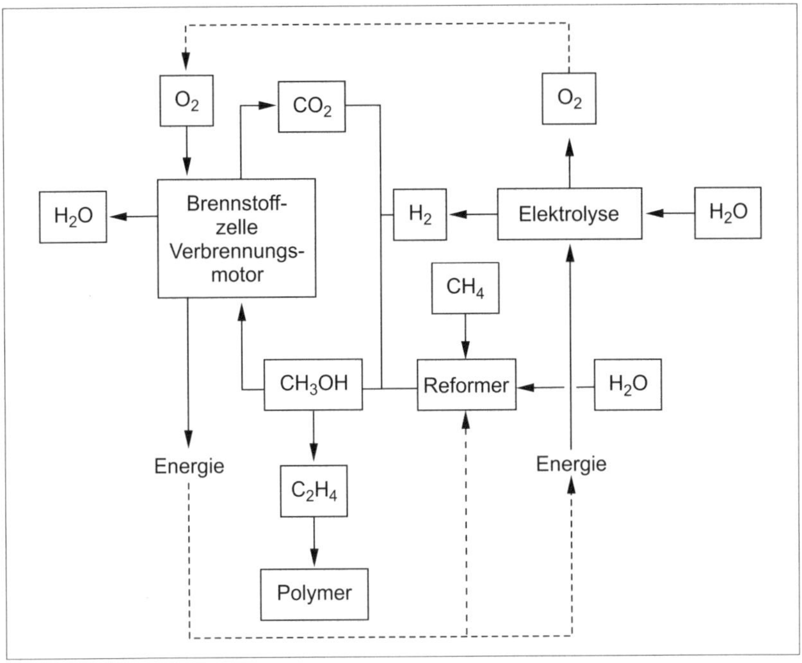

1.2 Industrielle Synthese von Methanol

1. Schritt: Reaktion von Methan mit Wasserdampf

Bei hohen Temperaturen (800 bis 1 000 °C) und relativ niedrigem Druck (20 bis 30 bar) reagieren Wasserdampf und Methan am Nickel-Katalysator zu Kohlenstoffmonooxid und Wasserstoff.

$$CH_{4\,(g)} + H_2O_{(g)} \xrightleftharpoons[\substack{20-30\text{ bar}\\ \text{Ni-Katalysator}}]{800-1000\text{ °C}} CO_{(g)} + 3\,H_{2\,(g)}$$

$$\Delta_R H_m^0 = \sum \Delta_f H_m^0(\text{Produkte}) - \sum \Delta_f H_m^0(\text{Edukte})$$

$$\Delta_R H_m^0 = \Delta_f H_m^0(CO\,(g)) - [\Delta_f H_m^0(CH_4\,(g)) + \Delta_f H_m^0(H_2O\,(g))]$$

$$\Delta_R H_m^0 = (-111\text{ kJ}\cdot\text{mol}^{-1}) - [(-75\text{ kJ}\cdot\text{mol}^{-1}) + (-242\text{ kJ}\cdot\text{mol}^{-1})]$$

$$\Delta_R H_m^0 = 206\text{ kJ}\cdot\text{mol}^{-1}$$

Bei der Reaktion von Methan mit Wasserdampf handelt es sich um eine **endotherme** Reaktion.

Da sich die Teilchenzahl bei der Hinreaktion von zwei auf vier erhöht, würde sich das Gleichgewicht bei hohen Drücken auf die Seite der Edukte verschieben. Nach dem Prinzip von Le Chatelier ist es also von Vorteil, wenn die Reaktion bei niedrigem Druck durchgeführt wird, da die Ausbeute an Synthesegas dadurch erhöht werden kann.
Da die Reaktion endotherm ist, bewirken zudem hohe Temperaturen eine Verschiebung des Gleichgewichts auf die Seite der Produkte. Die Reaktion sollte demnach bei hohen Temperaturen durchgeführt werden.

2. Schritt: Methanol-Synthese
Das **BASF-Verfahren** läuft bei Temperaturen von 300 bis 400 °C und Drücken von 250 bis 350 bar an einem $ZnO\text{-}Cr_2O_3$-Katalysator ab.
Das **ICI-Verfahren** läuft bei Temperaturen von 200 bis 300 °C und Drücken von 50 bis 100 bar an einem Cu-Zn-Katalysator ab.

$$CO_{(g)} + 2\,H_{2\,(g)} \rightleftharpoons CH_3OH_{(g)}$$

$$\Delta_R H_m^0 = \sum \Delta_f H_m^0(\text{Produkte}) - \sum \Delta_f H_m^0(\text{Edukte})$$

$$\Delta_R H_m^0 = \Delta_f H_m^0(CH_3OH_{(g)}) - \Delta_f H_m^0(CO_{(g)})$$

$$\Delta_R H_m^0 = (-201\,\text{kJ}\cdot\text{mol}^{-1}) - (-111\,\text{kJ}\cdot\text{mol}^{-1})$$

$$\Delta_R H_m^0 = -90\,\text{kJ}\cdot\text{mol}^{-1}$$

Bei der Reaktion von Wasserstoff mit Kohlenstoffmonooxid handelt es sich um eine **exotherme** Reaktion.

Da sich die Teilchenzahl bei der Hinreaktion von drei auf eins verringert, verschiebt sich das Gleichgewicht nach dem Prinzip von Le Chatelier bei hohen Drücken auf die Seite der Produkte und die Ausbeute erhöht sich. Die Reaktion ist außerdem exotherm und sollte daher bei niedrigen Temperaturen durchgeführt werden, um eine maximale Methanolausbeute zu erreichen.

Ein Vergleich von BASF- und ICI-Verfahren zeigt, dass beim ICI-Verfahren sowohl die Temperatur als auch der Druck gesenkt wurden. Demnach kann das ICI-Verfahren mit geringerem apparativem Aufwand und geringeren Energiekosten durchgeführt werden. Möglich macht dies ein aktiverer Katalysator.

1.3 Das Treibhauseffekt-Problem

Durch die Verbrennung fossiler Brennstoffe entsteht das klimaschädliche Gas Kohlenstoffdioxid. Das Gas gelangt in die Atomsphäre und bildet eine Kohlenstoffdioxid-Schicht um den Erdball. Die Wärmestrahlung der Sonne, die von der Erdoberfläche reflektiert wird, kann dadurch nicht mehr ins Weltall gelangen. Dies führt zu einem Temperaturanstieg innerhalb der Atmosphäre und längerfristig gesehen zu Klimaveränderungen auf der Erde.

Die Methanolwirtschaft nach Olah

Pro	Kontra
• geschlossener Kohlenstoffkreislauf • Abbau des CO_2-Gehalts • Methanol als einfach handhabbarer Kraftstoff für Motoren • Methanolwirtschaft sicherer als Wasserstoffwirtschaft • Verzicht auf fossile Brennstoffe • In Zukunft wird es technisch möglich sein, CO_2 direkt aus der Atmosphäre zu binden.	• Als „Einstieg" muss weiterhin auf fossile Brennstoffe zurückgegriffen werden. • Es wird Energie für die Zerlegung von Wasser benötigt. • Methanolwirtschaft ist eine Konkurrenz zur Wasserstoffwirtschaft.

Derzeit sind Öl, Erdgas und Kohle unsere wichtigsten Energiequellen. Auch als Ausgangsstoff für die Herstellung hochwertiger Produkte sind sie unverzichtbar. Mittelfristig werden diese Grundstoffe aber zur Neige gehen. Dabei spielt es eine eher untergeordnete Rolle, wann dieser Zeitpunkt erreicht ist. Man muss daher nach Alternativen suchen. Methanol ist eine mögliche Alternative. Ob sie sich gegenüber anderen Alternativen, wie z. B. der Wasserstoffwirtschaft, durchsetzen wird, muss man abwarten.

2.1 **MTO-Prozess**

1. Reaktionsschritt:

$$2\,CH_3OH \longrightarrow CH_3OCH_3 + H_2O$$

2. Reaktionsschritt:

$$CH_3OCH_3 \xrightarrow{\text{Zeolith}} CH_2{=}CH_2 + H_2O$$

2.2 **Synthese von Hochdruckpolyethen**

Hochdruckpolyethen wird unter einem Druck von **1 000 bis 2 000 bar** und bei einer Temperatur von **200 °C** unter Einsatz von **Initiatoren** (Sauerstoff oder Peroxide) hergestellt.

Reaktionsmechanismus der radikalischen Polymerisation

Startreaktion:

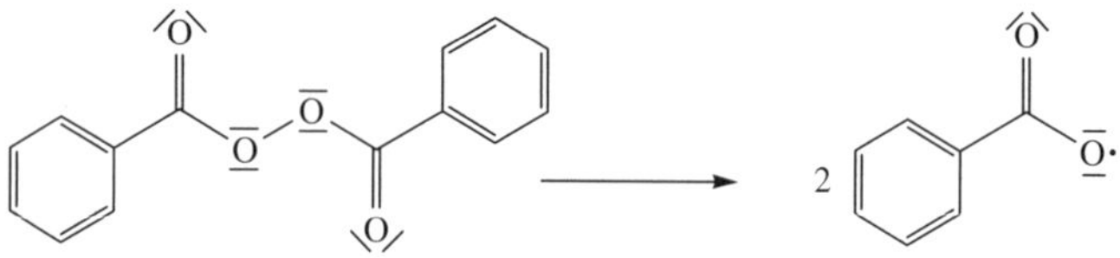

Dibenzoylperoxid

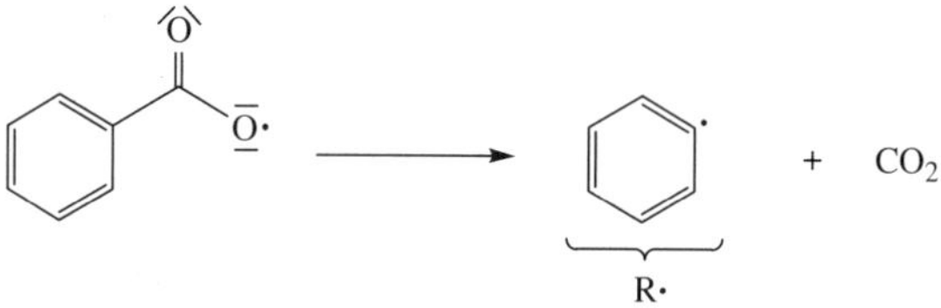

Kettenstart:

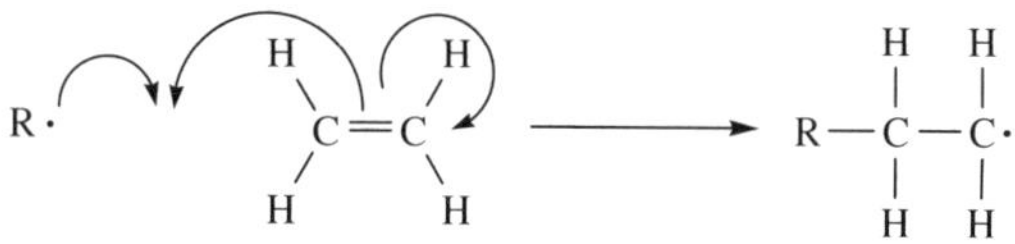

Kettenreaktion:

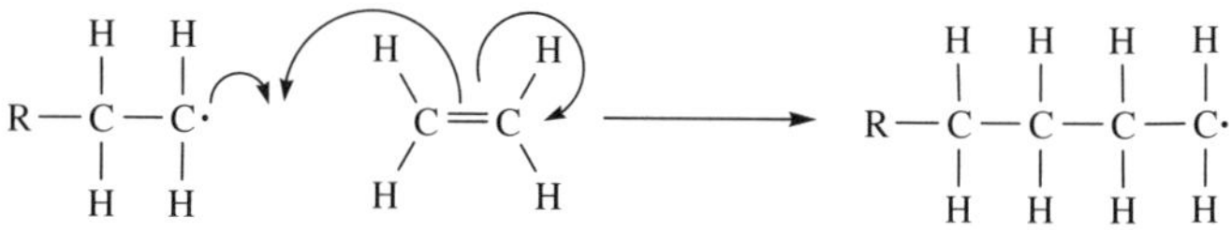

Kettenabbruch durch Rekombination:

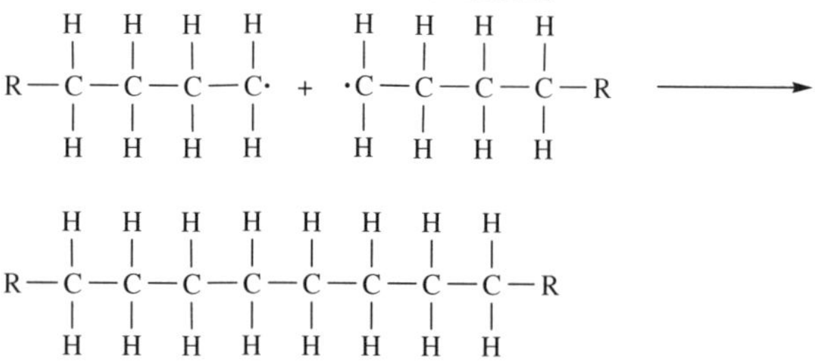

Kettenabbruch durch Disproportionierung:

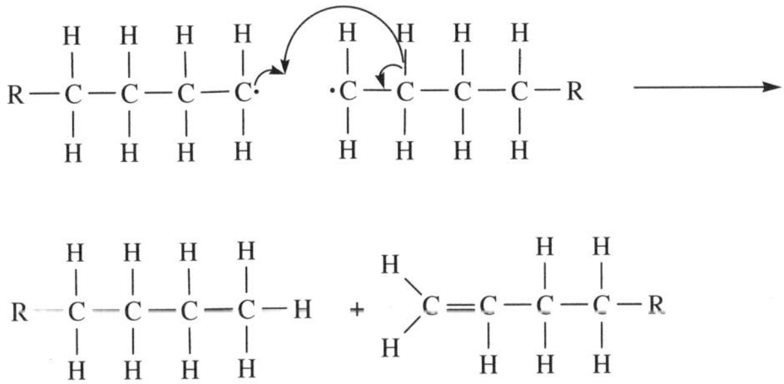

Kettenübertragung:

Es kann auch ein Wasserstoffatom aus der Mitte eines Alkans abgespaltet werden. Verbindet sich das dabei entstehende Alkylradikal mit einem Ethenmolekül, so wird ein verzweigtes Alkan gebildet.

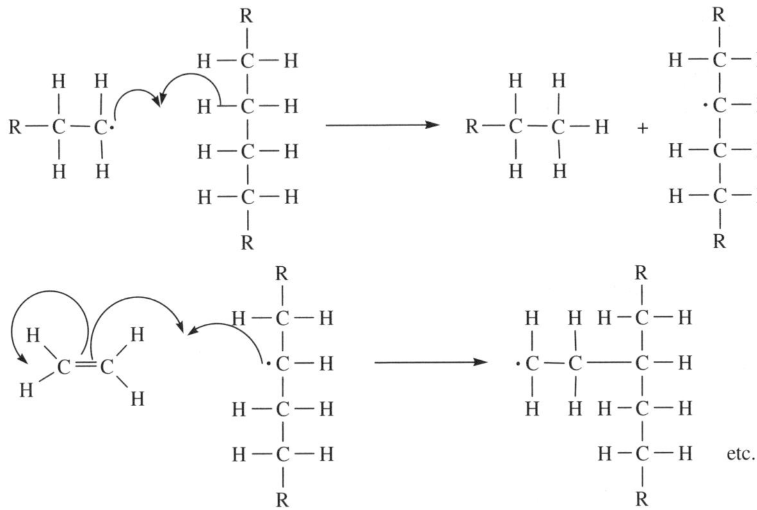

2.3 **Synthese von Niederdruckpolyethen**

Niederdruckpolyethen wird unter **Normaldruck** und bei Temperaturen **unter 100 °C** unter Einsatz eines (Ziegler-Natta-)Katalysators hergestellt.

Funktionsweise des Katalysators

Das elektrophile Titanion des Katalysators addiert unter Ausbildung eines Carbeniumions an die C–C-Doppelbindung des Ethens; die Ti–C-Bindung innerhalb des Katalysators wird polarisiert. Im nächsten Reaktionsschritt greift die Ethylgruppe des Katalysators das Carbeniumion nukleophil an. Das nächste Ethenmolekül kann gebunden werden.

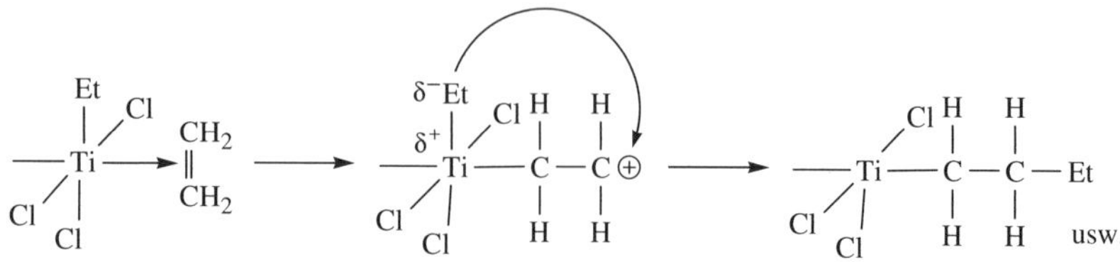

Carbeniumion

2.4

Niederdruckverfahren	Hochdruckverfahren
PE-HD	PE-LD
Struktur I	Struktur II
opaker, harter Becher	transparente, weiche Folie

Beim Niederdruckverfahren können durch den Einsatz eines Katalysators deutlich mildere Reaktionsbedingungen gewählt werden. Die **linearen, unverzweigten** Polyethenmakromoleküle können sich parallel zueinander ausrichten und sind verantwortlich für die **geordnete, teilkristalline** Struktur des Polymers. Daraus ergeben sich die typischen Eigenschaften des Kunststoffes: hart, lichtundurchlässig.
Das unter drastischeren Reaktionsbedingungen ablaufende Hochdruckverfahren liefert hingegen **stark verzweigte** Polymere, die sich nicht in geordneter Weise zueinander ausrichten können. Diese amorphe Struktur des Polyethens ergibt einen **weichen, lichtdurchlässigen** (transparenten) Kunststoff.

3.1 **Die Grove-Zelle**

In der **Donatorhalbzelle** (Minuspol) findet die Oxidation von Wasserstoff statt, in der **Akzeptorhalbzelle** (Pluspol) die Reduktion von Sauerstoff.

Oxidation: $\overset{0}{H_2} \rightleftharpoons 2\,\overset{+I}{H^+} + 2\,e^-$ $\quad E^0 = 0\,V$

Reduktion: $\overset{0}{O_2} + 4\,H^+ + 4\,e^- \rightleftharpoons 2\,H_2\overset{-II}{O}$ $\quad E^0 = 1{,}23\,V$

Redox: $2\,H_2 + O_2 \rightleftharpoons 2\,H_2O$

Berechnung der Zellspannung

$U = E_{Akzeptor} - E_{Donator} = 1{,}23\ V - 0\ V = 1{,}23\ V$

3.2 **Direkt-Methanol-Brennstoffzelle**

In der **Donatorhalbzelle** (Minuspol) findet die Oxidation von Methanol statt, in der **Akzeptorhalbzelle** (Pluspol) die Reduktion von Sauerstoff.

Oxidation: $\overset{-II}{C}H_3OH + H_2O \rightleftharpoons \overset{+IV}{C}O_2 + 6\,H^+ + 6\,e^-$

Reduktion: $\overset{0}{O_2} + 4\,H^+ + 4\,e^- \rightleftharpoons 2\,H_2\overset{-II}{O}$

Redox: $2\,CH_3OH + 3\,O_2 \rightleftharpoons 2\,CO_2 + 4\,H_2O$

Zellspannung: $U = 1{,}21$ V

Elektrodenreaktionen der Grove-Zelle siehe Lösung zu 3.1.

Vergleich von Grove-Zelle und Direkt-Methanol-Brennstoffzelle

	Grove-Zelle	**Direkt-Methanol-Brennstoffzelle**
chemische Vorgänge	$2\,H_2 + O_2 \rightleftharpoons 2\,H_2O$	$2\,CH_3OH + 3\,O_2 \rightleftharpoons 2\,CO_2 + 4\,H_2O$
Spannung	1,23 V	1,21 V
Brennstoff	Wasserstoff	Methanol
Elektroden	Platin-Elektroden	Graphit-Elektroden
Elektrolyt	Schwefelsäure	Polymerelektrolyt

Im Gegensatz zur Grove-Zelle wird der Direkt-Methanol-Brennstoffzelle der Brennstoff kontinuierlich zugeführt. Sie ist eine High-Tech-Weiterentwicklung der Grove-Zelle mit hochselektiven Membranen und Katalysatoren.

3.3 **Wirkungsgrad der Direkt-Methanol-Brennstoffzelle**

$$2\,CH_3OH_{(l)} + 3\,O_{2\,(g)} \rightleftharpoons 2\,CO_{2\,(g)} + 4\,H_2O_{(l)}$$

Geg.: Faraday-Konstante $F = 96\,485\ \text{A} \cdot \text{s} \cdot \text{mol}^{-1}$
Potenzialdifferenz $U = 1{,}21$ V
Elektronen pro Formelumsatz $z = 12$

Ges.: η

Berechnung der Reaktionsenthalpie

$$\Delta_R H_m^0 = \sum \Delta_f H_m^0(\text{Produkte}) - \sum \Delta_f H_m^0(\text{Edukte})$$

$$\Delta_R H_m^0 = 2 \cdot \Delta_f H_m^0(CO_{2\,(g)}) + 4 \cdot \Delta_f H_m^0(H_2O_{\,(l)}) - 2 \cdot \Delta_f H_m^0(CH_3OH_{\,(l)})$$

$$\Delta_R H_m^0 = 2 \cdot (-394\ \text{kJ} \cdot \text{mol}^{-1}) + 4 \cdot (-286\ \text{kJ} \cdot \text{mol}^{-1}) - 2 \cdot (-239\ \text{kJ} \cdot \text{mol}^{-1})$$

$$\Delta_R H_m^0 = -1\,454\ \text{kJ} \cdot \text{mol}^{-1}$$

Berechnung der elektrischen Energie

$$W_{el} = Q \cdot U \quad \text{mit} \quad Q = z \cdot F$$

$$W_{el} = z \cdot F \cdot U = 12 \cdot 96\,485\ \text{A} \cdot \text{s} \cdot \text{mol}^{-1} \cdot 1{,}21\ \text{V} = 1\,400 \cdot 10^3\ \text{A} \cdot \text{s} \cdot \text{V} \cdot \text{mol}^{-1}$$

$$W_{el} = 1\,400\ \text{kJ} \cdot \text{mol}^{-1}$$

Berechnung des Wirkungsgrades

$$\eta = \frac{W_{el}}{|\Delta_R H|}$$

$$= \frac{1\,400\ \text{kJ} \cdot \text{mol}^{-1}}{1\,454\ \text{kJ} \cdot \text{mol}^{-1}} \approx 0{,}96$$

Der Wirkungsgrad der Direkt-Methanol-Brennstoffzelle beträgt 0,96.

Chemie (Niedersachsen): Grundlegendes Anforderungsniveau
Abiturprüfung 2009 – Aufgabe I

Nachwachsende Rohstoffe

1 Nachwachsende Rohstoffe als Werkstoff

1.1 Zeichnen Sie jeweils ein Monomer des petrochemisch hergestellten Polymers Polyethylen und des natürlichen Polymers Stärke. Beschreiben Sie die Molekülstruktur der beiden Makromoleküle (M 1). Stellen Sie den Reaktionsmechanismus der Polyethylensynthese erläuternd dar.

1.2 Beschreiben Sie, wie Sie experimentell eine Polyethylenfolie von einer Folie auf Stärkebasis unterscheiden können.

1.3 Deuten Sie die Beobachtungen des in M 2 beschriebenen Versuchs auf molekularer Ebene.

1.4 Diskutieren Sie unter Einbeziehung von M 1 und M 3 die Vor- und Nachteile der Verwendung von Stärke als „Biokunststoff". Beziehen Sie dabei ökonomische und ökologische Überlegungen mit ein.

2 Nachwachsende Rohstoffe als Energieträger

2.1 Stellen Sie den Prozess der mikrobiellen Erzeugung von Biogas aus Maisstärke in Form eines Flussdiagramms dar (M 4). Stellen Sie die Reaktionsgleichungen für die Methanogenese auf. Zeigen Sie, dass es sich bei diesen Reaktionen um Redoxreaktionen handelt.

2.2 Stellen Sie jeweils die Reaktionsgleichungen für die vollständige Verbrennung von Methan (vereinfacht für Biogas) und Nonan (vereinfacht für Heizöl) auf. Berechnen Sie die molaren Reaktionsenthalpien.
Beurteilen Sie die Konsequenzen, die die Verbrennung von Biogas beziehungsweise die Verbrennung von Heizöl bei gleicher Energiefreisetzung im Hinblick auf den Treibhauseffekt haben.

2.3 Erläutern Sie die Vorgänge, die bei Sauerstoffkorrosion an einer Gaspipeline aus Stahl (Eisen) ablaufen. Erklären Sie die Wirkungsweise der in M 5 genannten Form des Korrosionsschutzes für Gaspipelines.

M 1: Polyethylenfolie – Stärkefolie

Bis 1960 spielten nachwachsende Rohstoffe nur eine untergeordnete Rolle, ließen sich doch Kunststoffe, Textilfasern, Farbstoffe und viele andere technische Produkte scheinbar einfacher und wesentlich preisgünstiger aus Erdöl, also petrochemisch, herstellen. Für die Herstellung von Polyethylenfolie wird sogenanntes Weich-Polyethylen (PE-LD) verwendet. PE-LD wird im Hochdruckverfahren bei Drucken von 1 500 bis 3 500 bar und Temperaturen von 100 °C bis 300 °C unter Einsatz von Initiatoren (Radikalstarter) aus Ethen hergestellt.
Da den Vorräten an fossilen Rohstoffen aber Grenzen gesetzt sind, veränderte sich Mitte der 80er-Jahre allmählich die Einstellung zur Nutzung nachwachsender Rohstoffe. So versucht man z. B. seit einiger Zeit im Bereich der Verpackungsindustrie petrochemisch hergestellte Polyethylenfolie durch Folie auf Stärkebasis zu ersetzen. In unseren Breiten wird Stärke dazu meist aus Kartoffeln gewonnen, die dann in großflächigen Monokulturen angebaut werden. Stärke liegt als Produkt der Fotosynthese in den Pflanzenzellen in Form organisierter Körner vor. Die Gewinnung erfolgt durch Auswaschen der Stärke aus den Pflanzenteilen mithilfe einer Kochsalzlösung.

Ausschnitt aus einem Stärkemolekül:

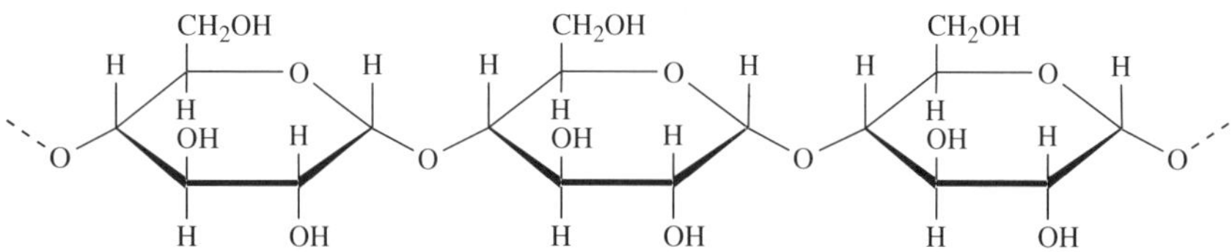

M 2a: Kompostierungsversuche von Polyethylen- und Stärkefolie

Material: Gartenerde, ein Stück Polyethylenfolie (6 × 6 cm), ein gleich großes Stück Stärkefolie

Geräte: Glasschale mit Deckel (Durchmesser 10 cm), Folienstift, Klebeband

Durchführung: Die Glasschale wird mit der Gartenerde fast bis zum Rand gefüllt. Dann wird auf die eine Hälfte die Polyethylenfolie, auf die andere Hälfte die Stärkefolie gelegt. Die Schale wird mit dem Deckel verschlossen und das Datum auf dem Deckelrand notiert. Auf dem Deckel werden die Hälften gekennzeichnet, sodass die Folien sicher erkannt werden können. Der Deckel wird mit Klebeband fixiert.

Beobachtung: Bereits einen Tag nach Auflegen auf die Gartenerde weist die Stärkefolie deutliche Löcher auf, während die Polyethylenfolie unverändert bleibt.

Quelle: Kühn, Ilse: Unterricht Chemie, Nr. 45, 1998; Friedrich Verlag

M 2b: Biologischer Abbau von Polymeren

Damit Bakterien und Pilze Polymere als Nährstoffe nutzen können, müssen sie Enzyme produzieren, die nach dem Transport durch die Zellwand außerhalb der Zelle wirken. Diese Enzyme wirken spezifisch. Sie können entweder Ester-, Amid- oder Acetalbindungen hydrolytisch spalten, sodass die unlöslichen Makromoleküle schichtweise von der Oberfläche her in kurzkettige Bruchstücke zerlegt werden. Die Spaltprodukte können anschließend von den Bakterien und Pilzen aufgenommen werden und einerseits zu Kohlenstoffdioxid und Wasser abgebaut, andererseits zum Aufbau körpereigener Substanzen genutzt werden.

Quelle: Büttner, Monika; Wagner, Günter: Unterricht Chemie Nr. 73; Friedrich Verlag

M 3: Unterschiedliche Kreislaufwirtschaft petrochemischer und nachwachsender Rohstoffe

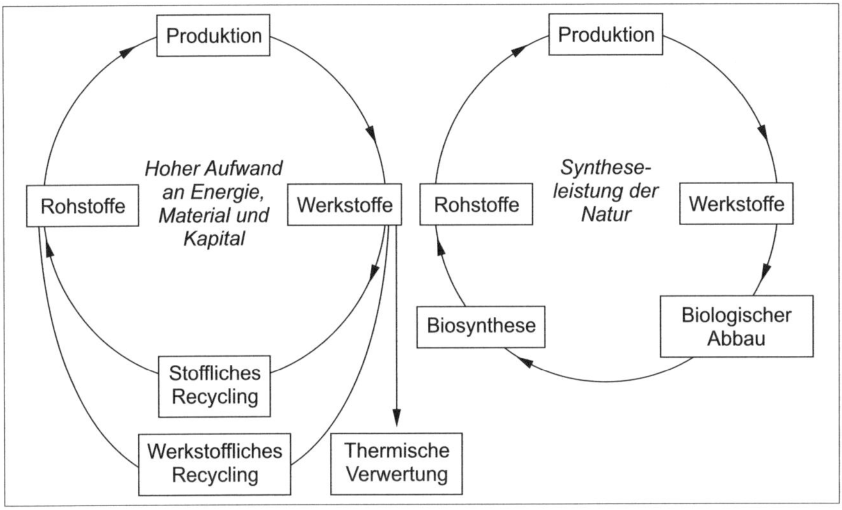

Verändert nach: Kühn, Ilse: Unterricht Chemie Nr. 45; Friedrich Verlag

M 4a: Nachwachsende Rohstoffe als Energieträger

Die unausweichliche, sukzessive Erschöpfung unserer fossilen Energieträger hat in den letzten Jahren zu einem explosionsartigen Anstieg des Rohölpreises geführt. Daher kommt in jüngster Zeit den Bioenergien eine immer stärker werdende Bedeutung zu. Bioenergien werden aus nachwachsenden pflanzlichen Rohstoffen hergestellt. So entsteht Biogas beispielsweise bei der Vergärung von Maisstärke durch anaerobe Mikroorganismen unter sauerstofffreien Bedingungen. Der energietragende Bestandteil von Biogas ist Methan, das hauptsächlich durch Verbrennung zur Strom- und Wärmeerzeugung eingesetzt wird.

Quelle: Steinbüchel, Alexander: Perspektiven der stofflichen Verwertung nachwachsender Rohstoffe, Technologie und Management 11–12 /2006, S. 23

M 4b: Mikrobieller Prozess zur Erzeugung von Biogas

Die Biogaserzeugung findet in einer Biogasanlage statt. In dem gesteuerten Prozess der Biogasbildung sind verschiedene Arten von anaeroben Mikroorganismen beteiligt. Man unterscheidet nach dem heutigen Erkenntnisstand mehrere Einzelprozesse, die den anaeroben Abbau der pflanzlichen Stoffe, z. B. von Maisstärke, ermöglichen: Während der **Hydrolyse** wird die Maisstärke in monomere Grundbausteine oder andere lösliche Abbauprodukte zerlegt. Im Rahmen der **Acidogenese** und **Acetogenese** werden die Spaltprodukte weiter zu Essigsäure, Kohlenstoffdioxid und Wasserstoff umgesetzt. Die **Methanogenese** stellt die letzte Stufe des anaeroben Abbaus dar. In dieser Phase wird die Essigsäure durch sogenannte Methanbildner in Methan und Kohlenstoffdioxid umgewandelt. Kohlenstoffdioxid reagiert weiter mit elementarem Wasserstoff zu Methan und Wasser.

Bearbeitet nach: http://de.wikipedia.org/wiki/Biogas

M 5: Transport von Biogas in Gaspipelines

Bevor das in der Biogasanlage produzierte Biogas in das öffentliche Gasnetz eingespeist wird, muss es gereinigt und von Kohlenstoffdioxid befreit werden. Zum Transport des Gases werden Gaspipelines eingesetzt. Das Gas wird durch Verdichterstationen in Bewegung gesetzt. Pipelines arbeiten oft mit so hohen Drucken, dass das Pipelinematerial (z. B. Stahl) bei gleichzeitiger Einwirkung von Sauerstoffkorrosion an seine Belastungsgrenzen kommen kann. Dies kann in extremen Fällen zum Platzen der Gasleitung führen. Eine Vorbeugung gegen Korrosion wird z. B. durch kathodischen Korrosionsschutz erreicht. Dieser bedarf einer kontinuierlichen Überwachung.

Lösung

1.1 Monomer des Polyethylens:

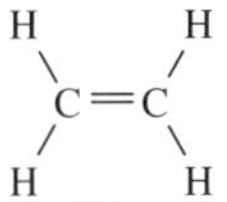

Ethen

Monomer der Stärke:

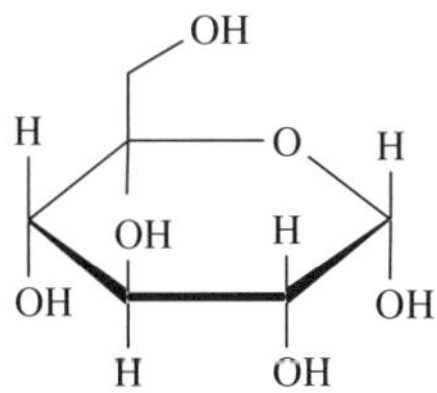

α-D-Glucose

Molekülstruktur der Makromoleküle

Polyethylen

In den Polyethylen-Makromolekülen sind die Kohlenstoffatome ausschließlich über Einfachbindungen zu **linearen Kohlenwasserstoffketten** verknüpft.

Stärke

Stärke setzt sich aus den beiden Bestandteilen Amylose und Amylopektin zusammen. In der Amylose sind die α-Glucosemoleküle (1,4)-glykosidisch zu langen Ketten verknüpft. Diese Ketten sind **schraubenförmig** aufgebaut. Im Amylopektin treten neben 1,4- auch 1,6-glykosidische Verknüpfungen zwischen den Glucosemolekülen auf.

Reaktionsmechanismus der radikalischen Polymerisation

Kettenstart durch Radikalbildung:

Bei einer Temperatur von 200 °C entstehen durch homolytische Spaltung des Peroxids (z. B. Dibenzoylperoxid) und anschließender Abspaltung von Kohlenstoffdioxid Initiatorradikale.

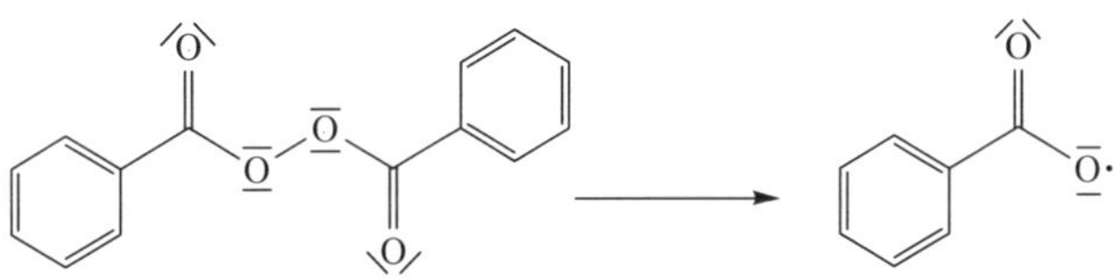

Dibenzoylperoxid

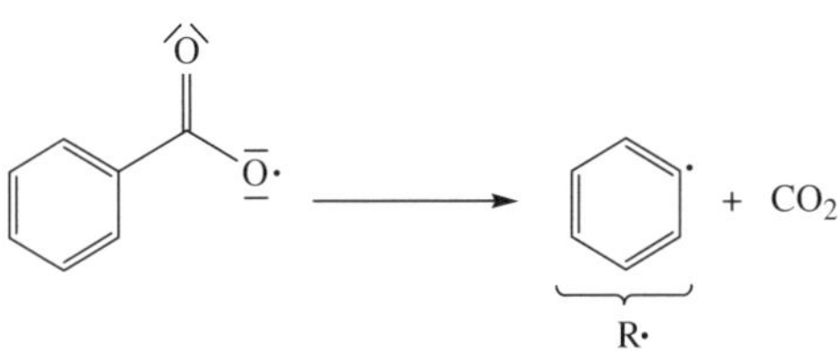

Kettenwachstum:

Das Initiatorradikal greift das π-Elektronensystem des Ethenmoleküls an und geht eine Bindung zu einem Kohlenstoffatom ein. Dabei entsteht ein neues Radikal, das wiederum an ein Ethenmolekül unter Ausbildung eines Radikals addiert. Auf diese Weise kommt es zur Ausbildung langer Molekülketten.

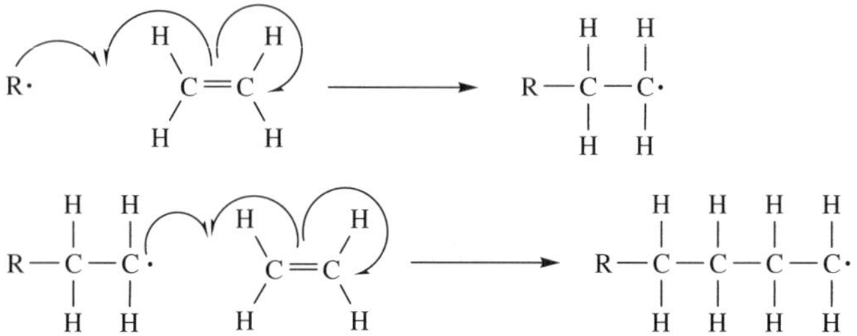

Kettenabbruchreaktionen:

- durch Rekombination zweier Radikale

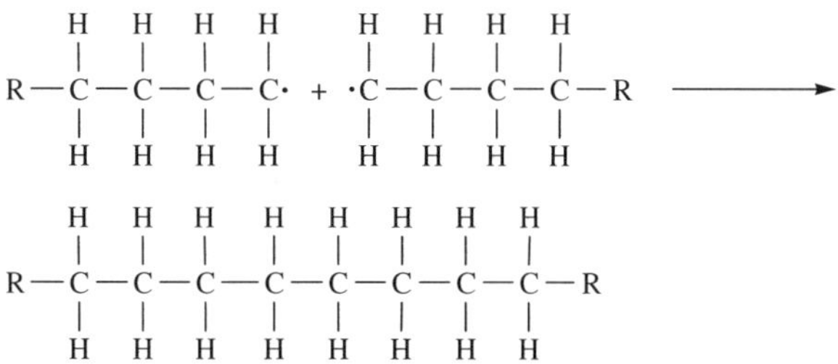

- durch Disproportionierung

  Ein Radikal spaltet unter Ausbildung einer C=C-Doppelbindung ein Wasserstoffatom ab, das von einem zweiten Radikal gebunden wird. Es bilden sich ein Alkan und ein Alken.

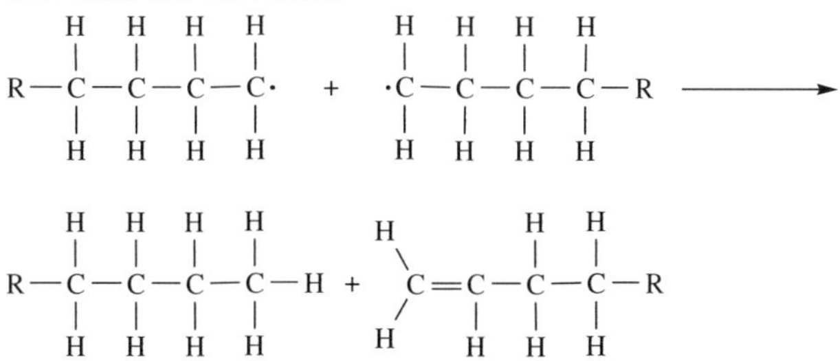

Alkan Alken

1.2 Amylose ist ein Bestandteil von Stärke und kann mit einer Jod-Kaliumjodid-Lösung nachgewiesen werden. Dabei werden die Jodatome in die Hohlräume der schraubenförmigen Makromoleküle eingelagert und es bildet sich ein tiefblauer **Jod-Stärke-Komplex** (Jodstärke). Tropft man also auf beide Folien Jod-Kaliumjodid-Lösung, so kann die Stärkefolie durch eine sich bildende Blaufärbung identifiziert werden.

1.3 Die in der Gartenerde enthaltenen Bakterien und Pilze produzieren Enzyme, die die Acetalbindungen im Stärkemolekül hydrolytisch spalten. Die Makromoleküle werden dabei in kleinere Bausteine zerlegt, die von den Bakterien verstoffwechselt werden. Bei der hydrolytischen Spaltung werden die glykosidischen Bindungen zwischen den Glucosemolekülen durch die Anlagerung von Wassermolekülen aufgebrochen. An den C-Atomen der Acetalbindung entstehen dabei Hydroxygruppen.
Zwischen den Polyethenmakromolekülen existieren ausschließlich C – C-Einfachbindungen, die von den Enzymen der Bakterien nicht gespalten werden können. Die Polyethylenfolie ist demnach **nicht biologisch abbaubar**.

1.4 **Vorteile**
Die fossilen Rohstoffe werden geschont. Der Aufwand bei Abbau bzw. Förderung dieser Energieträger wird folglich verringert. Ein weiterer Vorteil ist es, dass die Syntheseleistung von der Pflanze übernommen wird, sodass auch der Energieaufwand für die Herstellung der Werkstoffe geringer wird. Auch können die Produkte leichter biologisch abgebaut werden, sodass aufwendige Recyclingmaßnahmen entfallen.

Nachteile
Ein großer Nachteil ist sicherlich, dass Ackerflächen für den Anbau genutzt werden und für die Nahrungsmittelproduktion damit nicht mehr zur Verfügung stehen. Notwendige Nahrungsmittel wie Kartoffeln gehen für den Nahrungsmittelkreislauf verloren. Beim Anbau entstehen außerdem durch den Einsatz von Düngemitteln und Pestiziden hohe Kosten. Durch den Anbau nachwachsender Rohstoffe werden Ackerflächen nur einseitig genutzt, was zu Monokulturen führt.

2.1 **Mikrobielle Erzeugung von Biogas**

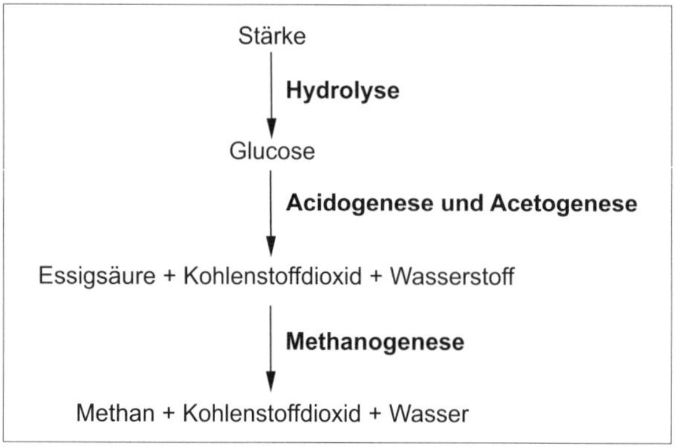

1. Schritt der Methanogenese

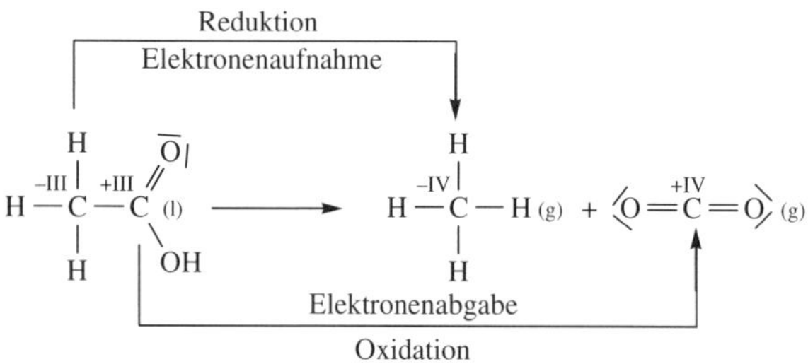

Um zu entscheiden, ob es sich bei einer Reaktion um eine Redoxreaktion handelt, müssen die Oxidationszahlen der beteiligten Elemente ermittelt werden. Bei Veränderung der Oxidationszahlen liegt eine Redoxreaktion vor.

Die Oxidationsstufe des Carboxylkohlenstoffatoms der Essigsäure erhöht sich von +III auf +IV im Kohlenstoffdioxid, die Oxidationsstufe des zweiten Kohlenstoffatoms der Essigsäure verringert sich von –III auf –IV im Methan. Es handelt sich folglich um eine Redoxreaktion.

2. Schritt der Methanogenese

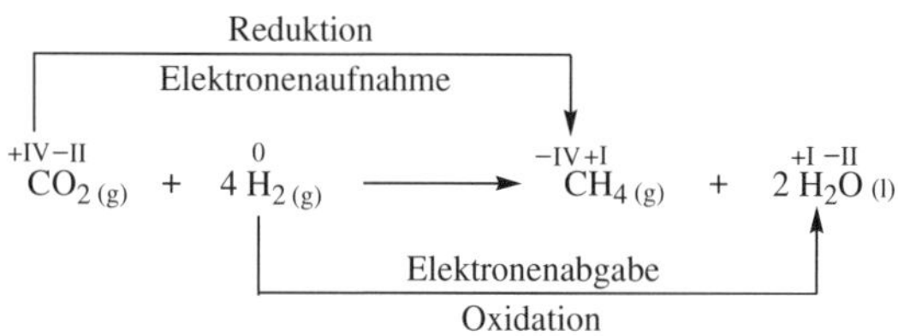

Die Oxidationsstufe des Kohlenstoffs verringert sich von +IV auf –IV, die Oxidationsstufe des Wasserstoffs erhöht sich von 0 auf +I. Auch bei dieser Reaktion handelt es sich also um eine Redoxreaktion.

2.2 **Verbrennung von Methan**

$$CH_{4\,(g)} + 2\,O_{2\,(g)} \longrightarrow CO_{2\,(g)} + 2\,H_2O_{\,(l)}$$

Berechnung der molaren Reaktionsenthalpie

Bei dieser Aufgabe geht man davon aus, dass alle Reaktionsprodukte unter Standardbedingungen vorliegen. Der Aggregatzustand von Wasser ist demnach flüssig. Dies ist insofern sinnvoll, als dass hier der Einsatz nachwachsender Rohstoffe in einer Heizungsanlage diskutiert wird. Bei modernen Anlagen kann angenommen werden, dass auch die Kondensationswärme ausgenutzt wird (vgl. S. 2009-18 f.).

$$\Delta_R H_m^0 = \sum \Delta_f H_m^0(\text{Produkte}) - \sum \Delta_f H_m^0(\text{Edukte})$$

$$\Delta_R H_m^0 = \Delta_f H_m^0(CO_{2\,(g)}) + 2 \cdot \Delta_f H_m^0(H_2O\,(l)) - \Delta_f H_m^0(CH_{4\,(g)})$$

$$\Delta_R H_m^0 = (-394\ \text{kJ} \cdot \text{mol}^{-1}) + 2 \cdot (-286\ \text{kJ} \cdot \text{mol}^{-1}) - (-75\ \text{kJ} \cdot \text{mol}^{-1})$$

$$\Delta_R H_m^0 = -891\ \text{kJ} \cdot \text{mol}^{-1}$$

Die molare Reaktionsenthalpie für die Verbrennung von Methan beträgt $-891\ \text{kJ} \cdot \text{mol}^{-1}$.

Verbrennung von Nonan

$$C_9H_{20\,(l)} + 14\,O_{2\,(g)} \longrightarrow 9\,CO_{2\,(g)} + 10\,H_2O_{\,(l)}$$

Berechnung der molaren Reaktionsenthalpie

$$\Delta_R H_m^0 = \sum \Delta_f H_m^0(\text{Produkte}) - \sum \Delta_f H_m^0(\text{Edukte})$$

$$\Delta_R H_m^0 = 9 \cdot \Delta_f H_m^0(CO_{2\,(g)}) + 10 \cdot \Delta_f H_m^0(H_2O\,(l)) - \Delta_f H_m^0(C_9H_{20}\,(l))$$

$$\Delta_R H_m^0 = 9 \cdot (-394\ \text{kJ} \cdot \text{mol}^{-1}) + 10 \cdot (-286\ \text{kJ} \cdot \text{mol}^{-1}) - (-275\ \text{kJ} \cdot \text{mol}^{-1})$$

$$\Delta_R H_m^0 = -6\,131\ \text{kJ} \cdot \text{mol}^{-1}$$

Die molare Reaktionsenthalpie für die Verbrennung von Nonan beträgt $-6\,131\ \text{kJ} \cdot \text{mol}^{-1}$.

Die Verbrennungsenthalpie von 1 Mol Nonan ist etwa 7-mal höher als die Verbrennungsenthalpie von 1 Mol Methan. Um die gleiche Energiefreisetzung mittels Biogas zu erreichen, müssen demnach 7 Mol Methan verbrannt werden. Dabei entstehen 7 Mol Kohlenstoffdioxid und damit weniger als bei der Verbrennung von 1 Mol Nonan. Kohlenstoffdioxid ist ein Treibhausgas.

Der Treibhauseffekt

Durch die Verbrennung fossiler Brennstoffe entsteht das klimaschädliche Gas Kohlenstoffdioxid. Das Gas gelangt in die Atomsphäre und bildet eine Kohlenstoffdioxid-Schicht um den Erdball. Die Wärmestrahlung der Sonne, die von der Erdoberfläche reflektiert wird, kann dadurch nicht mehr ins Weltall gelangen. Dies führt zu einem Temperaturanstieg innerhalb der Atmosphäre und längerfristig gesehen zu Klimaveränderungen auf der Erde.

2.3 **Sauerstoffkorrosion**

Eisen korrodiert, wenn es der Luftfeuchtigkeit (H_2O) und dem Luftsauerstoff (O_2) ausgesetzt wird. Bei diesem Vorgang werden Eisenatome zu Fe^{2+}-Ionen oxidiert, Sauerstoffatome werden zu OH^--Ionen reduziert.

$$\text{Ox.:}\quad \overset{0}{Fe}_{(s)} \longrightarrow \overset{+II}{Fe^{2+}}_{(aq)} + 2\,e^-$$

$$\text{Red.:}\quad \overset{0}{O_2}_{(g)} + 2\,H_2O_{(l)} + 4\,e^- \longrightarrow 4\,\overset{-II}{OH^-}_{(aq)}$$

$$\text{Redox:}\quad 2\,Fe_{(s)} + O_{2\,(g)} + 2\,H_2O_{(l)} \longrightarrow 2\,Fe^{2+}_{(aq)} + 4\,OH^-_{(aq)}$$

Die Eisenionen bilden mit den Hydroxidionen schwer lösliches Eisen(II)-hydroxid, das mit Luftsauerstoff zu braunem Eisen(III)-oxidhydroxid (Rost) weiterreagiert.

$$Fe^{2+}_{(aq)} + 2\,OH^-_{(aq)} \longrightarrow Fe(OH)_{2\,(s)}$$

$$4\,Fe(OH)_{2\,(s)} + O_{2\,(g)} \longrightarrow 4\,FeO(OH)_{(s)} + 2\,H_2O_{(l)}$$

Korrosionsschutz

Schutz vor Korrosion bietet der Einsatz einer sogenannten **Opferanode**. Dabei wird das zu schützende Eisen mit einem unedleren Metall (Metall mit einem geringeren Standardpotenzial) leitend verbunden. In diesem **Lokalelement** ist das Eisen die Kathode, das unedlere Metall, z. B. Magnesium, die Anode. Magnesium wird oxidiert. Die Elektronen fließen zur Kathode, an der Luftsauerstoff reduziert wird. Magnesium wird dabei allmählich verbraucht und muss regelmäßig erneuert werden, um den Korrosionsschutz aufrechtzuerhalten.

Chemie am Auto

1 Treibstoffe

1.1 Formulieren Sie zwei Hypothesen, worum es sich bei der in M 1 beschriebenen klaren Flüssigkeit handeln könnte, und beschreiben Sie jeweils ein Verfahren, mit dem Sie diese Hypothesen überprüfen können.

1.2 Berechnen Sie den Kraftstoffverbrauch in Liter pro 100 km des in M 2 dargestellten Autos. Gehen Sie davon aus, dass es sich bei dem Kraftstoff um reines Octan handelt. Bewerten Sie, ob es sich bei dem beschriebenen Fahrzeug um ein sparsames Auto handelt.

1.3 Ethanol kann dem Kraftstoff beigemischt werden. Berechnen Sie, ob Ethanol bezüglich der Reaktionsenthalpie bei der Verbrennung gegenüber Benzin (reines Octan) Vorteile besitzt.
Beurteilen Sie, inwieweit sich der Kraftstoffverbrauch eines Autos auf 100 km durch die Beimischung von Ethanol ändert.

2 Werkstoffe

2.1 Geben Sie unter Verwendung der entsprechenden Strukturformeln den Reaktionsmechanismus zu dem in M 3 dargestellten Modellexperiment zur Synthese von Polymethylmethacrylat an.

2.2 Nennen Sie Faktoren, die die Sauerstoffkorrosion begünstigen.
Begründen Sie, warum des Öfteren die Radkästen von Korrosion betroffen sind (siehe M 4).

2.3 Entwickeln und erläutern Sie ein Modellexperiment zu dem in M 5 beschriebenen Verfahren der Karosserieverzinkung anhand einer beschrifteten Versuchsskizze.

2.4 Beschreiben Sie die zu erwartenden Beobachtungen des in M 6 dargestellten Versuches und werten Sie unter Angabe von Reaktionsgleichungen umfassend aus.

M 1: Treibstoffe und andere Flüssigkeiten

Fiktives Gespräch in einer Kfz-Werkstatt

Kfz-Mechanotronikerin: „Guten Tag. Was kann ich für Sie tun?“

Autofahrer: „Hallo! Ich habe da ein Problem mit meinem Auto. Neulich ist ein Freund hinter meinem Wagen hergefahren und er berichtete mir, dass gelegentlich eine klare Flüssigkeit aus dem Auspuffrohr meines Fahrzeugs tropft.“

Kfz-Mechanotronikerin: „So, so …“

Autofahrer: „Ich dachte mir, das kann doch nicht sein, da ist doch etwas faul. Ich schätze mal, der Motor ist defekt, vielleicht ist er aber auch nur falsch eingestellt …“

Kfz-Mechanotronikerin: „Ich kann Sie beruhigen, da müssen Sie sich überhaupt keine Sorgen machen. Das kommt öfter vor. Das ist aber auch völlig normal.“

Autofahrer: „Na, wenn das so ist. Vielen Dank!“

M 2: Das Auto in der Werbung

18 845,– €, Golf Trendline, 1,6 L Hub., 75 kW (102 PS); CO_2-Emission, kombiniert: 166 g/km

Unitedgrey-met., Climatic, Radio CD, 4 Türen, Kopfairbagsystem für Front- und Fondpassagiere, inkl. Seitenairbags vorn/ESP/ABS, EDS und ASR/Scheibenbremsen vorn und hinten, vorn innenbelüftet. Die Angabe „kombiniert“ bezieht sich auf die gemischte Nutzung in Stadt-, Landstraßen- und Autobahnverkehr.

Quelle: http://www.volkswagen.de/

M 3: Kunststoffe im Auto

Kunststoffe – Eine Chance für den Automobilbau

Kunststoffe werden im Automobilbau immer öfter eingesetzt. Mittlerweile haben sie in den Fahrzeugen einen Massenanteil von über 25 % erreicht. Rück- und Blinklichter bestehen oft aus Acrylglas (Plexiglas®, PMMA). Der Kunststoff Polymethylmethacrylat (PMMA) steht in Konkurrenz zu dem ebenfalls transparenten Polycarbonat. Dessen Wärmeformbeständigkeit ist zwar besser als die von Acrylglas, aber es ist auch deutlich teurer als PMMA. Das Monomer von PMMA ist Methylmethacrylat.

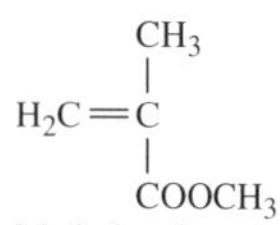

Methylmethacrylat

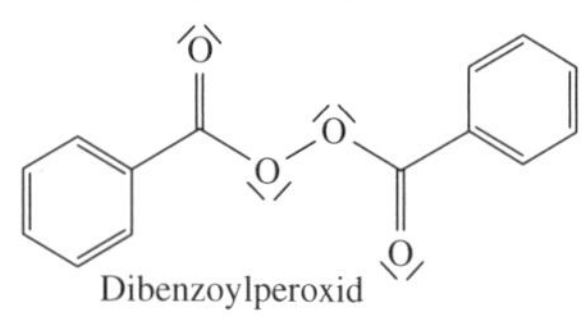

Dibenzoylperoxid

Versuch: Modellexperiment zur Herstellung von PMMA

0,2 g Dibenzoylperoxid werden abgewogen und in ein Reagenzglas gegeben. Anschließend werden 10 mL Methylmethacrylat hinzugefügt und das Reagenzglas wird für 20 Minuten in ein 90 °C heißes Wasserbad gestellt. Zum Anfärben des Kunststoffs kann ggf. ein Farbstoff hinzugegeben werden. Damit das Acrylglas komplett aushärtet, sollte es für 24 Stunden stehen gelassen werden.

M 4: Korrosion am Auto

Abb.: Dieses Verkehrsschild warnt im Straßenverkehr vor Split und Schotter.

Abb.: Bei älteren Autos sind die sogenannten Radkästen (siehe Pfeile) häufig von Rost betroffen.

M 5: Karosserieverzinkung

Die sicherste Methode, Stahlblech gegen Korrosion zu schützen, ist das Verzinken. [...] Mit der galvanischen Verzinkung, die in sehr geringer Dicke von weniger als 20 Mikrometer (Millionstel Millimeter) erfolgt, können vor allem feinere Flächen behandelt werden. Sie eignet sich vor allem für die sichtbaren Oberflächen der Karosserie. Die verzinkte bzw. vollverzinkte Karosserie schränkt ein mögliches finanzielles Risiko ein, da sie Sicherheit, Werterhalt und Betriebsdauer über einen langen Zeitraum gewährleistet. Die Verzinkung garantiert einen optimalen Schutz vor Korrosion und sichert die Strukturfestigkeit über die gesamte Lebensdauer. Durch die längere Betriebsdauer des Fahrzeugs werden Ressourcen nachhaltig geschont.

Quelle: http://www.volkswagen.de/de/volkswagen/Innovationstechnik/Technik-Lexikon/Karosserieverzinkung.html; Red. Volkswagen AG

M 6: Versuch

Ein Zinkblech wird leitend mit einem Eisennagel verbunden. Als Indikator befindet sich Phenolphthalein in der Lösung.

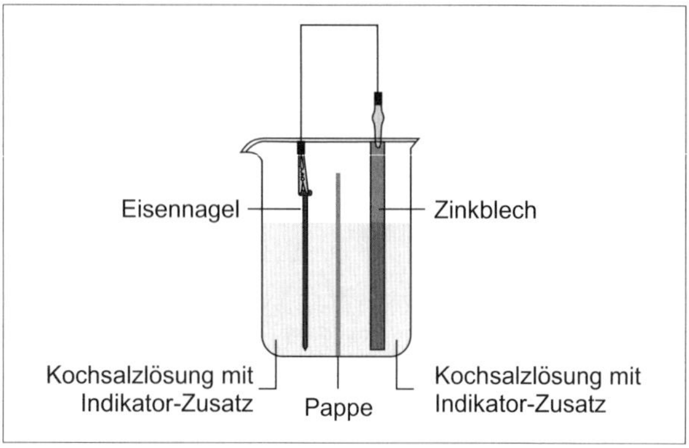

Lösung

1.1 Bei der Flüssigkeit könnte es sich um Wasser, Kraftstoff oder Öl handeln.

Wasser: Gibt man Kupfersulfat zu der klaren Flüssigkeit, so beobachtet man eine Blaufärbung des Kupfersulfats.
Kraftstoff: Die Flüssigkeit lässt sich entzünden.
Öl: Die Viskosität der Flüssigkeit ist größer als die von Wasser oder Kraftstoff.

1.2 **Kraftstoffverbrauch**

Verbrennung von Octan

$$2\,C_8H_{18} + 25\,O_2 \longrightarrow 16\,CO_2 + 18\,H_2O$$

Zur Berechnung des Kraftstoffverbrauchs benötigt man den Wert der Kohlenstoffdioxidemission aus den Herstellerangaben (M 2).

Geg.: $m(CO_2) = 16\,600$ g pro 100 km
$M(CO_2) = 44\ g \cdot mol^{-1}$
$M(C_8H_{18}) = 114\ g \cdot mol^{-1}$
$\rho(C_8H_{18}) = 0{,}7\ g \cdot cm^{-3}$

Ges.: $V(C_8H_{18})$

$$n(CO_2) = \frac{m(CO_2)}{M(CO_2)}$$

$$= \frac{16\,600\ g}{44\ g \cdot mol^{-1}} = 377{,}3\ mol$$

Aus obiger Reaktionsgleichung ergibt sich folgendes Stoffmengenverhältnis:

$$\frac{n(C_8H_{18})}{n(CO_2)} = \frac{2}{16} \Rightarrow \frac{n(C_8H_{18})}{n(CO_2)} = \frac{47{,}2}{377{,}3}$$

$$m(C_8H_{18}) = n(C_8H_{18}) \cdot M(C_8H_{18}) = 47{,}2\ \text{mol} \cdot 114\ \text{g} \cdot \text{mol}^{-1} = 5\,381\ \text{g}$$

$$V(C_8H_{18}) = \frac{m(C_8H_{18})}{\rho(C_8H_{18})}$$

$$V(C_8H_{18}) = \frac{5\,381\ \text{g}}{0{,}7\ \text{g} \cdot \text{cm}^{-3}} = 7\,687\ \text{cm}^3 \approx 7{,}7\ \text{L}$$

Pro 100 km verbraucht das betrachtete Auto 7,7 L.

Da es auch Modelle gibt, die mit 3 bis 5 Litern Kraftstoff pro 100 km auskommen, zählt dieses Auto nicht zu den sparsamen Autos.

1.3 **Verbrennung von Ethanol**

$$C_2H_5OH\,(l) + 3\ O_2\,(g) \longrightarrow 2\ CO_2\,(g) + 3\ H_2O\,(g)$$

$$\Delta_R H_m^0 = \sum \Delta_f H_m^0\ (\text{Produkte}) - \sum \Delta_f H_m^0\ (\text{Edukte})$$

$$\Delta_R H_m^0 = 2 \cdot \Delta_f H_m^0\ (CO_2\,(g)) + 3 \cdot \Delta_f H_m^0\,(H_2O\,(g)) - \Delta_f H_m^0\,(C_2H_5OH\,(l))$$

$$\Delta_R H_m^0 = 2 \cdot (-394\ \text{kJ} \cdot \text{mol}^{-1}) + 3 \cdot (-242\ \text{kJ} \cdot \text{mol}^{-1}) - (-277\ \text{kJ} \cdot \text{mol}^{-1})$$

$$\Delta_R H_m^0 = -1\,237\ \text{kJ} \cdot \text{mol}^{-1}$$

Der berechnete Wert der Verbrennungsenthalpie bezieht sich auf ein Mol Ethanol. Ein Vergleich mit Benzin ist aber nur sinnvoll, wenn die Energiewerte für einen Liter Kraftstoff miteinander verglichen werden.

Geg.: $\Delta_R H_m^0(C_2H_5OH) = -1\,237\ \text{kJ} \cdot \text{mol}^{-1}$
$\rho(C_2H_5OH) = 785\ \text{g} \cdot \text{L}^{-1}$
$M(C_2H_5OH) = 46\ \text{g} \cdot \text{mol}^{-1}$

Ges.: $\Delta_R H^0(C_2H_5OH)$ (bezogen auf 1 Liter Ethanol)

$$n(C_2H_5OH) = \frac{m(C_2H_5OH)}{M(C_2H_5OH)}$$

$$m(C_2H_5OH) = \rho(C_2H_5OH) \cdot V(C_2H_5OH)$$

$$n(C_2H_5OH) = \frac{\rho(C_2H_5OH) \cdot V(C_2H_5OH)}{M(C_2H_5OH)} = \frac{785\ \text{g} \cdot \text{L}^{-1} \cdot 1\ \text{L}}{46\ \text{g} \cdot \text{mol}^{-1}} = 17{,}07\ \text{mol}$$

$$\Delta_R H^0(C_2H_5OH) = 17{,}07\ \text{mol} \cdot (-1\,237\ \text{kJ} \cdot \text{mol}^{-1}) = -21115{,}59\ \text{J} \approx -21{,}1\ \text{MJ}$$

Verbrennung von Octan

$C_8H_{18\,(l)} + 12{,}5\ O_{2\,(g)} \longrightarrow 8\ CO_{2\,(g)} + 9\ H_2O_{(g)}$

$$\Delta_R H_m^0 = \sum \Delta_f H_m^0\ (\text{Produkte}) - \sum \Delta_f H_m^0\ (\text{Edukte})$$

$$\Delta_R H_m^0 = 8 \cdot \Delta_f H_m^0\ (CO_{2\,(g)}) + 9 \cdot \Delta_f H_m^0 (H_2O_{(g)}) - \Delta_f H_m^0 (C_8H_{18\,(l)})$$

$$\Delta_R H_m^0 = 8 \cdot (-394\ kJ \cdot mol^{-1}) + 9 \cdot (-242\ kJ \cdot mol^{-1}) - (-250\ kJ \cdot mol^{-1})$$

$$\Delta_R H_m^0 = -5\,080\ kJ \cdot mol^{-1}$$

Geg.: $\Delta_R H_m^0 (C_8H_{18}) = -5\,080\ kJ \cdot mol^{-1}$
$\rho(C_8H_{18}) = 700\ g \cdot L^{-1}$
$M(C_8H_{18}) = 114\ g \cdot mol^{-1}$

Ges.: $\Delta_R H^0 (C_8H_{18})$ (bezogen auf 1 Liter Octan)

$$n(C_8H_{18}) = \frac{m(C_8H_{18})}{M(C_8H_{18})}$$

$$m(C_8H_{18}) = \rho(C_8H_{18}) \cdot V(C_8H_{18})$$

$$n(C_8H_{18}) = \frac{\rho(C_8H_{18}) \cdot V(C_8H_{18})}{M(C_8H_{18})} = \frac{700\ g \cdot L^{-1} \cdot 1\ L}{114\ g \cdot mol^{-1}} = 6{,}1\ mol$$

$$\Delta_R H^0 (C_8H_{18}) = 6{,}1\ mol \cdot (-5\,080\ kJ \cdot mol^{-1}) = -30\,988\ J \approx -31\ MJ$$

Wie die Berechnung zeigt, wird bei der Verbrennung von 1 L Ethanol weniger Energie frei als bei der Verbrennung von 1 L Octan. Wird dem Benzin demnach Ethanol beigemischt, so erhöht sich gleichzeitig der Kraftstoffverbrauch.

2.1 **Reaktionsmechanismus der radikalischen Polymerisation**

Startreaktion:

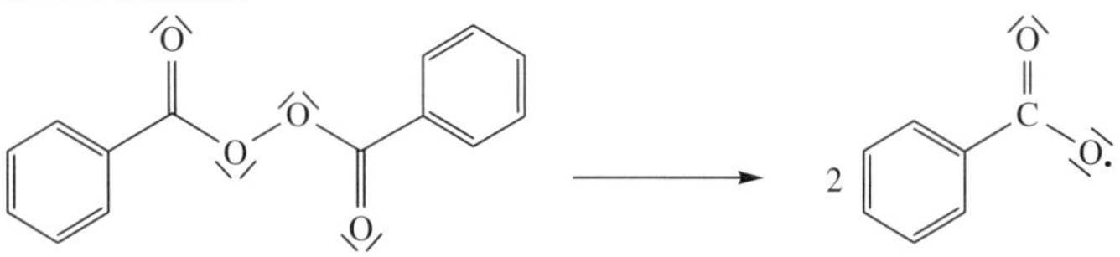

Dibenzoylperoxid

Das bei der homolytischen Spaltung von Dibenzoylperoxid entstandene Radikal kann unter Abspaltung von Kohlenstoffdioxid zu einem Phenylradikal weiterreagieren.

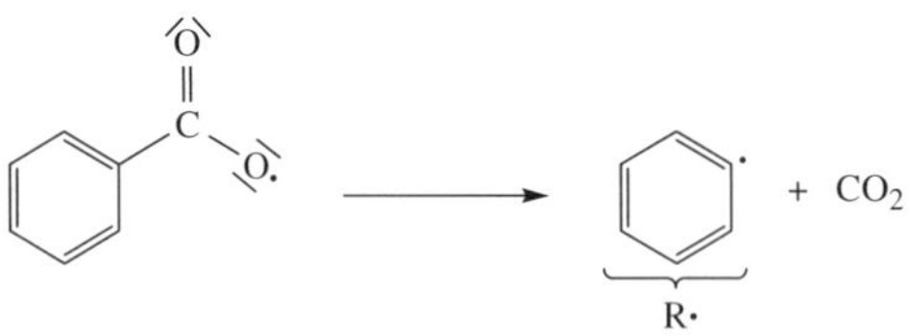

Kettenreaktion:

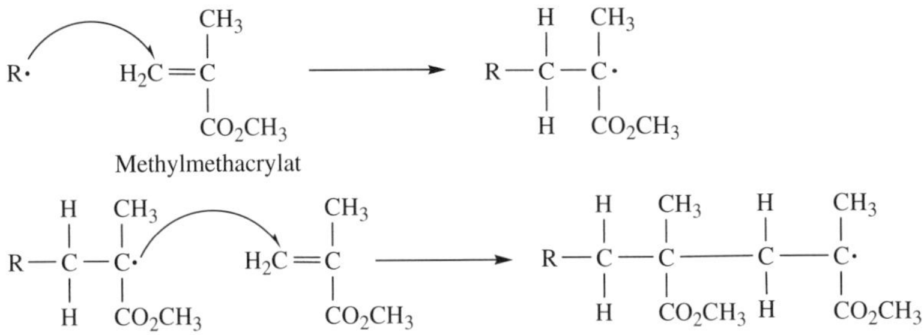

Kettenabbruchreaktionen:

- durch Rekombination

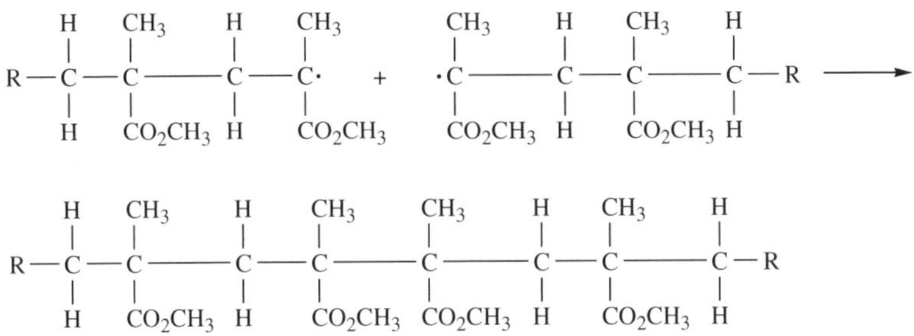

- durch Disproportionierung

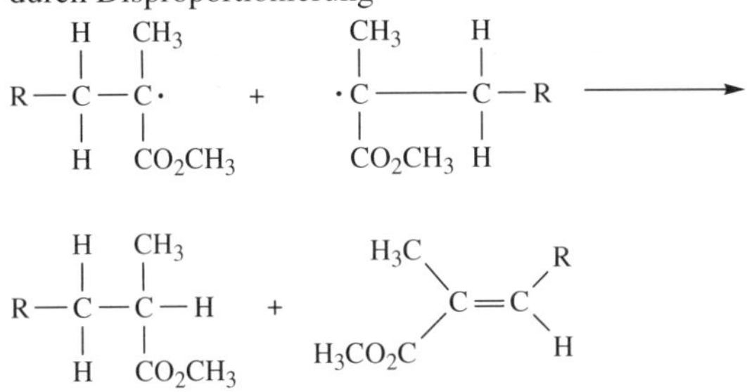

2.2 Eisen korrodiert, wenn es über einen längeren Zeitraum Luftsauerstoff und Feuchtigkeit ausgesetzt ist. An der Korrosionsstelle kommt es zur Rostbildung. Im Winter kommt es zu einer erhöhten Rostbildung, da die Korrosion durch Spritzwasser und Streusalz beschleunigt wird. Das System Streusalz/Wasser fungiert hierbei als Elektrolyt. Zudem kann durch Steinschlag die Schutzschicht in den Radkästen beschädigt werden. Ungeschütztes Blech ist anfälliger für Korrosion.

2.3 **Modellexperiment zur Karosserieverzinkung**

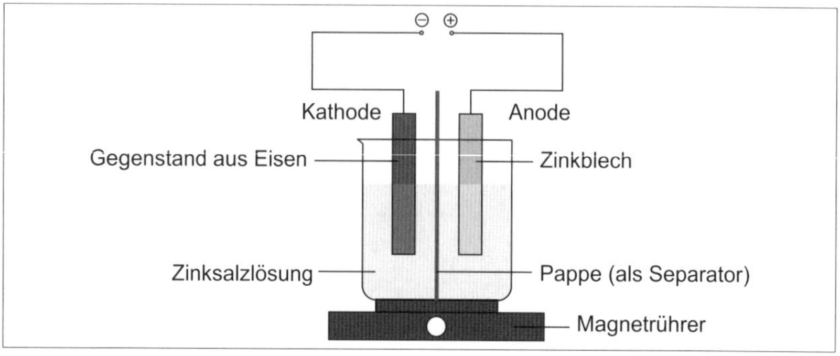

Der zu verzinkende Gegenstand aus Eisen muss mit dem Minus-Pol der Spannungsquelle verbunden und damit als Kathode geschaltet werden. Das Zinkblech ist die Gegenelektrode und wird mit dem Plus-Pol der Spannungsquelle verbunden. Beide Elektroden tauchen in eine Zinksalzlösung (z. B. Zinksulfatlösung). Durch eine Pappe werden die beiden Elektrodenräume voneinander separiert. Beim Anlegen einer äußeren Spannung werden die in der Lösung enthaltenen Zn^{2+}-Ionen reduziert und scheiden sich als elementares Zink auf der Eisenkathode ab. Die Zinkatome des Zinkblechs werden gleichzeitig zu Zn^{2+}-Ionen oxidiert.

2.4 **Beobachtungen**

Das Zinkblech wird während des Versuchs allmählich verbraucht. Im Elektrodenraum des Eisennagels nimmt die Lösung eine violette Farbe an.

Auswertung

Eisen ist edler als Zink. Folglich geben in diesem **galvanischen Element** die Zinkatome zwei Elektronen ab und gehen in Form von Zn^{2+}-Ionen in Lösung. Die Zink-Elektrode ist die **Anode**. Die abgegebenen Elektronen wandern durch den Leiter zur **Kathode** (Eisennagel), an der die Reduktion stattfindet. Der im Elektrolyten gelöste Luftsauerstoff nimmt die Elektronen auf und wird zu Hydroxidionen reduziert, die durch Phenolphthalein (Violettfärbung) nachgewiesen werden.

$$\text{Ox.:}\quad \overset{0}{Zn}_{(s)} \longrightarrow \overset{+II}{Zn}{}^{2+}_{(aq)} + 2\,e^-$$

$$\text{Red.:}\quad \overset{0}{O}_{2\,(g)} + 2\,H_2O_{(l)} + 4\,e^- \longrightarrow 4\,\overset{-II}{O}H^-_{(aq)}$$

$$\text{Redox.:}\quad 2\,Zn_{(s)} + O_{2\,(g)} + 2\,H_2O_{(l)} \longrightarrow 2\,Zn^{2+}_{(aq)} + 4\,OH^-_{(aq)}$$

Chemie (Niedersachsen): Erhöhtes Anforderungsniveau
Abiturprüfung 2009 – Aufgabe I

Ravioli aus der Dose

1 **Die Verpackung – Banderole und Dose**

1.1 Begründen Sie anhand des molekularen Aufbaus von Cellulose dessen faserige Struktur (M 1).

1.2 Erläutern Sie die Sauerstoff- und die Säurekorrosion in Bezug auf eine Ravioli-Dose, wenn sie aus ungeschütztem Eisen hergestellt würde.

1.3 Stellen Sie umfassend die Funktion des Korrosionsschutzes der in M 2 und M 3 beschriebenen Weißblechdosen im Vergleich mit Dosen aus verzinktem Eisen dar. Erläutern Sie ausführlich, warum letztere im Lebensmittelbereich nicht verwendet werden (M 3).

1.4 Planen Sie ein Modellexperiment zum galvanischen Verzinnen von Eisen unter Verwendung einer Zeichnung des Versuchsaufbaus.

2 **Der Inhalt – Zucker und Nudeln**

2.1 Zeichnen Sie die Struktur von D-Glucose in Fischer-Projektion und die von α- und β-D-Glucose in Haworth-Projektionen. Erklären Sie an diesem Beispiel die Phänomene des asymmetrisch substituierten Kohlenstoffatoms und der optischen Aktivität.

2.2 Erläutern Sie das Zustandekommen des spezifischen Drehwinkels einer D-Glucose-Lösung im Vergleich zu den Drehwinkeln von α- und β-D-Glucose-Lösungen. Entwickeln Sie eine begründete Prognose für den spezifischen Drehwinkel von hydrolysierter Saccharose-Lösung. (M 4)

2.3 Vergleichen Sie die Tollens- und die Fehling-Probe, indem Sie vom Zweck der eingesetzten Chemikalien ausgehen (M 5).

2.4 Werten Sie die in M 6 dargestellten Versuchsergebnisse mit den Nudeln unter Angabe relevanter Reaktionsgleichungen ausführlich aus.
Begründen Sie bei Untersuchung 2 oder 3, dass es sich um eine Redoxreaktion handelt.
Hinweis: Es genügt, die Reaktionsgleichung von einem der beiden Nachweise in den Untersuchungen 2 und 3 aufzustellen.

2.5 Berechnen Sie den Brennwert von Glucose und begründen Sie den Unterschied zu dem von Kohlenhydraten (M 8). Nehmen Sie Stellung zur Ernährungsempfehlung für Ausdauersportler im Hinblick auf Energiebedarf und Nährstoffaufnahme, auch unter Berücksichtigung von konkreten Nudelmengen (M 7, M 8). Beurteilen Sie, ob das Nudelgericht „Ravioli in Tomatensauce“ für diese Ernährungsempfehlung geeignet ist. (M 8)

M 1: Papierbanderole aus Cellulose

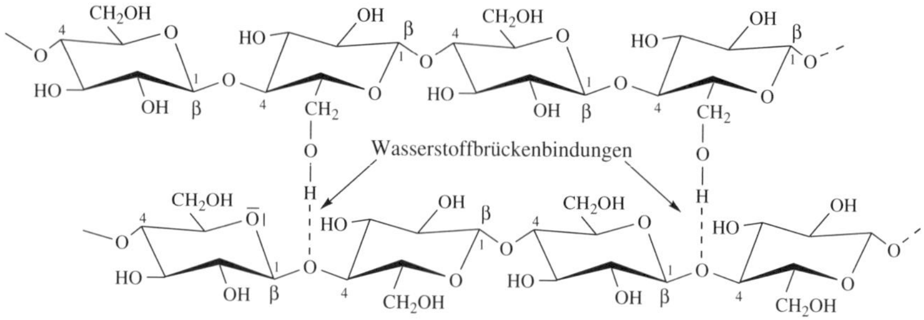

M 2: „Ravioli in Tomatensauce“ aus der Dose

Ravioli werden in Weißblechdosen angeboten, die innen lackiert sind und außen eine Papierbanderole tragen.

Typische Zutaten: Tomatensoße (ca. 70–80 %): Wasser, Tomatenmark, Schweinefleisch, modifizierte Stärke, Jodsalz, Zucker, Weizenmehl, Gewürze, Sonnenblumenöl, Weinessig, Aroma, Geschmacksverstärker Mononatriumglutamat, Verdickungsmittel, Sellerie, Kräuter, Rauch
Ravioli (ca. 20–30 %): Hartweizengrieß, Wasser, Vollei, Paniermehl (Weizenmehl, Hefe, Jodsalz), Schweinefleisch, Weizenkleber, Sonnenblumenöl, Gewürze, Jodsalz, Speck, Weißwein, Hefeextrakt, Kräuter, Aroma

M 3: Weißblechdosen

Für die Produktion von Weißblech wird Stahl (Eisen) verwendet, der zu Feinblech gewalzt und dann verzinnt wird.

Zinn: Relativ ungiftiges Schwermetall, das zum Verzinnen korrosionsgefährdeter Metalle verwendet wird. [...] Konservendosen [gemeint sind Weißblechdosen] deutscher Hersteller sind in der Regel innen beschichtet oder lackiert. In Lebensmittelkonserven und Dosengetränken legt die EG-Kontaminantenverordnung (466/2001) Höchstmengen für anorganisches Zinn fest.

Zink: Schwermetall, das im menschlichen Organismus als Spurenelement wichtige Funktionen erfüllt. Zink gilt als wenig giftig. Akute Vergiftungen mit Übelkeit, Erbrechen, Kopfschmerzen und Kreislaufstörungen können durch saure Speisen oder Getränke ausgelöst werden, die in Zinkgefäßen oder galvanisch verzinkten Behältern aufbewahrt wurden. [...]

M 4: Zucker

a) Spezifische Drehwinkel

Angaben für wässrige Lösungen in $\frac{grad \cdot cm^3}{g \cdot dm}$

α-D-Glucose	+112
β-D-Glucose	+19
D-Glucose	+52
D-Fructose	−92
Saccharose	+66

b) Struktur von Saccharose

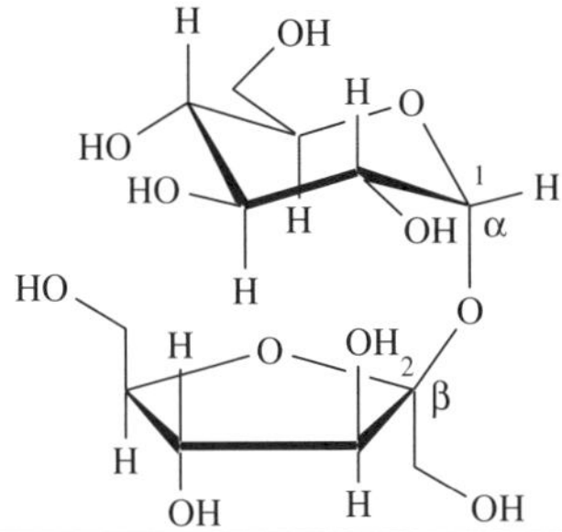

M 5: Tollens- und Fehling-Probe

Tollens-Probe:	Fehling-Probe:
Silbernitrat-Lösung	Kupfer(II)-sulfat-Lösung
Natronlauge	Natronlauge
Ammoniak-Lösung	Kaliumnatriumtartrat-Lösung

M 6: Untersuchung der Ravioli-Nudeln

Lösung 1 (Nudelextrakt): Ein paar Ravioli-Nudeln werden sorgfältig von Tomatensoße und Fleisch gereinigt und im Mörser zerkleinert. Der Brei wird mit Wasser geschüttelt, kurz erwärmt und der Überstand nach Abkühlen für die Untersuchungen dekantiert.

Herstellung von Lösung 2: Ein paar Ravioli-Nudeln werden sorgfältig von Tomatensoße und Fleisch gereinigt und im Mörser zerkleinert. Der Brei wird mit halbkonzentrierter Salzsäure versetzt und mehrere Minuten zum Sieden erhitzt. Der Überstand wird für die Untersuchungen dekantiert und mit Natronlauge neutralisiert.

Untersuchung 1: Beide Lösungen werden mit Jod-Kaliumjodid-Lösung versetzt. Sie verfärben sich beide blau.

Untersuchung 2: Beide Lösungen werden mit Fehling I- und Fehling II-Lösung versetzt und mehrere Minuten im siedenden Wasserbad erwärmt. Lösung 1 verändert sich nicht, in Lösung 2 fällt ein ziegelroter Niederschlag aus und die zunächst blaue Lösung entfärbt sich.

Untersuchung 3: Beide Lösungen werden mithilfe der Tollens-Probe untersucht. Lösung 1 verändert sich nicht, bei Lösung 2 bildet sich an der Reagenzglaswand ein silbrig glänzender Spiegel.

Quelle: Albrecht, Ute; Escher, Melanie; Hartnagel, Susanne: Unterricht Chemie Nr. 69, 2002

Ausschnitt aus dem Stärke-Molekül:

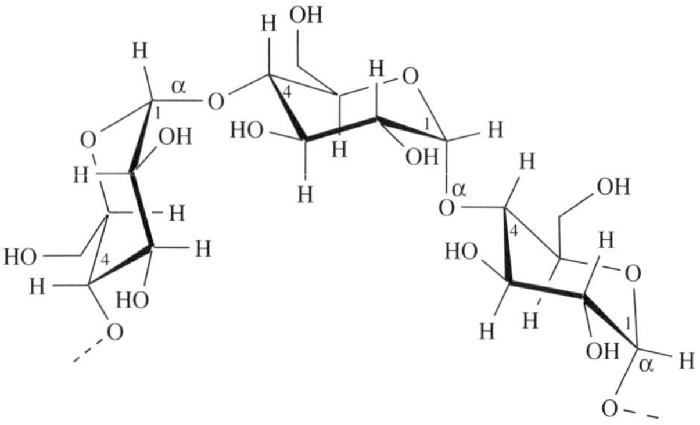

M 7: Kohlenhydrate als Nahrungsmittel

a) Glykogen: Glykogen ist ein aus D-Glucose in der Leber und im Muskel aufgebautes Polysaccharid. Es besteht aus etwa 5 000–100 000 in 1,4-Bindungen α-glykosidisch zu Ketten verknüpften Glucosemolekülen mit zusätzlichen Verzweigungen (etwa an jedem 10. Glucosemolekül), die durch 1,6-Bindungen zustande kommen. Das Glykogen in der Leber ist ein ausgesprochenes und rasch mobilisierbares Reserve-Kohlenhydrat, während sich das Muskel-Glykogen in dauerndem Auf- und Abbau befindet. In der ruhenden und noch mehr in der tätigen Zelle findet ein fortgesetzter Zuckerverbrauch statt; der „Nachschub“ erfolgt durch „Verzuckerung“ des in der Leber und den Muskeln aufgespeicherten Glykogens.

Basierend auf Brockhaus Enzyklopädie in 30 Bänden, Mannheim 2006, und: J. Falbe (Hrsg.): RÖMPP Chemie Lexikon, Stuttgart 1995

b) Ernährungsempfehlung für Sportler: Bei großen internationalen Sportveranstaltungen hört man immer wieder, dass Ausdauersportler wie Marathonläufer oder Radprofis rechtzeitig vor der sportlichen Leistung verhältnismäßig große Mengen Nudeln essen bzw. essen sollen. Während des Wettkampfes sieht man sie manchmal „Powerriegel“ essen und häufiger trinken.

c) Nährstoff- und Energiebedarf des Menschen:

Kohlenhydrate	55–60 %	(prozentuale Angaben in Bezug auf den
Fette	25–30 %	physiologischen Energiebedarf)
Proteine	10–15 %	
Mineralstoffe, Vitamine, Spurenelemente		
Wasser	1,3–2,0 L pro Tag	
Ballaststoffe	ca. 30 g pro Tag	
Laufen (15 km/h)	53,7 kJ/(h · kg)	
Radfahren (43 km/h)	65,7 kJ/(h · kg)	

Die Bedeutung der Kohlenhydrate für Leistung und Gesundheit, Dt. Sporthochschule Köln

M 8: Brennwert von Nährstoffen

a) Physikalischer und physiologischer Brennwert

Die Oxidation von Kohlenhydraten, Fetten und Proteinen in der Zelle (Zellatmung) liefert dem Organismus die Energie, die er zur Aufrechterhaltung der Lebensprozesse benötigt. […] Als physikalischen Brennwert eines Nährstoffs bezeichnet man die pro Gramm Nährstoff bei der vollständigen Oxidation zu Kohlenstoffdioxid, Wasser und Stickstoff freigesetzte Energie. Bei Fetten und Kohlenhydraten stimmen physikalischer und physiologischer Brennwert überein.

b) Physiologische Brennwerte verschiedener Nährstoffe und Lebensmittel

Kohlenhydrate	etwa 16,7 $kJ \cdot g^{-1}$	Ravioli mit Tomatensoße	3,65 $kJ \cdot g^{-1}$
Fette	etwa 37,8 $kJ \cdot g^{-1}$	Essig	0,17 $kJ \cdot g^{-1}$
Proteine	etwa 16,7 $kJ \cdot g^{-1}$	Tomatenmark	2,02 $kJ \cdot g^{-1}$
		Hartweizennudeln gekocht	6,64 $kJ \cdot g^{-1}$
		Hartweizennudeln roh	14,95 $kJ \cdot g^{-1}$
		Kartoffelstärke, Mehl	14,26 $kJ \cdot g^{-1}$

Basierend auf Wambach, Heinz (Hrsg.): Materialien-Handbuch Kursunterricht Chemie Band 5, 1997, S. 198 f.
http://www.phs.unisg.ch/fachinfos/Biologie/BIOFILE1/bioloes3.html;
http://www.lebensmittel-tabelle.de

Lösung

1.1 Ein Cellulose-Makromolekül kann aus bis zu 10 000 D-Glucose-Bausteinen zusammengesetzt sein. Durch die **β-1,4-glykosidische** Verknüpfung entstehen **lineare Makromoleküle**, in denen jedes zweite β-Glucose-Monomer gegenüber dem vorhergehenden um 180° gedreht ist. Verzweigungen treten nicht auf. Mehrere dieser linearen Makromolekülketten lagern sich zu **Mikrofibrillen** zusammen. Dabei richten sich die einzelnen Stränge parallel oder antiparallel aus und werden über Wasserstoffbrückenbindungen zusammengehalten. Diese Mikrofibrillen ordnen sich schließlich zu **Fasern** zusammen.

1.2 **Sauerstoffkorrosion**

Eisen korrodiert, wenn es der Luftfeuchtigkeit (H_2O) und dem Luftsauerstoff (O_2) ausgesetzt wird. Bei diesem Vorgang werden Eisenatome zu Eisen(II)-Ionen oxidiert, Sauerstoffatome zu Hydroxidionen reduziert:

Ox.: $\overset{0}{Fe} \longrightarrow \overset{+II}{Fe}{}^{2+} + 2\,e^-$

Red.: $\overset{0}{O}_2 + 2\,H_2O + 4\,e^- \longrightarrow 4\,\overset{-II}{O}H^-$

Redox.: $2\,Fe + O_2 + 2\,H_2O \longrightarrow 2\,Fe^{2+} + 4\,OH^-$

Die Eisen(II)-Kationen reagieren mit den Hydroxidionen zu schwer löslichem Eisen(II)-hydroxid, das in einer Folgereaktion mit weiterem Sauerstoff zu braunem Eisen(III)-oxidhydroxid reagiert.

$Fe^{2+} + 2\,OH^- \longrightarrow Fe(OH)_2$

$4\,Fe(OH)_2 + O_2 \longrightarrow 4\,FeO(OH) + 2\,H_2O$

Säurekorrosion

Bei Anwesenheit von Säuren (Weinessig ist Bestandteil des Doseninhalts) werden ebenfalls Eisenatome zu Eisen(II)-Ionen oxidiert, während bevorzugt Oxoniumionen zu Wasserstoff reduziert werden:

Ox.: $\overset{0}{Fe} \longrightarrow \overset{+II}{Fe}{}^{2+} + 2\,e^-$

Red.: $2\,\overset{+I}{H}_3O^+ + 2\,e^- \longrightarrow \overset{0}{H}_2 + 2\,H_2O$

Redox.: $Fe + 2\,H_3O^+ \longrightarrow Fe^{2+} + H_2 + 2\,H_2O$

1.3 Eine Möglichkeit, Eisen bzw. Stahl vor Korrosion zu schützen, besteht darin, die Werkstücke mit einem Überzug aus Metallen zu versehen. Einige unedle Metalle, wie z. B. Zink oder Zinn, bilden auf ihrer Oberfläche **feste Oxidschichten**, die sie vor Korrosion schützen. Problematisch wird es allerdings, wenn die metallischen Schutzschichten mechanisch beschädigt werden.

Weißblechdosen

Durch einen unversehrten Zinnüberzug kommt das Eisen nicht mit dem Sauerstoff der Luft in Kontakt. Die Sauerstoffkorrosion des Eisens wird dadurch verhindert. Da Zinn ($E^0(Sn^{2+}/Sn) = -0{,}14$ V) aber ein edleres Metall ist als Eisen ($E^0(Fe^{2+}/Fe) = -0{,}44$ V), bildet sich im Falle einer beschädigten Zinnschutzschicht ein **Lokalelement** aus. Es kommt zur Bildung von Eisen(II)-Ionen, das Eisen korrodiert. Gleichzeitig werden am Zinn H_3O^+-Kationen zu Wasserstoffgas reduziert.

Dosen aus verzinktem Eisen

Im Falle einer beschädigten Zinkschutzschicht bilden Zink und Eisen in Anwesenheit eines sauren Elektrolyten ein Lokalelement. Da Zink ($E^0(Zn^{2+}/Zn) = -0{,}76$ V) ein niedrigeres Elektrodenpotenzial als Eisen ($E^0(Fe^{2+}/Fe) = -0{,}44$ V) hat, reagiert es unter Bildung von Zn^{2+}-Kationen. Gleichzeitig werden am Eisen H_3O^+-Kationen zu Wasserstoffgas reduziert.

Das Eisen wird auch bei einer mechanischen Beschädigung der Zinkschutzschicht nicht angegriffen, da das unedlere Zink zuerst korrodiert.

Verwendung im Lebensmittelbereich

Im Gegensatz zu Zink wird Zinn von sauren Lebensmitteln kaum angegriffen. Trotzdem werden die Weißblechdosen deutscher Hersteller innen beschichtet, um das Herauslösen von Zinn gänzlich zu unterbinden. Auf diese Weise wird verhindert, dass die in der EG-Kontaminantenverordnung festgelegte Höchstmenge für anorganisches Zinn überschritten wird. Es sollte allerdings beachtet werden, dass sich bei beschädigten Dosen Zinnkationen schneller bilden können, die dann in die entsprechenden Lebensmittel gelangen.

Zinkvergiftungen, die sich in Form von Übelkeit, Erbrechen, Kopfschmerzen und Kreislaufstörungen äußern, können durch saure Speisen und Getränke in Zinkgefäßen oder verzinkten Behältern ausgelöst werden. Dosen aus verzinktem Eisen sollten daher im Lebensmittelbereich nicht verwendet werden.

1.4 Galvanisches Verzinnen

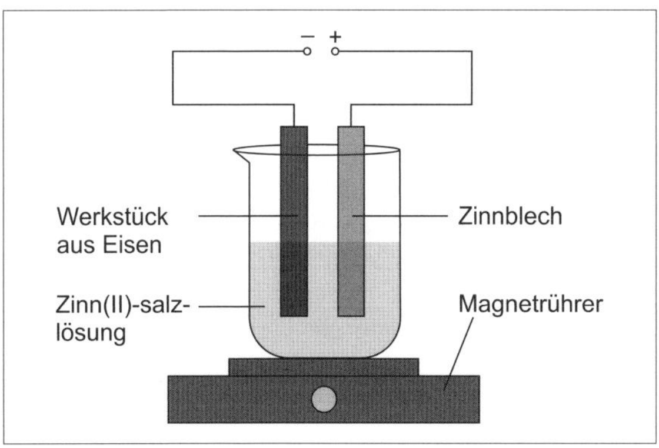

Beim galvanischen Verzinnen wird Zinn auf einem Werkstück aus Eisen bzw. Stahl elektrolytisch abgeschieden. Dazu wird das Werkstück mit dem Minuspol einer Gleichspannungsquelle verbunden und taucht in eine Zinn(II)-salzlösung mit frei beweglichen Zn^{2+}-Kationen. Der Pluspol der Spannungsquelle wird mit einer Elektrode aus Zinn verbunden. Wird die Spannungsquelle eingeschaltet, so werden an der Oberfläche des zu verzinnenden Werkstückes **(Kathode)** Zinnkationen zu elementarem Zinn reduziert. Gleichzeitig gehen an der Zinnelektrode **(Anode)** Zinnkationen unter Elektronenabgabe in Lösung.

2.1 *In der Fischer-Projektion eines Moleküls werden alle C–C-Bindungen senkrecht gezeichnet, wobei sich das am höchsten oxidierte C-Atom (Carbonylkohlenstoffatom im Glucosemolekül) oben befindet. Die Zuordnung zur D- bzw. L-Reihe bezieht sich auf das asymmetrische Kohlenstoffatom, das am weitesten von dem am höchsten oxidierten C-Atom entfernt ist. Steht die funktionelle Gruppe an diesem C-Atom (C5-Atom bei der Glucose) rechts, so liegt die D-Form vor, steht sie links, die L-Form.*
In wässriger Lösung liegt D-Glucose überwiegend in der Ringform vor. Durch eine intramolekulare Bindung zwischen der Hydroxygruppe am C5-Atom und der Aldehydgruppe am C1-Atom bilden sich cyclische, sechsgliedrige Moleküle. Substituenten, die in der Fischer-Projektion rechts (links) stehen, weisen in der Haworth-Projektion nach unten (oben).

Fischer-Projektionsformel **Haworth-Projektionsformel**

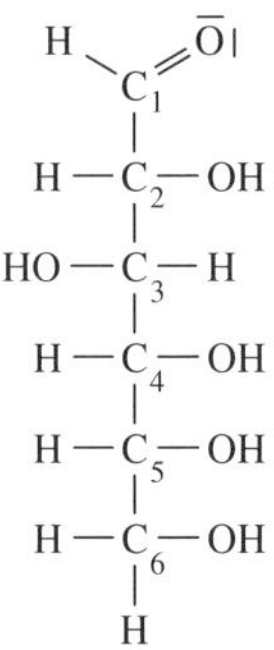

D-Glucose

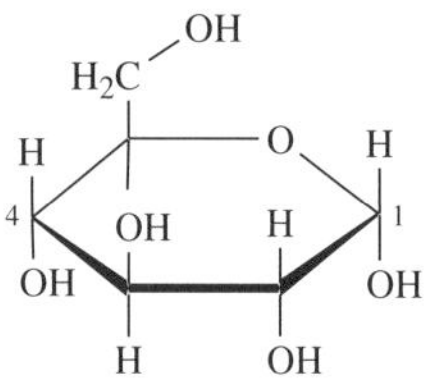

α-D-Glucose

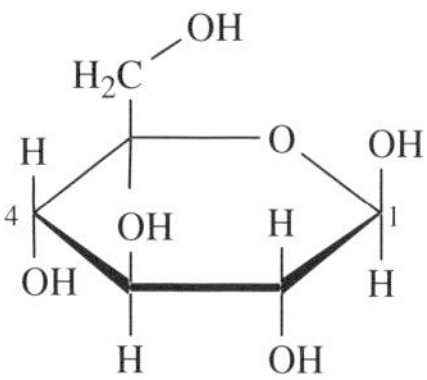

β-D-Glucose

Asymmetrische Kohlenstoffatome
Kohlenstoffatome, an denen vier unterschiedliche Substituenten gebunden sind, werden als **asymmetrische Kohlenstoffatome** bezeichnet. In der offenkettigen Form der D-Glucose sind dies die Kohlenstoffatome C2, C3, C4 und C5.
In der α-D-Glucose bzw. der β-D-Glucose handelt es sich bei den Kohlenstoffatomen C1, C2, C3, C4 und C5 um asymmetrische C-Atome.

Durch die intramolekulare Ringbildung wird auch das C1-Atom im Glucosemolekül asymmetrisch.

Optische Aktivität
Stoffe, deren Moleküle in der Lage sind, die Schwingungsebene von linear polarisiertem Licht zu drehen, werden als **optisch aktiv** bezeichnet. Voraussetzung für diesen Effekt ist das Vorhandensein von mindestens einem asymmetrischen Kohlenstoffatom. Symmetrische Moleküle sind nicht optisch aktiv, auch wenn sie asymmetrische Kohlenstoffatome enthalten.

2.2 D-Glucose liegt in wässriger Lösung als Gemisch aus α- und β-D-Glucose vor. Der Drehwinkel einer frisch bereiteten D-Glucose-Lösung ändert sich so lange, bis sich über die offenkettige Form ein Gleichgewicht zwischen der α- und der β-Form eingestellt hat. Dieses Phänomen wird als **Mutarotation** bezeichnet. Der spezifische Drehwinkel der D-Glucose-Lösung setzt sich bei Berücksichtigung der jeweiligen Anteile aus den spezifischen Drehwinkeln von α- und β-D-Glucose zusammen.

Die Lage des Gleichgewichtes, d. h. die Anteile an α- und β-D-Glucose, lässt sich mithilfe der in M 4 gegebenen spezifischen Drehwinkel α berechnen. Aus Gründen einer besseren Übersichtlichkeit werden die Einheiten in der folgenden Berechnung weggelassen.

$$x \cdot \alpha\,(\alpha\text{-D-Glucose}) + (1 - x) \cdot \alpha\,(\beta\text{-D-Glucose}) = \alpha\,(\text{D-Glucose})$$

$$x \cdot 112 + (1 - x) \cdot 19 = 52$$

$$112x + 19 - 19x = 52$$

$$93x = 33$$

$$x = 0{,}35$$

In der wässrigen D-Glucose-Lösung liegen 35 % α- und 65 % β-D-Glucose vor.

Drehwinkel α einer hydrolysierten Saccharose-Lösung
Durch Hydrolyse wird Saccharose in D-Glucose und D-Fructose aufgespalten. Die Reaktionsprodukte bilden sich im Verhältnis 1 : 1.

$$\alpha(\text{Glucose-Fructose-Gemisch}) = \frac{\alpha(\text{D-Glucose}) + \alpha(\text{D-Fructose})}{2}$$

$$\alpha(\text{Glucose-Fructose-Gemisch}) = \frac{52 + (-92)}{2} = -20\,\frac{\text{grad} \cdot \text{cm}^3}{\text{g} \cdot \text{dm}}$$

Saccharose-Lösung hat, im Gegensatz zu der Lösung der Hydrolyseprodukte, einen positiven spezifischen Drehwinkel. Der beschriebene Prozess wird deshalb auch als (Rohrzucker-) Inversion bezeichnet.

2.3

Tollens-Probe	Fehling-Probe
Nachweisreaktion für **Aldehyde**	Nachweisreaktion für **Aldehyde**
Ag^{+}-Kationen **(Oxidationsmittel)** werden zu Ag-Atomen reduziert.	Cu^{2+}-Kationen **(Oxidationsmittel)** werden zu Cu^{+}-Kationen reduziert.
Redoxreaktion läuft im **alkalischen Milieu** ab (Zugabe von Natronlauge).	Redoxreaktion läuft im **alkalischen Milieu** ab (Zugabe von Natronlauge).
Komplexierung der Ag^{+}-Kationen durch Ammoniaklösung, da ansonsten schwer lösliches Silberhydroxid ausfällt.	**Komplexierung** der Cu^{2+}-Kationen durch Kaliumnatriumtartratlösung, da ansonsten schwer lösliches Kupferhydroxid ausfällt.
Die Probe ist positiv, wenn sich ein **Spiegel aus elementarem Silber** bildet.	Die Probe ist positiv, wenn **rotes Kupfer(I)-oxid** als Feststoff ausfällt.

2.4 **Untersuchung der Ravioli-Nudeln**

Untersuchung 1: Stärkenachweis

Stärke ist ein Gemisch aus Amylose (25 %) und Amylopektin (75 %). Amylosemoleküle bilden eine **Helixstruktur**, in deren Hohlräume Fremdatome eingelagert werden können (Einschlussverbindung). Mit Jod bildet Amylose eine blau gefärbte Einschlussverbindung. Da der Stärkenachweis mit beiden Lösungen positiv verlaufen ist, ist sowohl in Lösung 1 als auch in Lösung 2 Amylose (Stärke) enthalten.

Untersuchung 2: Aldehydnachweis mit der Fehling-Probe

Amylose- und Amylopektin-Polymere bestehen aus D-Glucose-Monomeren, die α-1,4-glykosidisch (Amylose) bzw. α-1,4- und α-1,6-glykosidisch (Amylopektin) miteinander verknüpft sind. In beiden Makromolekülen ist damit die Aldehydgruppe des Glucose-Monomers eine chemische Bindung eingegangen und kann nicht mehr mit der Fehling-Probe nachgewiesen werden. In Lösung 1 verläuft der Aldehyd-Nachweis folglich negativ.

Die glykosidische Bindung innerhalb der Makromoleküle kann allerdings unter dem Einfluss von Säuren hydrolytisch gespalten werden.

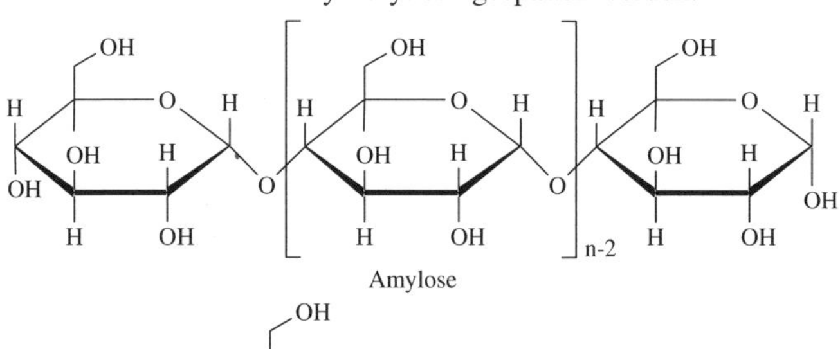

Amylose

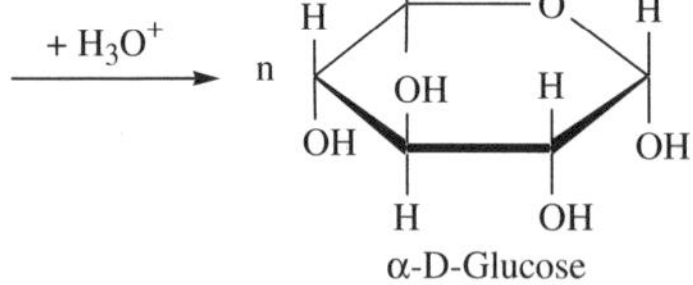

α-D-Glucose

Die dabei entstehende α-D-Glucose steht über die offenkettige Form mit der β-D-Glucose im Gleichgewicht. Die in der offenkettigen Form vorhandene Aldehydgruppe bewirkt ein positives Ergebnis der Fehling-Probe (Ausfallen eines roten Niederschlags).

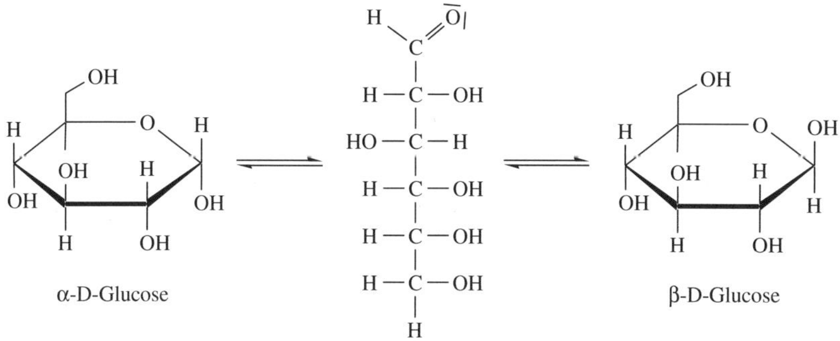

α-D-Glucose   offenkettige Form   β-D-Glucose

Wird die saure Hydrolyse vorzeitig abgebrochen, verbleiben im Reaktionsansatz neben D-Glucosemolekülen auch noch Reste an Amylose- bzw. Amylopektin-Makromolekülen erhalten, die für den positiven Stärkenachweis in Lösung 2 (vgl. Untersuchung 1) verantwortlich sind.

Reaktionsgleichung der Fehling-Probe

Ox.: $R-\overset{+I}{C}(=\overline{O})-H \; + \; 2\,OH^- \longrightarrow R-\overset{+III}{C}(=\overline{O})-OH \; + \; 2\,e^- \; + H_2O$

Red.: $2\,\overset{+II}{Cu}{}^{2+} \; + \; 2\,e^- \; + \; 2\,OH^- \longrightarrow \overset{+I}{Cu_2}O \; + \; H_2O$

Redox.: $R-CHO \; + \; 2\,Cu^{2+} \; + \; 4\,OH^- \longrightarrow R-COOH \; + \; Cu_2O \; + \; 2\,H_2O$

Das Cu^{2+}-Kation liegt unter den gegebenen Reaktionsbedingungen komplexiert vor:

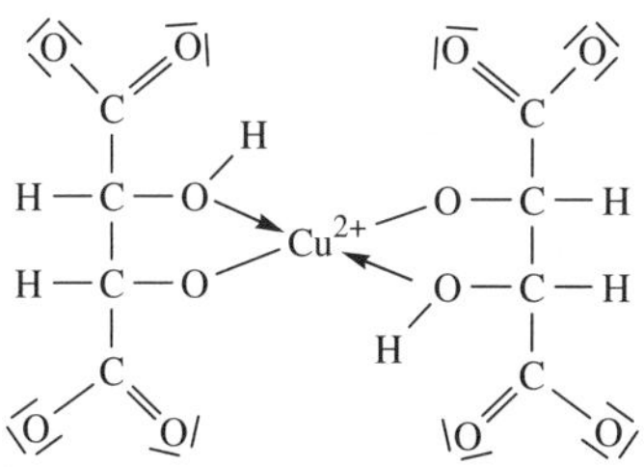

Kupfer-Tartrat-Komplex

Es handelt sich um eine **Redoxreaktion**, da sich die Oxidationszahl am C1-Atom von +I auf +III erhöht (Oxidation) und sich gleichzeitig die Oxidationszahl von Kupfer von +II auf +I erniedrigt (Reduktion).

Untersuchung 3: Aldehydnachweis mit der Tollens-Probe
Analog zu Untersuchung 2 verläuft der Aldehydnachweis mit der Tollens-Probe positiv. Dies erkennt man daran, dass sich ein Spiegel aus elementarem Silber gebildet hat.

Reaktionsgleichung der Tollens-Probe

Ox.:

Red.: $Ag^+ + e^- \longrightarrow Ag$

Redox.: $R{-}CHO + 2\,Ag^+ + 2\,OH^- \longrightarrow R{-}COOH + 2\,Ag + H_2O$

Das Ag^+-Kation liegt unter den gegebenen Reaktionsbedingungen komplexiert vor: $[Ag(NH_3)_2]^+$

Es handelt sich um eine **Redoxreaktion**, da sich die Oxidationszahl am C1-Atom von +I auf +III erhöht (Oxidation) und sich gleichzeitig die Oxidationszahl von Silber von +I auf 0 erniedrigt (Reduktion).

2.5 **Brennwert von Glucose**

$$C_6H_{12}O_{6\,(s)} + 6\,O_{2\,(g)} \longrightarrow 6\,CO_{2\,(g)} + 6\,H_2O_{(l)}$$

$$\Delta_R H_m^0 = \sum \Delta_f H_m^0(\text{Produkte}) - \sum \Delta_f H_m^0(\text{Edukte})$$

$$\Delta_R H_m^0 = 6 \cdot \Delta_f H_m^0(CO_2\,(g)) + 6 \cdot \Delta_f H_m^0(H_2O\,(l)) - \Delta_f H_m^0(C_6H_{12}O_6\,(s))$$

$$\Delta_R H_m^0 = 6 \cdot (-394\ \text{kJ} \cdot \text{mol}^{-1}) + 6 \cdot (-286\ \text{kJ} \cdot \text{mol}^{-1}) - (-1\,274\ \text{kJ} \cdot \text{mol}^{-1})$$

$$\Delta_R H_m^0 = -2\,806\ \text{kJ} \cdot \text{mol}^{-1}$$

Der Brennwert wird in der Einheit $\text{kJ} \cdot \text{g}^{-1}$ angegeben.

$$\frac{|\Delta_R H_m^0|}{M(C_6H_{12}O_6)} = \frac{2\,806\ \text{kJ} \cdot \text{mol}^{-1}}{180\ \text{g} \cdot \text{mol}^{-1}} = 15{,}6\ \text{kJ} \cdot \text{g}^{-1}$$

Der Brennwert der Kohlenhydrate ist etwas höher als der von Glucose, da bei der Verstoffwechslung der Makromoleküle durch die Spaltung der glykosidischen Bindungen weniger Wasser entsteht. Die Bildung von Kohlenstoffdioxid wirkt sich daher stärker auf den Energiegewinn aus als die Bildung von Wasser.

Ernährungsempfehlung für Ausdauersportler

Ausdauersportler haben einen erhöhten Energiebedarf. Diese Energie wird über die Nahrung u. a. in Form von Kohlenhydraten (Stärke, Glucose), die in Nudeln enthalten sind, aufgenommen. Es besteht die Möglichkeit, die Glucose über Glykogen in Leber und Muskel zu speichern.

Beispielrechnung

Ein Sportler (Gewicht: 60 kg) fährt 5 Stunden lang mit dem Rad.

Geg.: $m(\text{Sportler}) = 60\ \text{kg}$
$t = 5\ \text{h}$
Energiebedarf (Sportler) = $65{,}7\ \text{kJ} \cdot \text{h}^{-1} \cdot \text{kg}^{-1}$
Energiegehalt (Kohlenhydrate) = $16{,}7\ \text{kJ} \cdot \text{g}^{-1}$

Ges.: $m(\text{Nudeln})$

Energiebedarf (Sportler) = $65{,}7\ \text{kJ} \cdot \text{h}^{-1} \cdot \text{kg}^{-1} \cdot 5\ \text{h} \cdot 60\ \text{kg} = 19710\ \text{kJ}$

$$m(\text{Kohlenhydrate}) = \frac{\text{Energiebedarf (Sportler)}}{\text{Energiegehalt (Kohlenhydrate)}} = \frac{19\,710\ \text{kJ}}{16{,}7\ \text{kJ} \cdot \text{g}^{-1}} = 1180\ \text{g}$$

Für gekochte Nudeln ergibt sich:

$$m(\text{Nudeln}) = \frac{\text{Energiebedarf (Sportler)}}{\text{Energiegehalt (Nudeln)}} = \frac{19\,710\ \text{kJ}}{6{,}64\ \text{kJ} \cdot \text{g}^{-1}} \approx 3000\ \text{g}$$

Der Energiebedarf kann also über die Nudeln gedeckt werden. Es ist für den Sportler allerdings sinnvoll, Powerriegel als Ergänzung zu sich zu nehmen, da die benötige Menge an Nudeln zu viel wäre. Auch die Aufnahme von Flüssigkeit während der Ausdauerleistung ist sinnvoll, da die Speicherung von Wasser nicht in diesem Maße möglich ist.

Ravioli in Tomatensoße sind dagegen weniger gut geeignet, um den Glykogenspeicher aufzufüllen, da der Anteil an „Fremdstoffen“ zu hoch ist.

Wärmegewinnung aus Erdgas und Heizöl

1 Energieeffizienz verschiedener Heizungstypen

1.1 Beschreiben Sie den wesentlichen Unterschied in der Betriebsweise von Heizanlagen mit Niedertemperatur- und Brennwertkesseln. Nennen Sie je zwei Vorteile für beide Heizkesseltypen (M 1).

1.2 Berechnen Sie die molare Verbrennungsenthalpie für die vollständige Verbrennung von Erdgas (vereinfacht Methan) und Heizöl (vereinfacht Hexadecan, M 2). Beurteilen Sie (auch anhand geeigneter Zahlenwerte), bei welchem der beiden Brennstoffe die Nutzung der Brennwerttechnik lohnender ist.

1.3 Berechnen Sie den spezifischen Brennwert des mit einem Verbrennungskalorimeter (M 3) untersuchten Heizöls in $kJ \cdot kg^{-1}$.

1.4 Vergleichen Sie die Wärmeerzeugung aus Heizöl mit der aus Erdgas in ihrer Auswirkung auf den Treibhauseffekt. Beschreiben Sie eine Möglichkeit, mit der die Auswirkung gasbetriebener Heizungen gravierend vermindert werden kann.

2 Warmwasser-Speicher

2.1 Warmwasser-Speicher (M 4) sind durch Korrosion gefährdet. Geben Sie die bei Säure- und Sauerstoffkorrosion von Stahl (Eisen) ablaufenden Redoxreaktionen an (mit Kennzeichnung von Oxidation und Reduktion).
Begründen Sie unter Berücksichtigung von Material M 5, welche der beiden Korrosionsarten im Inneren eines Warmwasser-Speichers bevorzugt ablaufen kann.

2.2 Stellen Sie die beiden in M 6 genannten Möglichkeiten zum Korrosionsschutz durch den Einsatz von Schutzanoden umfassend dar. Skizzieren Sie die prinzipiellen Anordnungen und stellen Sie dabei die Teilgleichungen der relevanten Redoxreaktionen auf. Begründen Sie die Wartungsempfehlung für die Magnesiumanode.

2.3 Erläutern Sie den kompletten Mechanismus der von Styrol (M 7). Nehmen Sie dabei ein organisches Peroxid (vereinfacht: R–O–O–R) als Initiator an.

2.4 Erklären Sie, wie sich eine Erhöhung der Initiatorkonzentration auf die Kettenlänge der gebildeten Polystyrolmoleküle auswirkt.

M 1: Vergleich verschiedener Typen von Heizanlagen

Niedertemperatur- und Brennwertkessel

Niedertemperatur- und Brennwertkesseln ist die temperaturveränderliche Betriebsweise gemeinsam. Folge kann sein, dass der bei der Verbrennung gebildete Wasserdampf in den Heizgaswegen des Kessels kondensiert. Wegen der damit verbundenen korrosiven Wirkung sind Niedertemperaturkessel so konstruiert, dass die Kondensation weitgehend vermieden wird. Brennwertkessel hingegen begünstigen die Wasserdampfkondensation und nutzen so den damit verbundenen „latenten" Energiegewinn.

Niedertemperaturkessel	**Brennwertkessel**
Niedertemperaturkessel kommen vor allem in Verbindung mit Heizöl zum Einsatz. Durch konstruktive Maßnahmen, z. B. spezielle interne Wasserleittechniken (Thermostream-Prinzip), wird die schädliche Kondensatbildung vermieden. (...)	Brennwertkessel bieten die heute bestmögliche Weise der Öl- und Gasverbrennung für Heizzwecke. Brennwertkessel sind prinzipiell mit Gebläsebrennern ausgestattet, die Leistung ist meist „modulierend", zwischen etwa 40 und 100 Prozent Nennleistung veränderlich. (...)
Besondere Einsatzempfehlungen: – Als Öl- oder Gaskessel, wenn es auf einen besonders günstigen Preis ankommt. – Bei Objekten mit geringem Brennstoffbedarf. – Als besonders geräuscharmer Gaskessel ohne Brennergebläse (atmosphärischer Kessel). – Standardmäßig als Ölkessel, vor allem im unteren Leistungsbereich. – In Objekten mit überwiegend höheren Betriebstemperaturen (Rücklauftemperatur über 50 °C).	Besondere Einsatzempfehlungen: – Grundsätzlich, wenn höchste Energieausnutzung gefordert wird. – In Verbindung mit Gas wegen der nur relativ geringen Mehrkosten bereits Standard. – Bei Objekten mit höherem Brennstoffbedarf. – Bei raumluftunabhängig zu betreibenden Heizkesseln. – In Objekten mit überwiegend niedrigeren Betriebstemperaturen.

Basierend auf http://www.buderus.de

M 2: Molare Masse und molare Standardbildungsenthalpie von Hexadecan

Verbindung	M in g · mol^{-1}	$\Delta_f H_m^0$ in kJ · mol^{-1}
Hexadecan (l)	226,4	–438

M 3: Brennwert, Verbrennungskalorimeter

Als spezifischer Brennwert H_0 wird der Quotient aus der bei vollständiger Verbrennung einer bestimmten Brennstoffmenge freiwerdenden Wärmemenge und der Masse dieser Brennstoffmenge bezeichnet (in $kJ \cdot kg^{-1}$). (…)
Das beim Verbrennen der wasserstoffhaltigen Verbindungen des Brennstoffs gebildete Wasser muss nach der Verbrennung in flüssigem Zustand (…) und die Verbrennungsprodukte von Kohlenstoff und Schwefel (Kohlenstoffdioxid und Schwefeldioxid) gasförmig vorliegen. (…)
Die Abb. zeigt den prinzipiellen Aufbau eines Verbrennungskalorimeters.
Bei einem solchen Versuch erwärmte sich das Kalorimeter durch die Verbrennung einer Heizölprobe, m(Heizöl) = 1,326 g, um 8,16 K. (Wärmekapazität für das gesamte Kalorimeter inklusive Flüssigkeitsfüllung $C = 6{,}88\ kJ \cdot K^{-1}$)

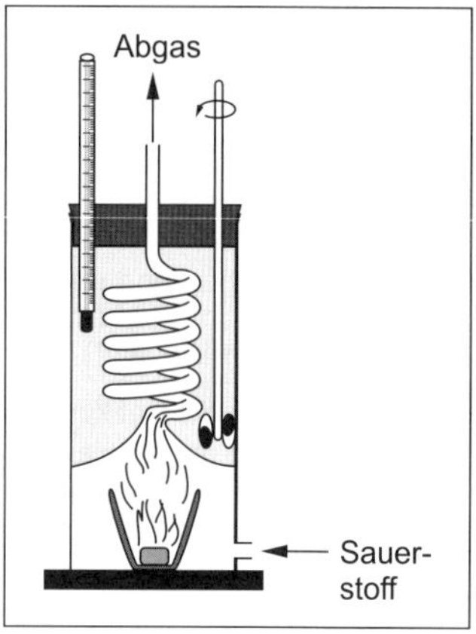

Abb.: Verbrennungskalorimeter (prinzipiell)

Text verändert und gekürzt aus Falbe, J./Regnitz, M. (Hrsg.): Römpp Chemie Lexikon, Bd. 3 H–L, S. 1 759 f., Paperback-Ausgabe der 9., erw. u. neubearb. Auflage, Georg Thieme Verlag, Stuttgart/ New York, 1995;
Abb. bearbeitet aus Flörke/Wolff: Kursthemen Chemie, Allgemeine und Physikalische Chemie, Dümmler Verlag, Bonn, 1985, S. 3/52

M 4: Warmwasser-Speicher

Warmwasser-Speicher dienen zur Bereitstellung von erwärmtem Trinkwasser (ca. 60 °C). Sie sind meist aus Stahlblech (Eisen) gefertigt und werden über ein Heizelement (Rohrwendel) erwärmt, das mit heißem Wasser aus dem Heizkessel der Heizanlage durchströmt wird. Die Speicher sind wie alle Stahlkonstruktionen durch Säure- und Sauerstoffkorrosion gefährdet. Der primäre Korrosionsschutz an der Innenseite von Warmwasser-Speichern besteht aus einer geeigneten nichtmetallischen Beschichtung (z. B. Email). Zusätzlich ist ein kathodischer Korrosionsschutz über eine Magnesium-Elektrode eingebaut. Warmwasser-Speicher sind zur Senkung des Energieverbrauchs an der

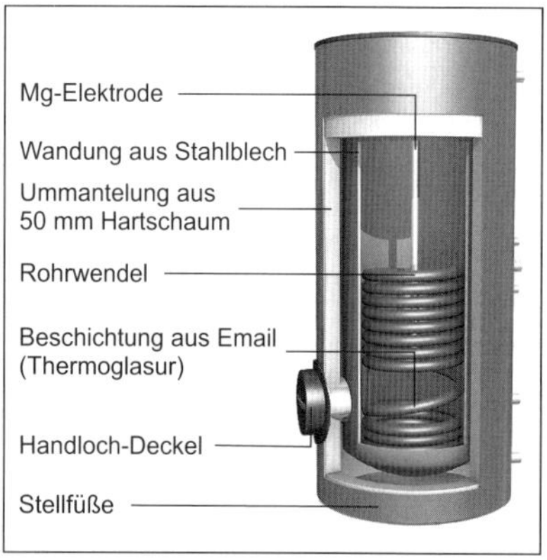

Abb. (bearbeitet) Speicher von http://www.buderus.de

Außenseite mit einer Wärmeisolierung versehen. Üblich sind Ummantelungen aus Kunststoffschäumen (Wandstärke ca. 50–70 mm). Geschäumtes Polystyrol (Styropor®) ist dazu geeignet. Das Gerät ist an der Außenseite zum mechanischen Schutz mit einer starken Kunststofffolie o. ä. verkleidet.

M 5: Sauerstoffgehalt von Wasser bei verschiedenen Temperaturen

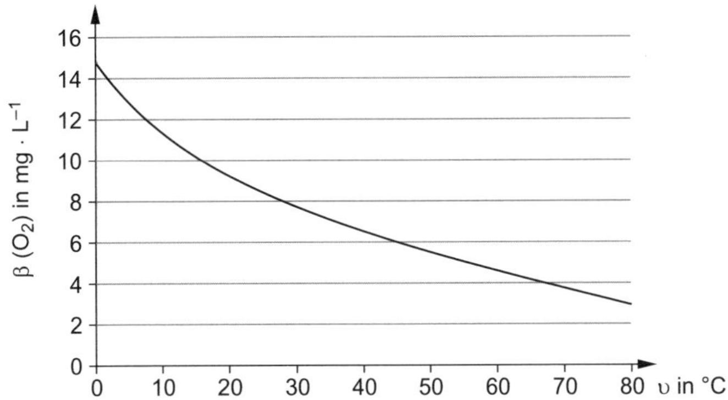

Löslichkeit von Sauerstoff in Wasser bei 1 013 hPa

M 6: Betriebsanweisung zu einem Warmwasser-Speicher

Korrosionsschutz
Der Speicher ist werkseitig mit einer Magnesiumanode ausgerüstet, die nach zweijährigem Betrieb zu kontrollieren ist. Speicher reinigen, abgetragene Anode ersetzen und Dichtung erneuern. Die Magnesiumanode muss über einen Schutzleiter stets elektrisch mit dem Speicherkörper verbunden sein.

Bei Ersatz der Magnesiumanode durch eine inerte Fremdstromanode ist Korrosionsschutz nur gegeben, wenn die Anode ordnungsgemäß angeschlossen und mit Spannung versorgt wird.

Auszug aus der Betriebsanleitung der Fa. August Brötje GmbH, Rastede zum SPEICHER Aqua-Comfort EAS C und EAS-T C

M 7: Geschäumtes Polystyrol (Styropor®) aus Styrol

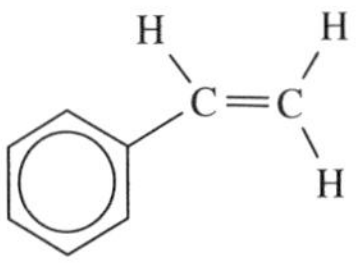

Strukturformel von Styrol (Ethenylbenzol)

Lösung

1.1 **Niedertemperaturkessel:** Um Korrosion zu vermeiden, wird die Kondensation des bei der Verbrennung entstehenden Wasserdampfes durch eine spezielle interne Wasserleittechnik vermieden.

Brennwertkessel: Der bei der Verbrennung entstehende Wasserdampf wird bewusst zur Kondensation gebracht, sodass die damit verbundene „latente Wärme" zusätzlich genutzt werden kann.

Je höher der Wasserstoffanteil eines Brennstoffes ist, desto höher ist die Menge an Wasserdampf, die nach der Verbrennung des Brennstoffes im Abgas enthalten ist. Insbesondere bei Brennstoffen mit hohem Wasserstoffanteil ist es also möglich, die im Abgas enthaltene Kondensationswärme zu nutzen.

Vorteile der Heizkesseltypen

Niedertemperaturkessel	Brennwertkessel
• niedriger Preis	• optimale Ausnutzung der Brennstoffenergie
• geräuscharmer Betrieb	• raumluftunabhängiger Betrieb möglich
• hohe Betriebstemperaturen möglich	• niedrige Betriebstemperatur möglich

1.2 **Verbrennung von Erdgas (Methan)**

$$CH_{4\,(g)} + 2\,O_{2\,(g)} \longrightarrow CO_{2\,(g)} + 2\,H_2O_{(l)}$$

$$\Delta_R H_m^0 = \sum \Delta_f H_m^0(\text{Produkte}) - \sum \Delta_f H_m^0(\text{Edukte})$$

$$\Delta_R H_m^0 = \Delta_f H_m^0(CO_{2\,(g)}) + 2 \cdot \Delta_f H_m^0(H_2O_{\,(l)}) - \Delta_f H_m^0(CH_{4\,(g)})$$

$$\Delta_R H_m^0 = (-394\ \text{kJ} \cdot \text{mol}^{-1}) + 2 \cdot (-286\ \text{kJ} \cdot \text{mol}^{-1}) - (-75\ \text{kJ} \cdot \text{mol}^{-1})$$

$$\Delta_R H_m^0 = -891\ \text{kJ} \cdot \text{mol}^{-1}$$

Die molare Reaktionsenthalpie für die Verbrennung von Erdgas beträgt $-891\ \text{kJ} \cdot \text{mol}^{-1}$.

Verbrennung von Heizöl (Hexadecan)

$$C_{16}H_{34\,(l)} + 24{,}5\,O_{2\,(g)} \longrightarrow 16\,CO_{2\,(g)} + 17\,H_2O_{(l)}$$

$$\Delta_R H_m^0 = \sum \Delta_f H_m^0(\text{Produkte}) - \sum \Delta_f H_m^0(\text{Edukte})$$

$$\Delta_R H_m^0 = 16 \cdot \Delta_f H_m^0(CO_{2\,(g)}) + 17 \cdot \Delta_f H_m^0(H_2O_{\,(l)}) - \Delta_f H_m^0(C_{16}H_{34\,(l)})$$

$$\Delta_R H_m^0 = 16 \cdot (-394\ \text{kJ} \cdot \text{mol}^{-1}) + 17 \cdot (-286\ \text{kJ} \cdot \text{mol}^{-1}) - (-438\ \text{kJ} \cdot \text{mol}^{-1})$$

$$\Delta_R H_m^0 = -10\,728\ \text{kJ} \cdot \text{mol}^{-1}$$

Die molare Reaktionsenthalpie für die Verbrennung von Heizöl beträgt $-10\,728\ \text{kJ} \cdot \text{mol}^{-1}$.

Um eine Aussage darüber machen zu können, welcher der beiden Brennstoffe für die Nutzung der Brennwerttechnik lohnender ist, muss jeweils $\Delta_R H_m^0$ für den Fall berechnet werden, dass das Wasser gasförmig bleibt.

Erdgas

$$\Delta_R H_m^0 = \Delta_f H_m^0(CO_2\,(g)) + 2 \cdot \Delta_f H_m^0(H_2O\,(g)) - \Delta_f H_m^0(CH_4\,(g))$$

$$\Delta_R H_m^0 = (-394\ \text{kJ} \cdot \text{mol}^{-1}) + 2 \cdot (-242\ \text{kJ} \cdot \text{mol}^{-1}) - (-75\ \text{kJ} \cdot \text{mol}^{-1})$$

$$\Delta_R H_m^0 = -803\ \text{kJ} \cdot \text{mol}^{-1}$$

Der Energiegewinn durch Kondensation beträgt bei Erdgas 9 % (88 kJ · mol^{-1}).

Heizöl

$$\Delta_R H_m^0 = 16 \cdot \Delta_f H_m^0(CO_2\,(g)) + 17 \cdot \Delta_f H_m^0(H_2O\,(g)) - \Delta_f H_m^0(C_{16}H_{34}\,(l))$$

$$\Delta_R H_m^0 = 16 \cdot (-394\ \text{kJ} \cdot \text{mol}^{-1}) + 17 \cdot (-242\ \text{kJ} \cdot \text{mol}^{-1}) - (-438\ \text{kJ} \cdot \text{mol}^{-1})$$

$$\Delta_R H_m^0 = -9\,980\ \text{kJ} \cdot \text{mol}^{-1}$$

Der Energiegewinn durch Kondensation beträgt bei Heizöl 7 % (748 kJ · mol^{-1}).

Die Brennwerttechnik ist folglich für den Einsatz von Erdgas effizienter.

1.3 **Berechnung des spezifischen Brennwertes H_0**

Geg.: m(Heizöl) = 1,326 g
ΔT = 8,16 K
C(Kalorimeter) = 6,88 kJ · K^{-1}

Ges.: H_0(Heizöl)

$$H_0 = \frac{Q}{m} = \frac{C \cdot \Delta T}{m}$$

$$H_0 = \frac{6{,}88\ \text{kJ} \cdot \text{K}^{-1} \cdot 8{,}16\ \text{K}}{0{,}001326\ \text{kg}} = 42\,338\ \text{kJ} \cdot \text{kg}^{-1}$$

Der spezifische Brennwert der untersuchten Heizölprobe beträgt 42 338 kJ · kg^{-1}.

1.4 *Die Wärmeerzeugung aus Heizöl bzw. Erdgas wirkt sich durch die Emission des Treibhausgases CO_2 auf den Treibhauseffekt aus. Verglichen werden sollte also die CO_2-Emission bezogen auf jeweils gleiche zur Verfügung gestellte Energiemengen.*

Erdgas

$$\Delta_R H_m^0 = -891\ \text{kJ} \cdot \text{mol}^{-1}$$

Für diese Energiemenge wird laut Reaktionsgleichung (siehe Aufgabe 1.2) ein Mol CO_2 freigesetzt.

Heizöl

$\Delta_R H_m^0 = -10\,728\ \text{kJ} \cdot \text{mol}^{-1}$

Für diese Energiemenge werden laut Reaktionsgleichung (siehe Aufgabe 1.2) 16 Mol CO_2 freigesetzt.

$$\frac{\Delta_R H_m^0(\text{Heizöl})}{\Delta_R H_m^0(\text{Erdgas})} = \frac{-10\,728\ \text{kJ} \cdot \text{mol}^{-1}}{-891\ \text{kJ} \cdot \text{mol}^{-1}} \approx 12$$

Die Verbrennung von 12 Mol Erdgas liefert also die gleiche Energiemenge wie die Verbrennung von 1 Mol Heizöl, wobei weniger Kohlenstoffdioxid freigesetzt wird. Die Wärmeerzeugung aus Heizöl wirkt sich demnach deutlich stärker auf den Treibhauseffekt aus als die Wärmeerzeugung aus Erdgas.

Durch den Einsatz von Gas aus regenerativen Quellen (z. B. Methan durch Vergärung von Gülle) lässt sich die Auswirkung gasbetriebener Heizungen drastisch vermindern.

2.1 **Säurekorrosion**

Ox.: $\overset{0}{Fe} \longrightarrow \overset{+II}{Fe^{2+}} + 2\,e^-$

Red.: $2\,\overset{+I}{H_3O^+} + 2\,e^- \longrightarrow \overset{0}{H_2} + 2\,H_2O$

Redox.: $Fe + 2\,H_3O^+ \longrightarrow Fe^{2+} + H_2 + 2\,H_2O$

Sauerstoffkorrosion

Ox.: $\overset{0}{Fe} \longrightarrow \overset{+II}{Fe^{2+}} + 2\,e^-$

Red.: $\overset{0}{O_2} + 2\,H_2O + 4\,e^- \longrightarrow 4\,\overset{-II}{OH^-}$

Redox.: $2\,Fe + O_2 + 2\,H_2O \longrightarrow 2\,Fe^{2+} + 4\,OH^-$

Mit steigender Temperatur nimmt der Sauerstoffgehalt des Wassers ab und die Sauerstoffkorrosion wird erschwert. Die von der Temperatur unabhängige Säurekorrosion wird daher im Inneren des Warmwasser-Speichers bevorzugt ablaufen.

2.2 **Korrosionsschutz durch eine Magnesiumschutzanode**

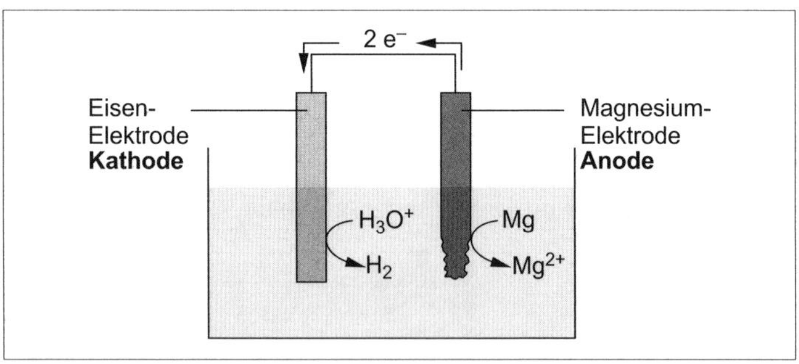

Im Warmwasser-Speicher bildet sich ein galvanisches Element aus. Da das Standardpotenzial von Magnesium ($E^0(Mg/Mg^{2+}) = -2{,}36\ V$) geringer ist als das Standardpotenzial von Eisen ($E^0(Fe/Fe^{2+}) = -0{,}44\ V$), ist die Magnesium-Elektrode die **Anode** (Minuspol) und die Eisen-Elektrode die **Kathode** (Pluspol). An der Anode werden Mg-Atome zu Mg^{2+}-Ionen oxidiert. Die bei diesem Vorgang freigesetzten Elektronen wandern über den Schutzleiter zur Eisen-Elektrode, an der H_3O^+-Kationen zu H_2-Molekülen reduziert werden. Die Magnesium-Elektrode wird nach und nach abgetragen und muss daher nach einer gewissen Zeit ersetzt werden.

$$\text{Ox.:}\quad \overset{0}{Mg} \longrightarrow \overset{+II}{Mg}{}^{2+} + 2\,e^-$$

$$\text{Red.:}\quad 2\,\overset{+I}{H_3}O^+ + 2\,e^- \longrightarrow \overset{0}{H_2} + 2\,H_2O$$

$$\text{Redox.:}\quad Mg + 2\,H_3O^+ \longrightarrow Mg^{2+} + H_2 + 2\,H_2O$$

Korrosionsschutz durch eine Inert-Elektrode

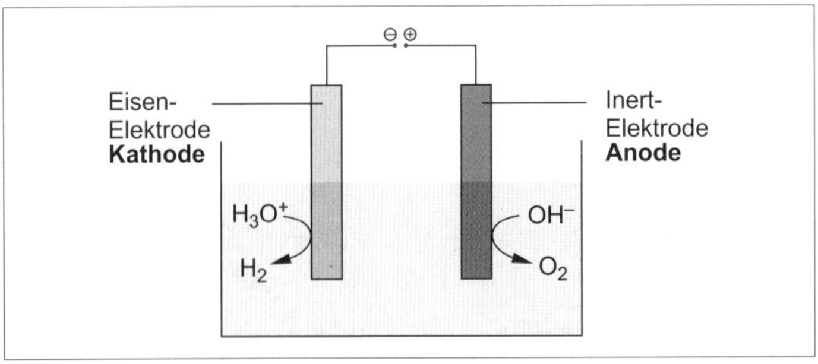

Korrosionsschutz wird gewährleistet, wenn die Inert-Elektrode mit dem Pluspol und die Eisen-Elektrode mit dem Minus-Pol einer Fremdspannungsquelle verbunden sind. An der Inert-Elektrode **(Anode)** werden OH^--Ionen zu O_2-Molekülen oxidiert, an der Eisen-Elektrode **(Kathode)** werden H_3O^+-Kationen zu H_2-Molekülen reduziert. Diese Anordnung bildet eine Elektrolysezelle, in der permanent Wasser zersetzt wird.

$$\text{Ox.:}\quad 4\,\overset{-II}{O}H^- \longrightarrow \overset{0}{O_2} + 4\,e^- \quad 2\,H_2O$$

$$\text{Red.:}\quad 2\,\overset{+I}{H_3}O^+ + 2\,e^- \longrightarrow \overset{0}{H_2} + 2\,H_2O$$

$$\text{Redox.:}\quad 4\,OH^- + 4\,H_3O^+ \longrightarrow O_2 + 2\,H_2 + 6\,H_2O$$

2.3 **Reaktionsmechanismus der radikalischen Polymerisation**
Startreaktion:
Homolytischer Zerfall der Initiatormoleküle in reaktive Startradikale.

$$R-\overline{\underline{O}}-\overline{\underline{O}}-R \longrightarrow 2\,R-\overline{\underline{O}}\cdot$$

Kettenstart:
Der Radikalcharakter wird von dem Startradikal auf ein Styrolmolekül übertragen. Dabei bildet sich unter Spaltung der C=C-Doppelbindung eine Elektronenpaarbindung zwischen Startradikal und Styrolmolekül aus; es bildet sich ein neues Radikal.

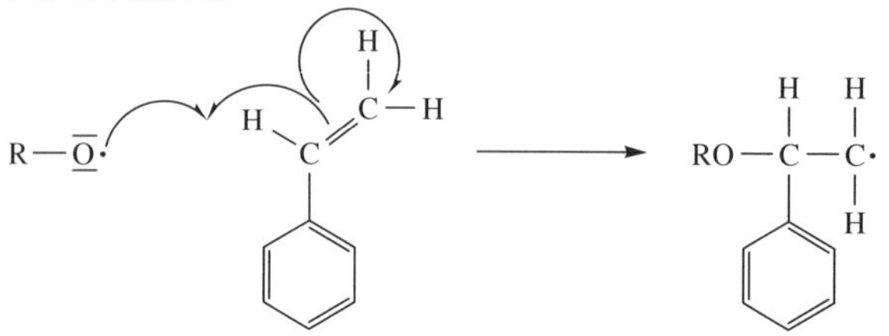

Kettenwachstum:
Das gebildete Radikal greift ein weiteres Styrolmolekül an; es wird eine Kettenreaktion in Gang gesetzt. Auf diese Weise wird ausgehend von Styrolmonomeren eine Polystyrolpolymerkette aufgebaut.

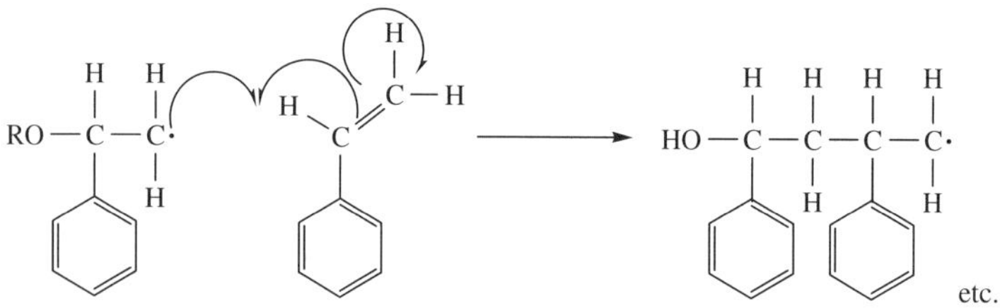

Kettenabbruch: Rekombination zweier Radikale
Die Reaktion ist beendet, wenn zwei Radikale aufeinandertreffen.

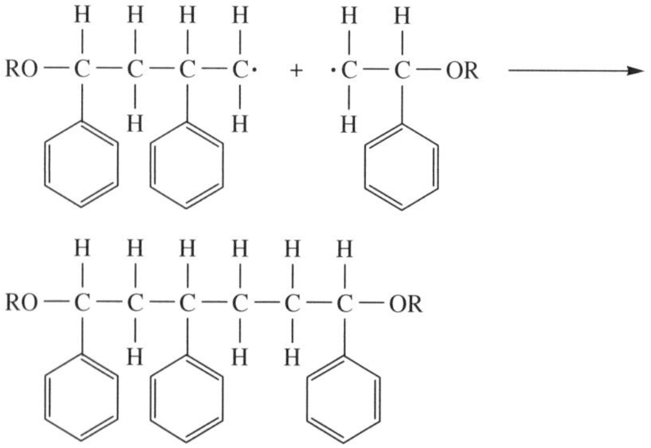

2.4 Eine hohe Initiatorkonzentration bewirkt eine erhöhte Anzahl an gleichzeitig wachsenden Polystyrolketten und damit auch eine höhere Konzentration an Initiator- und Polystyrolradikalen. Gleichzeitig wird es immer wahrscheinlicher, dass es durch das Aufeinandertreffen zweier Radikale zum Kettenabbruch kommt. Die Polystyrolketten werden kürzer.

Von der Seife zum modernen Waschmittel

1 **Eigenschaften von Seife (M 1)**

1.1 Stellen Sie die Reaktionsgleichung für die Bildung von Kernseife aus Stearinsäure ($C_{17}H_{35}COOH$) auf (M 1 a). Erläutern Sie die Reaktion mit dem entsprechenden Basiskonzept.

1.2 Deuten Sie die Versuchsbeobachtungen zum Versuch in M 1 b und erläutern Sie auf dieser Grundlage die Waschwirkung von Kernseife anhand von Modellen und entsprechenden Skizzen.

1.3 Erklären Sie die Beobachtungen zum Versuch in M 1 c durch Skizzen auf molekularer Ebene.

2 **Seife unter ökologischen Aspekten (M 2)**

2.1 Werten Sie die in M 2 a dargestellten Graphiken vergleichend aus und begründen Sie, warum 1980 in Deutschland die Phosphathöchstmengenverordnung erlassen wurde.

2.2 Erläutern Sie die Bedeutung der einzelnen Reaktionsschritte der in M 2 b beschriebenen Methode zur Bestimmung des Sauerstoffgehalts einer Gewässerprobe. Stellen Sie für die Teilschritte Reaktionsgleichungen auf.

3 **Moderne Waschmittel (M 3)**

3.1 Nennen Sie die Funktion der einzelnen Inhaltsstoffe (M 3 a) und begründen Sie, um welche Art von Waschmittel es sich im vorliegenden Fall handeln muss.

3.2 Vergleichen Sie die Strukturen der in M 3 b dargestellten nichtionischen Tenside mit der Struktur eines anionischen Tensids. Erläutern Sie die Vorteile der nichtionischen Tenside gegenüber Seife.

M 1: Eigenschaften von Seife

M 1a

Seife ist die mit Abstand älteste von Menschen hergestellte waschaktive Substanz. In großtechnischen Anlagen werden freie Fettsäuren mit Laugen umgesetzt, wobei mit Natronlauge entweder die feste Kernseife oder mit Kalilauge die eher pastöse bis flüssige Schmierseife entsteht.

M 1b

Der folgende Versuch soll modellhaft das Schmutzablösevermögen von Kernseife demonstrieren.

Durchführung

Eine Schuppe Kernseife wird in 10 mL destilliertem Wasser gelöst. Reagenzglas a) wird zur Hälfte mit destilliertem Wasser, Reagenzglas b) mit der Seifenlösung gefüllt. Man gibt in jedes Reagenzglas eine Spatelspitze Russ hinzu, verschließt mit einem Stopfen und schüttelt kräftig. Anschließend wird filtriert.

Beobachtung:

Reagenzglas a): Das Filtrat ist grau gefärbt. Der Russ bleibt fast vollständig im Filter zurück.

Reagenzglas b): Das Filtrat ist stark schwarz gefärbt, nur ein Teil des Rußes bleibt im Filter zurück.

M 1c: Die Reaktion von Seife mit hartem Wasser

Hinweise zum Experiment

Die Wasserhärte wird durch Calcium- und Magnesiumionen im Wasser hervorgerufen. Die Wasserhärte (Gesamthärte) wird gemessen in Grad deutscher Härte (°dH) oder in mmol $\cdot$ L^{-1} Ca^{2+}- und Mg^{2+}-Ionen.

Wasser oberhalb 21°dH bzw. 3,74 mmol $\cdot$ L^{-1} Ca^{2+}- und Mg^{2+}-Ionen bezeichnet man als hart.

Durchführung

In ein Reagenzglas a) füllt man ca. 5 mL destilliertes Wasser, in ein zweites Reagenzglas b) 5 mL hartes Wasser. Dann tropft man jeweils ca. 5 Tropfen Seifenlösung hinzu, verschließt mit einem Stopfen und schüttelt kräftig.

Beobachtung:

Reagenzglas a): Starke Schaumbildung

Reagenzglas b): Kaum Schaumbildung, auf der Flüssigkeitsoberfläche schwimmen kleine weiße Flocken.

M 2: Seife unter ökologischem Aspekt

M 2a

Wegen der verminderten Waschkraft in hartem Wasser werden Waschmitteln Enthärter beigefügt. Enthärter binden die härtebildenden Calcium- und Magnesiumionen des Wassers. Bis 1980 wurden überwiegend Phosphate als Enthärter eingesetzt. Dann wurde in Deutschland die Phosphathöchstmengenverordnung erlassen, wodurch die Hersteller von Waschmitteln verpflichtet wurden, die zulässige Phosphathöchstmenge in Wasch- und Reinigungsmitteln um insgesamt 50 % gegenüber dem Stand von 1980 zu reduzieren.
Heute werden vor allem Schichtsilicate und Natriumaluminiumsilicat (Zeolith, Sasil), die als Ionenaustauscher wirken, als Enthärter eingesetzt.

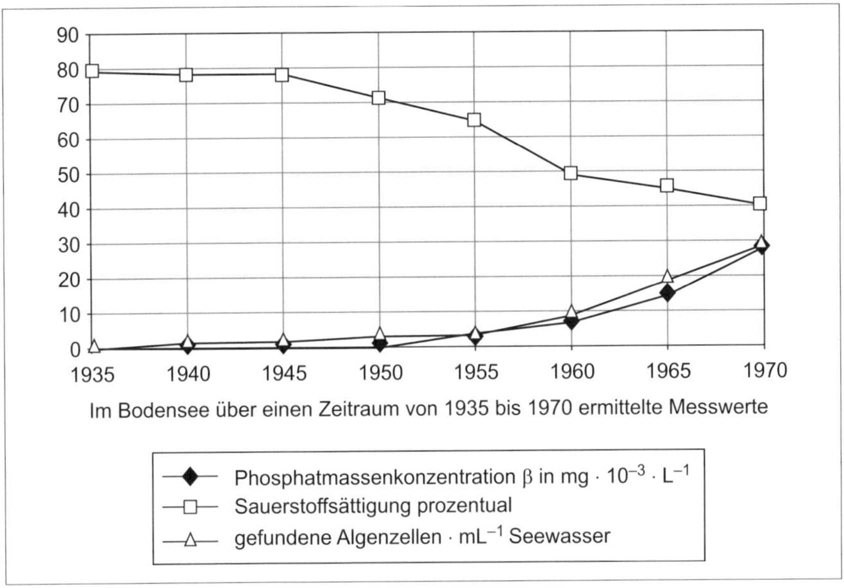

Quelle: Ehlers, Heinrich: Umweltgefährdung und Umweltschutz, Schroedel, Hannover, 1973

M 2b: Bestimmung der Sauerstoffkonzentration einer Gewässerprobe (Methode nach Winkler)

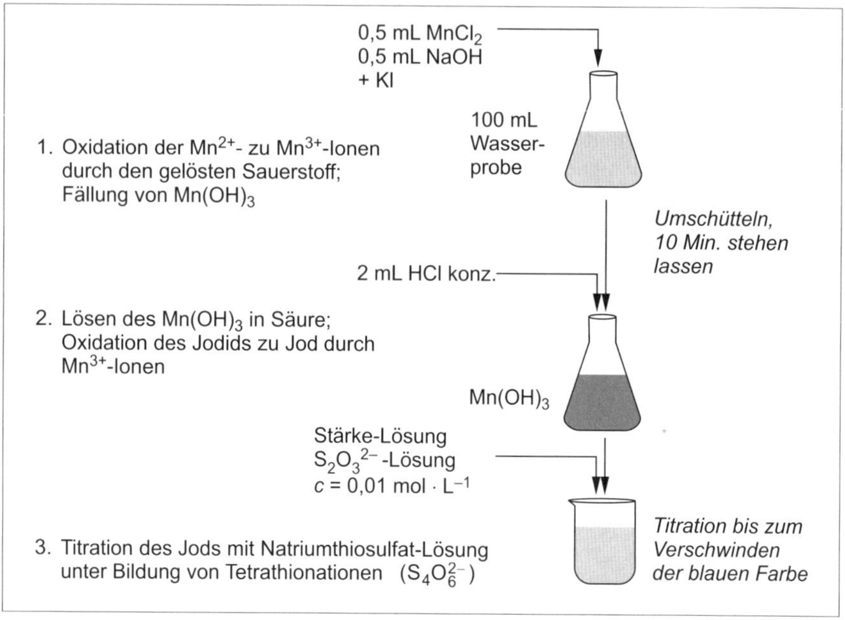

Quelle: Schuster, Manfred: Ökologie und Umweltschutz, Bayerischer Schulbuch-Verlag, München, 1980

M 3: Moderne Waschmittel

M 3a

Auf dem Markt werden heute die verschiedensten Waschmittelprodukte angeboten, zum Beispiel: Vollwaschmittel für stark verschmutzte weiße Wäsche, z. B. mit Obstflecken, Colorwaschmittel für farbige Wäsche oder spezielle Wollwaschmittel für Textilien aus Wolle. (*Hinweis:* Wolle besteht aus Proteinfasern.)

Ein Waschmittel enthält folgende Inhaltsstoffe:

- 15–30 % anionische Tenside
- 5–15 % nichtionische Tenside
- Seife
- Proteasen, Amylasen, Cellulasen
- Duftstoffe

M 3b

Zu den nichtionischen Tensiden (Niotenside) gehören die Fettalkoholpolyglykolether und die Alkylpolyglucoside. Besonders die Alkylpolyglucoside sind sehr hautfreundlich und können fast vollständig aus nachwachsenden Rohstoffen synthetisiert werden.

Strukturformeln einiger nichtionischer Tenside:

$H_3C-(CH_2)_n-\overline{\underline{O}}-(CH_2-CH_2-O)_m-H$

Fettalkoholpolyglykolether (FAEO) $n = 8$ bis 18, $m - 3$ bis 15

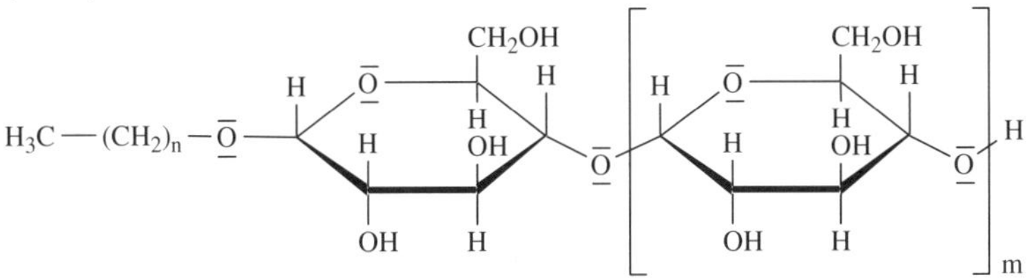

Alkylpolyglucoside (APG) $n = 11$ bis 13, $m = 0$ bis 6

Lösung

1.1 **Kernseife**

Für die Herstellung von Kernseife wird laut M 1a die freie Fettsäure (hier Stearinsäure) mit Natronlauge umgesetzt. Es bilden sich Wasser und das Salz der Stearinsäure, das Natriumstearat.

$$C_{17}H_{35}COOH + Na^+ + OH^- \longrightarrow C_{17}H_{35}COO^- + Na^+ + H_2O$$

Die Reaktion lässt sich mithilfe des **Donator-Akzeptor-Prinzips** erläutern. Bei Stearinsäure handelt es sich um eine Brönsted-Säure, also um einen **Protonendonator**. Das Hydroxidion der Natronlauge fungiert als **Protonenakzeptor** und ist demnach eine Base im Sinne der Brönsted-Theorie. Es findet eine Protonenübertragung von Stearinsäuremolekülen auf Hydroxidionen statt, in deren Verlauf Wasser gebildet wird.

1.2 *Es ist hilfreich, bereits bei der Deutung der Versuchsbeobachtungen auf Modelle zurückzugreifen.*

Ein Seifenmolekül besteht aus einem langen **hydrophoben** Kohlenwasserstoffrest und einer negativ geladenen und damit **hydrophilen** Carboxylatgruppe. Die Eigenschaften eines Seifenmoleküls lassen sich gut mit dem **„Streichholz-Modell"** erklären. Der hydrophobe Kohlenwasserstoffrest entspricht dem Holz, die hydrophile Carboxylatgruppe entspricht dem Zündkopf.

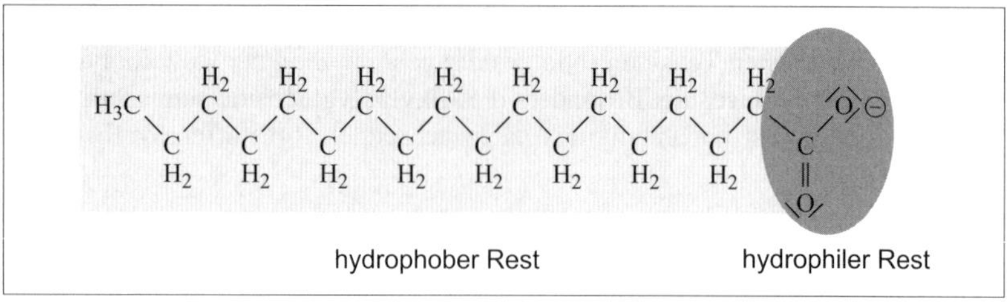

Bei Ruß handelt es sich um eine Erscheinungsform des Kohlenstoffs, die unter anderem bei der unvollständigen Verbrennung kohlenstoffhaltiger Verbindungen entsteht.

Ruß besteht aus kleinsten, meist kugelförmigen Partikeln, die zu klumpenartigen Aggregaten zusammengewachsen sind. Viele dieser Aggregate lagern sich zusammen und bilden größere Rußpartikel. Diese Partikel sind so groß, dass sie die Poren des Filters nicht passieren können. In Reagenzglas a, ohne den Zusatz der Seifenlösung, bleibt der Ruß daher fast vollständig im Filter zurück.

Ablaufende Prozesse in der Seifenlösung (Reagenzglas b)

Der Ruß wird von den Seifenmolekülen so umgeben **(emulgiert)**, dass die lipophilen Molekülteile zum Ruß und die hydrophilen Molekülteile in Richtung des Wassers ausgerichtet sind. Gleichzeitig wird der Ruß in der Seifenlösung verteilt **(dispergiert)**. Ursache für die Verteilung der Rußpartikel ist die negative Ladung der Carboxylatgruppen. Benachbarte Carboxylatgruppen stoßen sich gegenseitig ab. Die Rußpartikel werden dadurch in immer kleinere Partikel zerteilt, die die Poren des Filterpapiers passieren können.

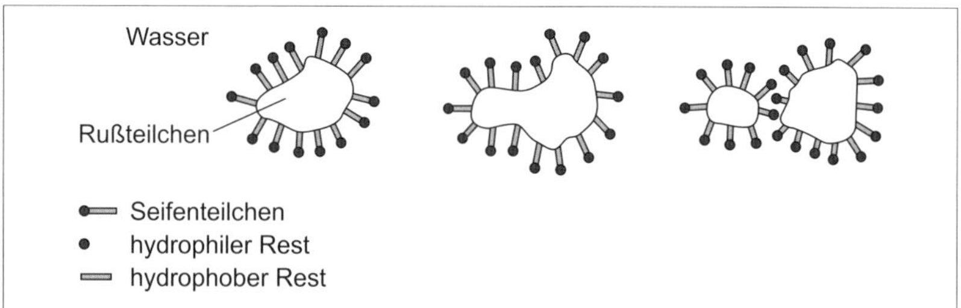

Waschwirkung der Seife

Emulgier- und Dispergiervermögen von Seifen und Tensiden sind die wichtigsten Voraussetzungen für ihre Waschwirkung. Sowohl die Faser als auch das auf der Faser haftende unpolare Schmutzteilchen werden durch Seifenteilchen emulgiert. Aufgrund elektrostatischer Abstoßung löst sich das Schmutzteilchen von der Faser. Analog zum Ruß erfolgt eine Dispersion der Schmutzteilchen. Die immer kleiner werdenden Schmutzteilchen sind, da die hydrophile Gruppe der Seifenmoleküle nach außen zeigt, in Wasser löslich. Sie können abschließend mit dem Spülwasser fortgespült werden.

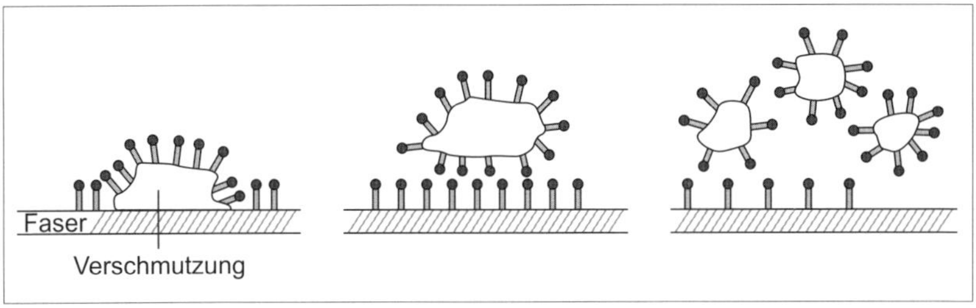

1.3 **Starke Schaumbildung in Reagenzglas a**

Bei Schaum handelt es sich um eine Dispersion von Luft in Wasser. Die Schaumblasen entstehen durch das Einblasen von Luft oder durch eine stärkere mechanische Bewegung der Seifenlösung. Die Luftbläschen werden von den Seifenmolekülen so umschlossen, dass deren hydrophobe Molekülteile in den Luftinnenraum gerichtet sind. Verlässt die Blase die Lösung, muss sie die mit Seifenmolekülen belegte Wasseroberfläche passieren. Dadurch bildet sich eine zweite Seifenmolekülschicht, bei der nun die hydrophoben Molekülteile nach außen in die umgebende Luft gerichtet sind. Die entstandene Seifendoppelschicht wird als **Schaumlamelle** bezeichnet.

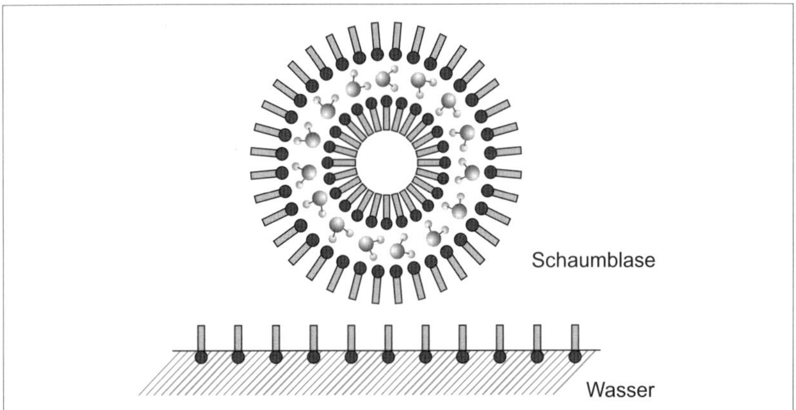

Geringe Schaumbildung in Reagenzglas b

Mit Ca^{2+}- bzw. Mg^{2+}-Ionen bildet sich schwer lösliche **Kalkseife**. Die Kalkseife fällt als Feststoff in Flockenform aus.

$$2\ C_{17}H_{35}COO^-{}_{(aq)} + Ca^{2+}{}_{(aq)} \longrightarrow Ca(C_{17}H_{35}COO)_{2\,(s)}$$

Die Tensid-Eigenschaften der Seifenmoleküle gehen verloren; es werden keine Seifenblasen mehr gebildet.

2.1 Zwischen 1950 und 1970 stieg die im Bodensee gemessene Phosphatmassenkonzentration β kontinuierlich von ungefähr 0 mg · L^{-1} auf 0,03 mg · L^{-1} an. Phosphat wirkt als Dünger. Gelangt zu viel Phosphat in ein Gewässer, so kommt es zu einem **Überangebot an Nährstoffen**. Aus der ansteigenden Phosphatmassenkonzentration ergab sich folglich auch eine ansteigende Zahl an Algenzellen. Zwischen 1950 und 1970 stieg die Anzahl der Algenzellen pro Milliliter Seewasser von 2 auf 30. Diese Zunahme an organischer Biomasse führte zu einem **verstärkten aeroben Abbau** des organischen Materials durch Destruenten (z. B. Bakterien). Dies hatte wiederum die Abnahme der prozentualen Sauerstoffsättigung im Bodenseewasser zur Folge. Sie sank von 70 % im Jahr 1950 auf einen Wert knapp über 40 % im Jahr 1970. Je höher die Destruententätigkeit ist, desto mehr Mineralstoffe werden freigesetzt. Dies bewirkte wiederum einen verstärkten Anstieg des Algenwachstums **(Eutrophierung)**.
Ziel der Phosphathöchstmengenverordnung war es, den beschriebenen Kreislauf zu unterbrechen, zumindest aber die zugrunde liegenden Prozesse zu verlangsamen.

2.2 **Bestimmung der Sauerstoffkonzentration**

1. Schritt

Wird Mn^{2+} im Überschuss zugegeben, ist die Menge des entstehenden Manganhydroxids $Mn(OH)_3$ abhängig von der Sauerstoffkonzentration in der Wasserprobe.

$$\text{Oxidation: } \overset{+II}{Mn}{}^{2+} \longrightarrow \overset{+III}{Mn}{}^{3+} + e^- \quad | \cdot 4$$

$$\text{Reduktion: } \overset{0}{O}_2 + 4\,e^- + 2\,H_2O \longrightarrow 4\,\overset{-II}{O}H^-$$

$$\text{Redox.: } 4\,Mn^{2+} + O_2 + 2\,H_2O \longrightarrow 4\,Mn^{3+} + 4\,OH^-$$

$$\text{bzw.: } \underbrace{4\,Mn^{2+} + 8\,OH^-}_{4\,Mn(OH)_2} + O_2 + 2\,H_2O \longrightarrow \underbrace{4\,Mn^{3+} + 12\,OH^-}_{4\,Mn(OH)_3}$$

2. Schritt

Es stellt sich folgendes Gleichgewicht ein:

$$Mn(OH)_{3\,(s)} \rightleftharpoons Mn^{3+}{}_{(aq)} + 3\,OH^-{}_{(aq)}$$

Um das gesamte Manganhydroxid in Lösung zu bringen, muss obiges Gleichgewicht vollständig nach rechts verschoben werden. Dies gelingt durch die Zugabe von Säure bzw. durch die in saurer wässriger Lösung vorliegenden H_3O^+-Ionen.

Es läuft die folgende Neutralisationsreaktion ab:

$$H_3O^+ + OH^- \longrightarrow 2\,H_2O$$

Die Hydroxidionen werden dabei aus dem Gleichgewicht entfernt, sodass es sich nach rechts verschiebt.

Anschließend werden die Jodidionen (aus Kaliumjodid) durch die Mn^{3+}-Ionen zu Jod oxidiert:

$$\text{Oxidation: } 2\,\overset{-I}{I^-} \longrightarrow \overset{0}{I_2} + 2\,e^-$$

$$\text{Reduktion: } \overset{+III}{Mn^{3+}} + e^- \longrightarrow \overset{+II}{Mn^{2+}} \quad |\cdot 2$$

$$\text{Redox.: } 2\,I^- + 2\,Mn^{3+} \longrightarrow I_2 + 2\,Mn^{2+}$$

3. Schritt

Die Jodmoleküle reagieren mit Thiosulfationen unter Bildung von Tetrathionationen zu Jodidionen:

$$\text{Oxidation: } 2\,\overset{+II}{S_2}O_3^{2-} \longrightarrow \overset{+2,5}{S_4}O_6^{2-} + 2\,e^-$$

$$\text{Reduktion: } \overset{0}{I_2} + 2\,e^- \longrightarrow 2\,\overset{-I}{I^-}$$

$$\text{Redox.: } 2\,S_2O_3^{2-} + I_2 \longrightarrow S_4O_6^{2-} + 2\,I^-$$

Jod ergibt mit Stärke eine blaue Farbe. Titriert man die Jodmenge mit einer Natriumthiosulfat-Lösung bekannter Konzentration bis zum Verschwinden dieser blauen Farbe, so kann aus dem Verbrauch an Natriumthiosulfat-Lösung auf die im Reaktionsansatz vorhandene Stoffmenge an Jod geschlossen werden.

$$n(I_2) = \frac{1}{2} \cdot n(S_2O_3^{2-}) = \frac{1}{2} \cdot c(S_2O_3^{2-}) \cdot V(S_2O_3^{2-})$$

Aus der Jodmenge lässt sich die Stoffmenge an Mn^{3+}-Ionen berechnen.

$$n(Mn^{3+}) = 2 \cdot n(I_2)$$

Aus $n(Mn^{3+})$ ergibt sich wiederum die ursprünglich vorhandene Menge an Sauerstoff.

$$n(O_2) = \frac{1}{4} \cdot n(Mn^{3+})$$

3.1 **Inhaltsstoffe von Waschmitteln**

Tenside: Tenside sind waschaktive Substanzen. Sie werden beim Reinigen von Textilien zur Schmutzablösung eingesetzt.

Seife: Seife wird als Tensid, also als waschaktive Substanz (s. o.) eingesetzt. Gleichzeitig wird die Wirkung der Seife als Schaumregulator genutzt.

Proteasen, Amylasen, Cellulasen: Bei diesen Stoffen handelt es sich um Enzyme (Biokatalysatoren). Mit ihrer Hilfe ist es möglich, Proteine, Stärke und Cellulose als Bestandteile von Verschmutzungen auch bei niedrigen Temperaturen zu spalten.

Duftstoffe: Duftstoffe sollen ein angenehmes Geruchsempfinden auslösen.

Im vorliegenden Fall kann es sich nicht um ein Vollwaschmittel handeln, da Bleich- bzw. Oxidationsmittel (z. B. Natriumperborat oder Natriumpercarbonat) fehlen. Ein Wollwaschmittel kann ebenso ausgeschlossen werden, da die enthaltenen Proteasen die aus Proteinfasern bestehende Wolle angreifen würden. Vermutlich handelt es sich also um ein Colorwaschmittel.

3.2 **Nichtionische und anionische Tenside im Vergleich**

Gemeinsamkeiten

- Sowohl anionische als auch die beiden dargestellten nichtionischen Tenside enthalten lange hydrophobe Kohlenwasserstoffketten.
- Anionische und nichtionische Tenside verfügen über hydrophile Gruppen.

Unterschiede

- Die polaren Molekülteile eines anionischen Tensids sind negativ geladen (z. B. Carboxylatgruppe), die polaren Ether- bzw. Hydroxygruppen der abgebildeten Niotenside enthalten Partialladungen.
- Die hydrophile Gruppe im FAEO- (Polyethergruppe) bzw. im APG-Molekül (Zuckerkette) ist größer als die hydrophile Gruppe eines anionischen Tensidmoleküls.

Vorteile nichtionischer Tenside

Seife ist ein typischer Vertreter der anionischen Tenside und zeigt in wässriger Lösung eine alkalische Reaktion.

$$C_{17}H_{35}COO^- + H_2O \longrightarrow C_{17}H_{35}COOH + OH^-$$

Nichtionische Tenside reagieren dagegen in wässriger Lösung nicht alkalisch und sind daher hautfreundlicher.

Seife bildet mit den in Wasser vorhandenen Ca^{2+}-Kationen schwer lösliche Kalkseife, die als weißer Feststoff ausfällt.

$$2\ C_{17}H_{35}COO^-_{(aq)} + Ca^{2+}_{(aq)} \longrightarrow Ca(C_{17}H_{35}COO)_{2\,(s)}$$

Auch diese unerwünschte Reaktion entfällt bei nichtionischen Tensiden.

Chemie (Niedersachsen): Grundlegendes Anforderungsniveau
Abiturprüfung 2010 – Aufgabe II

Verschiedene Wässer – chemisch untersucht

1 Wasseranalysen

1.1 Der Gehalt an Kohlensäure eines Mineralwassers soll durch Titration überprüft werden (M 1 a). Zeichnen Sie die Titrationskurve. Bestimmen Sie den Gehalt an Kohlensäure in dem Mineralwasser in $g \cdot L^{-1}$.
Hinweis: Berücksichtigen Sie bei der Rechnung nur die erste Protolysestufe der Kohlensäure. Für Kohlensäure kann hier vereinfachend die Formel H_2CO_3 benutzt werden.

1.2 Ordnen Sie die Analysenergebnisse den vier Wasserproben zu (M 1 b). Begründen Sie jede Zuordnung mit zwei Messgrößen.

2 Leitungswasser

2.1 Beschreiben und deuten Sie die Beobachtungen zum Versuch Kohlenstoffdioxid und Kalkwasser (M 2 a) auch unter Berücksichtigung des Prinzips von Le Chatelier.

2.2 Stellen Sie die von der Sauerstoffkorrosion für eine Eisen(Stahl)-Wasserleitung ausgehende Gefahr in einer Skizze und mit Reaktionsgleichungen dar.

2.3 Erläutern Sie mithilfe von Gleichgewichtsbetrachtungen, wie die in M 2 b beschriebene Kalk-Rost-Schutzschicht in einer Wasserleitung entsteht.

3 Tenside im Abwasser

3.1 Beschreiben Sie die Strukturen der drei Tensidmoleküle. Ordnen Sie jedem Tensid einen der drei Verwendungszwecke zu. Begründen Sie jede Zuordnung umfassend mit eigenen Argumenten (also nicht über das Ausschlussprinzip) (M 3).

3.2 Beschreiben Sie am Beispiel Tenside im Abwasser den Begriff chemischer Sauerstoffbedarf. Ermitteln Sie den chemischen Sauerstoffbedarf (in Milligramm Sauerstoff pro Liter Abwasser) für den Abbau von 2,56 g Palmitinsäure (Hexadecansäure) in 100 L Abwasser.

M 1a: Titration eines Mineralwassers

V(Mineralwasserprobe) = 100 mL; Maßlösung: $c(NaOH) = 0{,}1\ mol \cdot L^{-1}$

V (NaOH) in mL	0	5	10	15	20	25	30	35	40	45	50
pH	5,10	5,56	5,88	6,16	6,42	6,70	7,11	8,26	9,19	9,71	10,06

M 1b: Analysenergebnisse von vier Wasserproben: Mineralwasser, Meerwasser, Abwasser und Regenwasser

Messgröße	**Probe 1**	**Probe 2**	**Probe 3**	**Probe 4**
pH-Wert	5,0	8,0	5,0	8,5
Leitfähigkeit in $\mu S \cdot cm^{-1}$	65	10 135	690	895
O_2 in $mg \cdot L^{-1}$	nicht bestimmt	8,8 (100 % Sättigung)	nicht bestimmt	4,5 (40 % Sättigung)
NO_3^- in $mg \cdot L^{-1}$	2	2	nicht nachweisbar	205
PO_4^{3-} in $mg \cdot L^{-1}$	0,01	0,01	nicht nachweisbar	25
Mg^{2+} in $mg \cdot L^{-1}$ Ca^{2+} in $mg \cdot L^{-1}$	0 0	1 290 411	55 450	nicht bestimmt
HCO_3^- in $mg \cdot L^{-1}$	0	142	600	nicht bestimmt

Quelle: Hütter, Leonhard A.: Wasser und Wasseruntersuchung, Salle + Sauerländer, 1994

M 2a: Versuch: Kohlenstoffdioxid und Kalkwasser ($Ca(OH)_2$)

Kohlensäure

$$CO_{2\,(g)} \rightleftharpoons CO_{2\,(aq)}\text{; exotherm}$$

$$CO_{2\,(aq)} + H_2O_{(l)} \rightleftharpoons H_2CO_{3\,(aq)}$$

$$H_2CO_{3\,(aq)} + H_2O_{(l)} \rightleftharpoons HCO^-_{3\,(aq)} + H_3O^+_{(aq)}$$

$$HCO^-_{3\,(aq)} + H_2O_{(l)} \rightleftharpoons CO^{2-}_{3\,(aq)} + H_3O^+_{(aq)}$$

Löslichkeitsprodukte

Kalk ($CaCO_3$): $K_L = 5 \cdot 10^{-9}\ (mol \cdot L^{-1})^2$;
Calciumhydrogencarbonat ($Ca(HCO_3)_2$): Hier lässt sich kein Löslichkeitsprodukt K_L angeben, da Calciumhydrogencarbonat nur in Lösung existiert.

Versuchsbeobachtungen

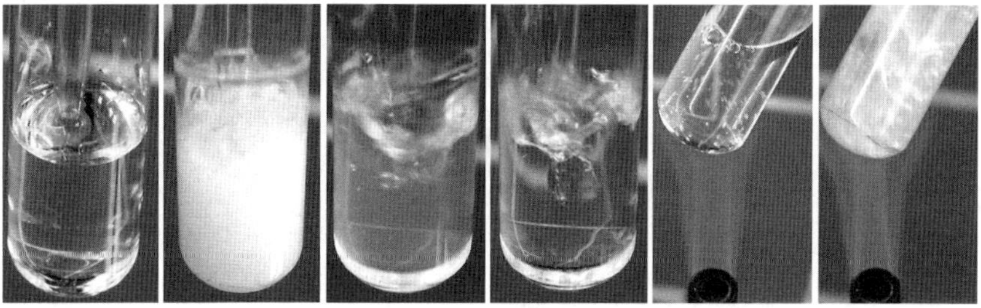

1 Einleiten von Kohlenstoffdioxid in Kalkwasser: **Start**	**2** Einleiten von Kohlenstoffdioxid in Kalkwasser: **nach 15 s**	**3** Einleiten von Kohlenstoffdioxid in Kalkwasser: **nach 60 s**	**4** Einleiten von Kohlenstoffdioxid in Kalkwasser: **nach 120 s**	**5** Erhitzen der Lösung von 4: **Start**	**6** Erhitzen der Lösung von 4: **nach 30 s**

M 2b: Kalk-Rost-Schutzschicht

Bei der Sauerstoffkorrosion in der Wasserleitung bilden sich Hydroxidionen; die Umgebung der Roststelle wird dadurch stark alkalisch ($pH \approx 10$). Da fast in jedem Wasser auch Hydrogencarbonationen vorhanden sind, kommt es wegen der höheren Konzentration an Hydroxidionen durch Gleichgewichtsverschiebungen in hartem Wasser zur Kalkabscheidung. Aus Eisen(II)-hydroxid und Kalk bildet sich eine Kalk-Rost-Schutzschicht aus, die einen dichten Überzug auf der Metalloberfläche bildet und diese vor weiterem Angriff schützt.

nach: Hütter, Leonhard A.: Wasser und Wasseruntersuchung; Salle + Sauerländer, 1994

M 3: Tenside: Struktur und Eigenschaft

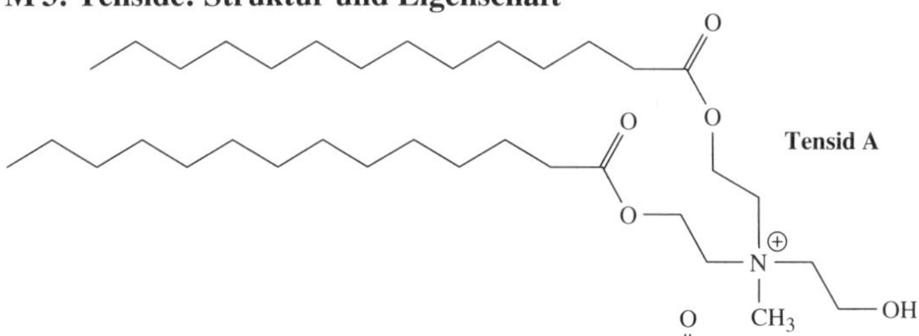

Tensid A

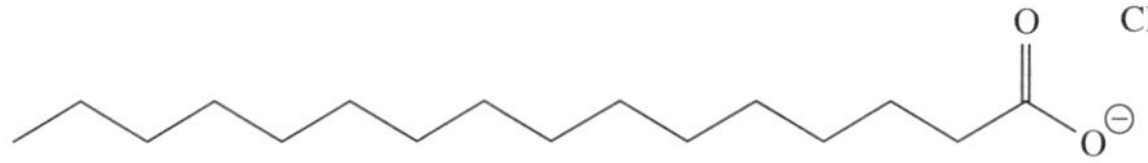

Tensid B

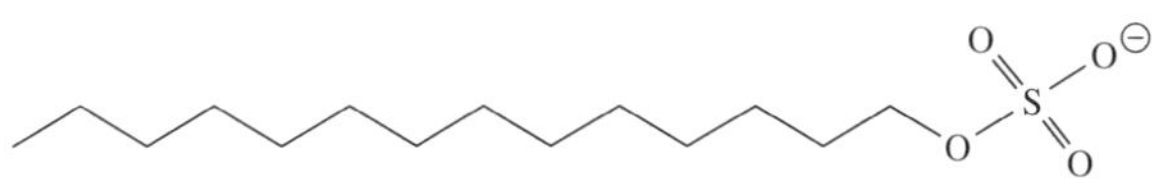

Tensid C

Verwendungszweck: 1 Handseife; 2 Duschgel; 3 Weichspüler

Lösung

1.1 Titrationskurve

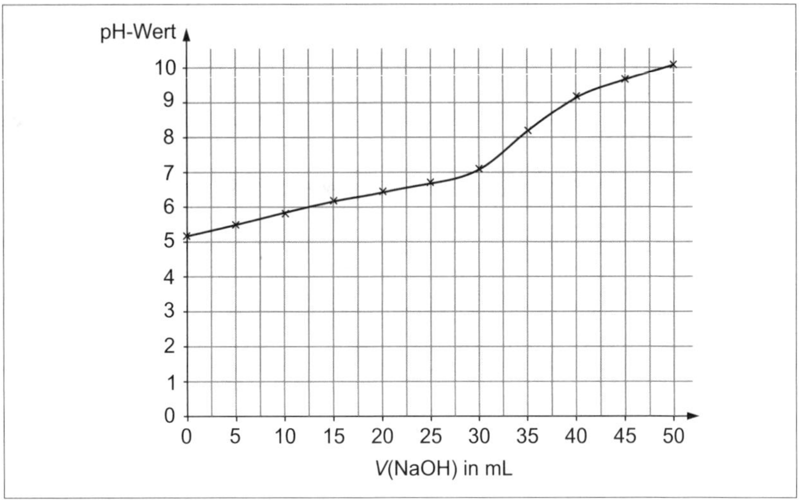

Bestimmung des Kohlensäuregehalts

Aufgrund des niedrigen pH-Sprungs kann der Äquivalenzpunkt nur ungefähr ermittelt werden.

$$H_2CO_{3\,(aq)} + NaOH_{(aq)} \longrightarrow Na^+_{(aq)} + HCO_3^-{}_{(aq)} + H_2O_{(l)}$$

Geg.: V(Mineralwasser) = 100 mL
$c(NaOH) = 0{,}1\ mol \cdot L^{-1}$
$V(NaOH) = 35$ mL (aus der Titrationskurve)

Ges.: $c(H_2CO_3)$

$$c(H_2CO_3) \cdot V(H_2CO_3) = c(NaOH) \cdot V(NaOH)$$

$$c(H_2CO_3) = \frac{c(NaOH) \cdot V(NaOH)}{V(H_2CO_3)}$$

$$c(H_2CO_3) = \frac{0{,}1\ mol \cdot L^{-1} \cdot 0{,}035\ L}{0{,}1\ L} = 0{,}035\ mol \cdot L^{-1}$$

Hinter dem Begriff „Gehalt in $g \cdot L^{-1}$" verbirgt sich die Massenkonzentration β. Die Stoffmengenkonzentration $c(H_2CO_3)$ muss nun noch entsprechend umgerechnet werden.

$c(H_2CO_3) = 0{,}035 \text{ mol} \cdot L^{-1} \Rightarrow n(H_2CO_3) = 0{,}035$ mol in 1 L Lösung

$$\beta(H_2CO_3) = \frac{m(H_2CO_3)}{V_{\text{Lösung}}} = \frac{n(H_2CO_3) \cdot M(H_2CO_3)}{V_{\text{Lösung}}}$$

$$\beta(H_2CO_3) = \frac{0{,}035 \text{ mol} \cdot 62 \text{ g} \cdot \text{mol}^{-1}}{1 \text{ L}} = 2{,}17 \text{ g} \cdot L^{-1}$$

Es ergibt sich ein Kohlensäuregehalt von $2{,}17 \text{ g} \cdot L^{-1}$.

1.2 *Nachfolgend wird einer von mehreren möglichen Argumentationswegen vorgestellt.*

Probe 1: Regenwasser
Es befinden sich keine Ca^{2+}- und Mg^{2+}-Ionen im Regenwasser, was die geringe Leitfähigkeit dieser Wasserprobe erklärt.

Probe 2: Meerwasser
Der hohe Salzgehalt von Meerwasser ergibt einen hohen Leitfähigkeitswert. Da zwischen der großen Wasseroberfläche und dem Sauerstoff der Luft ein reger Austausch stattfinden kann, liegt im Meerwasser 100 %ige Sauerstoffsättigung vor.

Probe 3: Mineralwasser (versetzt mit Kohlensäure)
Der vergleichsweise niedrige pH-Wert ergibt sich aus dem Zusatz von Kohlensäure, die in wässriger Lösung Protonen auf Wassermoleküle überträgt:

$$H_2CO_{3\,(aq)} + H_2O_{(l)} \longrightarrow HCO_3^-{}_{(aq)} + H_3O^+{}_{(aq)}$$

Die Nitrat- und Phosphatwerte sind nicht erhöht.

Probe 4: Abwasser
Der geringe Sauerstoffgehalt ist Folge des aeroben Abbaus von organischem Material durch Mikroorganismen. Zudem sind im Abwasser erhöhte Nitrat- und Phosphatwerte messbar.

2.1 **Einleiten von Kohlenstoffdioxid in Kalkwasser**

Versuchsbeobachtungen
Bild 1: Klare Lösung
Bild 2: Es bildet sich ein weißer Niederschlag.
Bild 3 und 4: Der Niederschlag löst sich langsam wieder auf.
Bild 5: Klare Lösung
Bild 6: Es bildet sich erneut ein weißer Niederschlag.

Deutung der Versuchsbeobachtungen
Durch das Einleiten von Kohlenstoffdioxid in Kalkwasser bildet sich Kohlensäure aus, die ihre Protonen auf Wassermoleküle überträgt.

$$CO_{2\,(aq)} + H_2O_{(l)} \rightleftharpoons H_2CO_{3\,(aq)}$$

$$H_2CO_{3\,(aq)} + H_2O_{(l)} \rightleftharpoons HCO_3^-{}_{(aq)} + H_3O^+{}_{(aq)}$$

$$HCO_3^-{}_{(aq)} + H_2O_{(l)} \rightleftharpoons CO_3^{2-}{}_{(aq)} + H_3O^+{}_{(aq)}$$

Da die gebildeten Oxoniumionen mit den Hydroxidionen der Kalkwasserlösung zu Wasser reagieren, verschiebt sich das Gleichgewicht gemäß dem Prinzip von Le Chatelier auf die Seite der Carbonationen. Das Löslichkeitsprodukt von Calciumcarbonat ($CaCO_3$) ist sehr gering, sodass Calciumcarbonat als schwer löslicher weißer Niederschlag ausfällt (Bild 2).

$$Ca^{2+}{}_{(aq)} + CO_3^{2-}{}_{(aq)} \rightleftharpoons CaCO_{3\,(s)}$$

Das Einleiten von Kohlenstoffdioxid bewirkt, dass der pH-Wert des Kalkwassers sinkt (Zunahme der Oxoniumionenkonzentration). Dies bewirkt eine Verschiebung des Gleichgewichts auf die Seite des Hydrogencarbonats.

$$CO_3^{2-}{}_{(aq)} + H_3O^+{}_{(aq)} \rightleftharpoons HCO_3^-{}_{(aq)} + H_2O_{(l)}$$

Es bildet sich Calciumhydrogencarbonat ($Ca(HCO_3)_2$), eine gut lösliche Verbindung. Der weiße Niederschlag löst sich allmählich auf (Bild 3 und 4).

Das Lösen von Kohlenstoffdioxid in einer wässrigen Lösung verläuft exotherm. Durch Erhitzen verschiebt sich das Gleichgewicht in Richtung der endothermen Reaktion; gasförmiges Kohlenstoffdioxid entweicht.

$$CO_{2\,(g)} \rightleftharpoons CO_{2\,(aq)} \quad \text{exotherm}$$

Wird das gelöste Kohlenstoffdioxid $CO_{2\,(aq)}$ aus dem Gleichgewicht entfernt, so verschiebt sich das Gleichgewicht zugunsten der Calciumcarbonatbildung und es bildet sich erneut ein schwer löslicher weißer Niederschlag (Bild 6).

Kalk-Kohlensäure-Gleichgewicht:

$$Ca^{2+}{}_{(aq)} + 2\,HCO_3^-{}_{(aq)} \rightleftharpoons CaCO_{3\,(s)} + H_2O_{(l)} + CO_{2\,(aq)}$$

2.2 Sauerstoffkorrosion bei einer Eisen-Wasserleitung

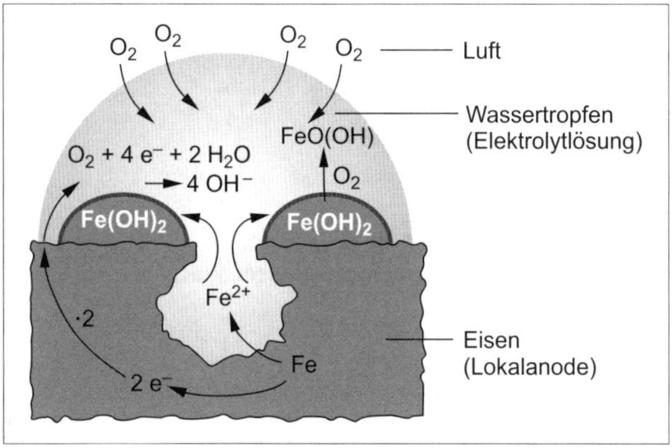

Oxidation:	$\overset{0}{Fe}_{(s)}$	$\longrightarrow$	$\overset{+II}{Fe^{2+}}_{(aq)} + 2\,e^-$
Reduktion:	$\overset{0}{O_2}_{(g)} + 4\,e^- + 2\,H_2O_{(l)}$	$\longrightarrow$	$4\,\overset{-II}{OH^-}_{(aq)}$
Redox.:	$2\,Fe_{(s)} + O_{2(g)} + 2\,H_2O_{(l)}$	$\longrightarrow$	$2\,Fe(OH)_{2(s)}$

Entstehung von Rost durch weitere Oxidation mit Luftsauerstoff:

$$4\,Fe(OH)_{2(s)} + O_{2(g)} \longrightarrow 4\,FeO(OH)_{(s)} + 2\,H_2O_{(l)}$$

2.3 **Kalk-Rost-Schutzschicht**

Zwischen Carbonat- und Hydrogencarbonationen stellt sich folgendes Protolysegleichgewicht ein:

$$CO_{3(aq)}^{2-} + H_2O_{(l)} \rightleftharpoons HCO_{3(aq)}^{-} + OH^-_{(aq)} \qquad \text{(Gleichgewicht I)}$$

Die Carbonationen verbinden sich mit den in hartem Wasser vorhandenen Ca^{2+}-Ionen zu schwer löslichem Calciumcarbonat.

$$Ca^{2+}_{(aq)} + CO_{3(aq)}^{2-} \rightleftharpoons CaCO_{3(s)} \qquad \text{(Gleichgewicht II)}$$

Die bei der Sauerstoffkorrosion gebildeten OH^--Anionen (siehe Teilgleichung der Reduktion in 2.2) verschieben Gleichgewicht I in Richtung der Carbonationen. Die verstärkte Bildung der Carbonationen verschiebt wiederum Gleichgewicht II auf die Seite des festen Calciumcarbonats. Aus Calciumcarbonat ($CaCO_3$) und Eisen(II)-hydroxid ($Fe(OH)_2$) bildet sich ein schützender Überzug (siehe M 2b).

3.1 **Tensid A:** Es handelt sich um ein **kationisches Tensid**, das zur Stoffgruppe der **Fettsäureester** gehört. Das Tensid verfügt über zwei hydrophobe Alkylreste (Tetradecansäurereste) und eine hydrophile, positiv geladene Ammoniumgruppe.
Tensid B: Das **anionische Tensid** ist ein **Fettsäureanion**. Neben einem langen hydrophoben Alkylrest (Palmitinsäurerest) existiert im Molekül auch eine hydrophile negativ geladene Carboxylatgruppe.
Tensid C: Anionisches Tensid, das zur Stoffgruppe der **Schwefelsäureester** zählt. Das Tensidmolekül besteht aus einem hydrophoben Alkylrest (Tetradecylrest) und einer negativ geladenen, hydrophilen Sulfatgruppe.

Verwendungszwecke

Tensid A	Tensid B	Tensid C
Weichspüler	Handseife	Duschgel

Begründung

Tensid A bindet über seine positiv geladene Ammoniumgruppe an negativ geladene Stofffasern. Die hydrophoben Seitenketten bilden dabei eine „Haut“ auf der Faser, wodurch sich die Wäsche weich anfühlt.

Handseife (Tensid B) zeigt eine gute Waschwirkung. Ein Nachteil von Seife ist allerdings, dass sie mit hartem Wasser zu unlöslicher Kalkseife reagiert:

$$2\,C_{15}H_{31}COO^-{}_{(aq)} + Ca^{2+}{}_{(aq)} \longrightarrow (C_{15}H_{31}COO)_2Ca_{(s)}$$

Ein weiterer Nachteil von klassischer Seife ist, dass sie den Säureschutzmantel der Haut angreift. Durch die Reaktion mit Wasser kommt es zur Bildung von Hydroxidanionen:

$$C_{15}H_{31}COO^- + H_2O \longrightarrow C_{15}H_{31}COOH + OH^-$$

Duschgele (Tensid C) haben ebenfalls eine hohe Waschwirkung. Allerdings reagieren sie weder mit hartem Wasser, noch greifen sie den Säureschutzmantel der Haut an.

3.2 Der chemische Sauerstoffbedarf ist die Menge an Sauerstoff in einem Abwassersystem, die benötigt wird, um die organischen Stoffe im System vollständig zu oxidieren. Das Tensid wird im Abwasser zu Kohlenstoffdioxid und Wasser umgesetzt.

Berechnung des Sauerstoffgehalts

$$C_{15}H_{31}COOH + 23\,O_2 \longrightarrow 16\,CO_2 + 16\,H_2O$$

Geg.: $m(C_{15}H_{31}COOH) = 2{,}56\text{ g}$

$M(C_{15}H_{31}COOH) = 256\text{ g}\cdot\text{mol}^{-1}$

$M(O_2) = 32\text{ g}\cdot\text{mol}^{-1}$

$V(\text{Abwasser}) = 100\text{ L}$

Ges.: $m(O_2)$

$$n(C_{15}H_{31}COOH) = \frac{m(C_{15}H_{31}COOH)}{M(C_{15}H_{31}COOH)}$$

$$n(C_{15}H_{31}COOH) = \frac{2{,}56\text{ g}}{256\text{ g}\cdot\text{mol}^{-1}} = 0{,}01\text{ mol}$$

Pro Mol Palmitinsäure werden 23 Mol Sauerstoff benötigt.

$$\frac{n(C_{15}H_{31}COOH)}{n(O_2)} = \frac{1}{23}$$

$$n(O_2) = 23 \cdot n(C_{15}H_{31}COOH) = 23 \cdot 0{,}01\text{ mol} = 0{,}23\text{ mol}$$

$$m(O_2) = n(O_2) \cdot M(O_2) = 0{,}23\text{ mol} \cdot 32\text{ g}\cdot\text{mol}^{-1} = 7{,}36\text{ g}$$

Für den Abbau von 2,56 g Palmitinsäure in 100 L Abwasser werden 7,36 g Sauerstoff benötigt. In einem Liter Abwasser müssen also 73,6 mg Sauerstoff enthalten sein.

Chemie (Niedersachsen): Erhöhtes Anforderungsniveau
Abiturprüfung 2010 – Aufgabe I

Analysen verschiedener Wässer

1 **Kalkwasser**

1.1 Erläutern Sie, auch anhand von Reaktionsgleichungen, die Eigenschaften von Kalkwasser hinsichtlich der Verwendung in der Aquaristik (M 1).

1.2 Beschreiben Sie die experimentelle Durchführung und Auswertung einer Säure-Base-Titration. Ermitteln Sie unter Angabe Ihres Lösungsweges die fehlenden Werte in der Tabelle (M 2).
Hinweis: Abweichungen von dem in der Formelsammlung angegebenen Zahlenwert für K_L müssen Sie nicht diskutieren.

1.3 Stellen Sie in einem Diagramm die Calciumionenkonzentration in Abhängigkeit von der Hydroxidionenkonzentration $c(OH^-)$ (Gesamt) dar.
Erklären Sie den Verlauf des Graphen in Hinblick auf die Löslichkeit von Calciumhydroxid in den einzelnen Lösungen.

1.4 Berechnen Sie die Löslichkeit von Calciumhydroxid in Wasser (Angabe in $g \cdot L^{-1}$) und ermitteln Sie daraus die Masse an Calciumionen, die bei einer Zugabe von einem Liter Kalkwasser in ein Aquarium eingetragen wird.

2 **Barytwasser**

2.1 Beschreiben Sie mithilfe einer Skizze den Versuchsaufbau und die Durchführung der beiden Experimente unter Verwendung der entsprechenden Fachbegriffe (M 3).

2.2 Beschreiben Sie den Verlauf der beiden Titrationskurven (M 3).

2.3 Interpretieren und vergleichen Sie ausführlich den Verlauf der beiden Titrationskurven (M 3, M 4), auch unter Angabe entsprechender Reaktionsgleichungen.

3 **Trinkwasser**

3.1 Stellen Sie kurz das Verfahren zur Trinkwasserkonservierung dar (M 5).

3.2 Erläutern Sie, warum der in M 6 dargestellte Versuchsaufbau zur Bestimmung der Konzentration der wirksamen Teilchen in mit PuroSil (M 5) konserviertem Trinkwasser geeignet ist.

3.3 Diskutieren Sie die Lagerung von mit PuroSil konserviertem Trinkwasser in einem Aluminiumbehälter gegenüber einem Behälter aus Polyethen (M 5).

M 1: Die Kalkwassermethode

Eine gute Calciumversorgung ist eine Voraussetzung für üppiges Steinkorallenwachstum.

Calcium ist eines der wichtigen Mineralien im Meerwasser. […] Eine wichtige Aufgabe des Calciums, die der Meerwasseraquarianer sehr genau kennt, ist die Funktion als Grundbaustoff für die Kalkskelette vieler mariner Tiere. […] In Korallen wird Calcium als Calciumcarbonat in das Skelett eingebaut. […]
Die älteste Methode, Calcium in das Aquariumwasser zu bringen, ist die Kalkwassermethode oder Calciumhydroxidmethode. Dazu wird in einem Gefäß 1 Esslöffel Calciumhydroxid mit ca. 10 Litern weichem Wasser […] aufgefüllt und gut geschüttelt. Nach einer Stunde haben sich die nicht aufgelösten Reste auf dem Boden abgesetzt und der klare Überstand kann für das Meerwasseraquarium verwendet werden.
Da der pH-Wert von frisch angesetztem Kalkwasser bei ca. 12,5 liegt, also stark ätzend ist, muss bei dem Umgang mit dieser Chemikalie aufgepasst werden. Sollte Kalkwasser auf die Haut gelangen, sollte mit viel klarem Wasser gespült werden. […] Der hohe pH-Wert hat noch einen Nachteil. Steht Kalkwasser in einem offenen Gefäß, kann Kohlenstoffdioxid aus der Luft schnell in das Kalkwasser gelangen und den pH-Wert und vor allem die Calciumionenkonzentration senken. Kalkwasser kann innerhalb von ein bis zwei Tagen unbrauchbar werden. […]
Es kann bei fast allen Aquarien das gesamte verdunstete Wasser mit Kalkwasser wieder aufgefüllt werden. Nur bei den sehr wenigen Aquarien, die von sich aus schon einen hohen pH-Wert (über 8,4–8,5) haben, sollte mit der Kalkwassermethode sparsam umgegangen werden. […] Ein zusätzlicher Nutzen des Kalkwassers ist die Phosphatfällung. An der Eintropfstelle des Kalkwassers kann sich ein Teil der Calciumionen aufgrund des hohen pH-Wertes spontan mit Phosphationen verbinden. Die gebildete Verbindung ist unter normalen Aquarienbedingungen nicht mehr löslich und landet letztendlich als Sediment im Sedimentfilter oder in einer Schnellfilterpatrone.

Verändert nach: http://www.aquacare.de/info/veroeff/calcium/ca01.htm; Ramsch, Burkhard; Sellner, Beate R; Firma Aquacare

M 2: Löslichkeitsprodukt von Calciumhydroxid

Zur Bestimmung des Löslichkeitsproduktes von Calciumhydroxid wurden gesättigte Lösungen von Calciumhydroxid in Wasser und in Natronlaugen der Konzentrationen 0,025 mol · L^{-1}, 0,05 mol · L^{-1} und 0,1 mol · L^{-1} hergestellt.
Etwa 24 Stunden nach dem Ansetzen wurden diese Lösungen filtriert und je 20 mL davon mit Salzsäure der Konzentration c = 0,1 mol · L^{-1} nach Zugabe von Phenolphthalein bis zur Entfärbung titriert.

Die Messwerte zum Verbrauch an Salzsäure sind nachfolgend angegeben:

	$Ca(OH)_2$ gelöst in			
	H_2O	NaOH (aq) c = 0,025 mol · L^{-1}	NaOH (aq) c = 0,05 mol · L^{-1}	NaOH (aq) c = 0,1 mol · L^{-1}
V(HCl (aq)) in mL (Verbrauch)	9,5	11,6	14,2	21,8
$c(OH^-)$ in mol · L^{-1} (Gesamt)				
$c_1(OH^-)$ in mol · L^{-1} (Anteil des NaOH)	–			
$c_2(OH^-)$ in mol · L^{-1} (Anteil des $Ca(OH)_2$)				
$c(Ca^{2+})$ in mol · L^{-1}				
K_L in $mol^3 \cdot L^{-3}$				

Verändert nach: Asselborn, Wolfgang; Jäckel, Manfred; Risch, Karl T.: Chemie heute, Sek. II, Schroedel, Hannover 1990

M 3: Leitfähigkeitstitration

Zwei Proben einer Bariumhydroxidlösung (Barytwasser) wurden mit Salzsäure der Konzentration c = 0,5 mol · L^{-1} (V1) bzw. Schwefelsäure der Konzentration c = 0,5 mol · L^{-1} (V2) bei U = 10 V konduktometrisch titriert (Leitfähigkeitstitration). Die Abbildung zeigt den Verlauf dieser Titrationen:

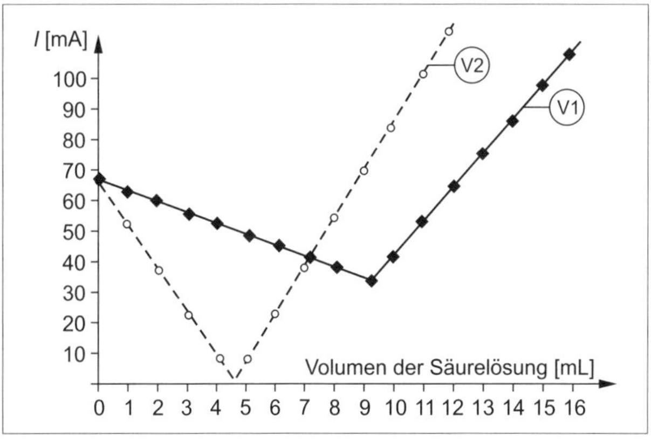

Verändert nach: Glöckner, Wolfgang (Hrsg.), Materialien zum Kursunterricht Chemie, Teil 2, Aulis, Köln 1985

M 4: Ionenbeweglichkeiten *u* einiger Ionen in Wasser bei 25 °C in $cm^2 \cdot V^{-1} \cdot s^{-1}$

Kation	*u* in $cm^2 \cdot V^{-1} \cdot s^{-1}$	Anion	*u* in $cm^2 \cdot V^{-1} \cdot s^{-1}$
H_3O^+	$36{,}2 \cdot 10^{-4}$	OH^-	$20{,}5 \cdot 10^{-4}$
Li^+	$4{,}0 \cdot 10^{-4}$	F^-	$5{,}7 \cdot 10^{-4}$
Na^+	$5{,}2 \cdot 10^{-4}$	Cl^-	$7{,}9 \cdot 10^{-4}$
K^+	$7{,}6 \cdot 10^{-4}$	NO_3^-	$7{,}4 \cdot 10^{-4}$
Ca^{2+}	$12{,}3 \cdot 10^{-4}$	MnO_4^-	$6{,}5 \cdot 10^{-4}$
Ba^{2+}	$13{,}2 \cdot 10^{-4}$	SO_4^{2-}	$16{,}5 \cdot 10^{-4}$

Quelle: von Wachtendonk, Magdalene; Tausch, Michael: Chemie S II, Stoff-Formel-Umwelt, Buchner Verlag, Bamberg 1993

M 5: Trinkwasserkonservierung

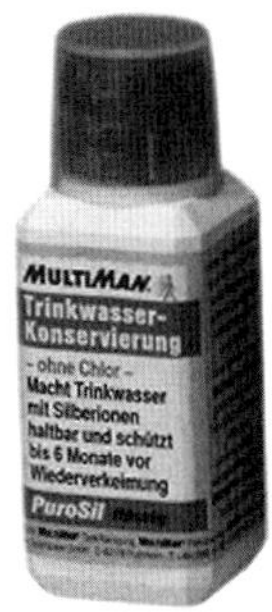

Trinkwasser in Mittel- und Nordeuropa kommt meist klar und von guter Qualität aus dem Wasserhahn. Es ist von Wasserwerken gut aufbereitet, enthält nur wenige Bakterien und keine Krankheitserreger.

Bei längerer Lagerung muss Trinkwasser gegen Wiederverkeimung geschützt werden!

MultiMan® PuroSil inaktiviert Erreger bakterieller Darmerkrankungen in klarem Wasser ohne Chlor. Silberionen konservieren Trinkwasser bis zu 6 Monate und schützen vor Wiederverkeimung. […]

Wirkstoff: Natriumsilberchloro-Komplex
Nach Trinkwasserverordnung (§ 11 Liste) zur Konservierung von Trinkwasser zugelassen.

Wirkungsdauer: Einwirkzeit 2 Stunden.
Silberionen inaktivieren die Bakterien und schützen klares Trinkwasser bis zu 6 Monate vor Wiederverkeimung. Sie durchdringen die Zellwand der Bakterien und bewirken eine Blockierung des Enzymsystems, indem sie lebensnotwendige Umsetzungen in Mikroorganismen hemmen.

Anwendungsart: 1 mL (20 Tropfen) PuroSil flüssig auf 10 L Wasser. 0,1 mg Silber pro 1 L Wasser.

Warnhinweis: Überdosierung kann an Aluminium-Trinkflaschen und -Tanks elektrochemische Korrosion verursachen.

© Peter Gelzhäuser, http://www.multiman.de/index.php?page=purosil

M 6: Versuchsaufbau zur Trinkwasseruntersuchung

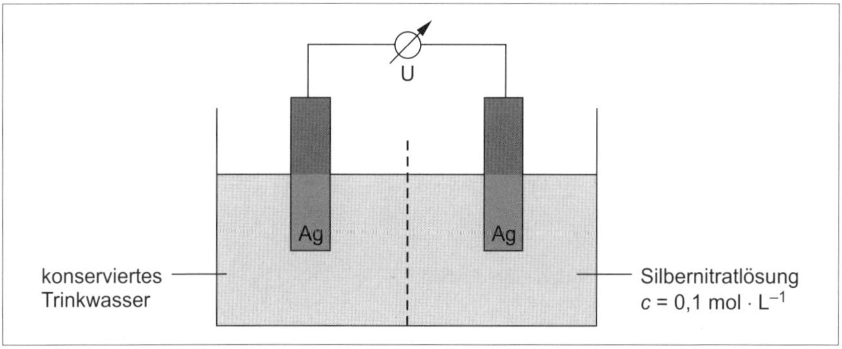

Lösung

1.1 Kalkwasser ist eine gesättigte Calciumhydroxid-Lösung. Der pH-Wert der Lösung liegt bei ca. 12,5, die Lösung reagiert basisch.

$$Ca(OH)_{2\,(s)} \rightleftharpoons Ca^{2+}{}_{(aq)} + 2\,OH^{-}{}_{(aq)}$$

Calciumionen sind der Grundbaustoff für die Skelette vieler Tiere (z. B. Korallen). Sie tragen außerdem durch die Bildung von schwer löslichem Calciumphosphat zur Entfernung der Phosphationen bei.

$$3\,Ca^{2+}{}_{(aq)} + 2\,PO_4^{3-}{}_{(aq)} \longrightarrow Ca_3(PO_4)_{2\,(s)}$$

Das Kohlenstoffdioxid aus der Luft reagiert mit den Hydroxidionen zu Carbonatanionen, die sich mit den Calciumkationen zu schwer löslichem Calciumcarbonat verbinden. Dies führt zur Verringerung der Calciumionenkonzentration und zur Senkung des pH-Wertes.

$$Ca^{2+}{}_{(aq)} + 2\,OH^{-}{}_{(aq)} + CO_{2\,(g)} \longrightarrow CaCO_{3\,(s)} + H_2O_{(l)}$$

1.2 **Titration von Calciumhydroxidlösungen mit Salzsäure**

Geräte:
- Stativmaterial
- Bürette
- Trichter
- Erlenmeyerkolben
- Pipette
- Pipettierhilfe

Chemikalien:
- Calciumhydroxid in Wasser (gesättigt)
- Calciumhydroxid in Natronlauge ($c = 0{,}025\ mol \cdot L^{-1}$, $c = 0{,}05\ mol \cdot L^{-1}$, $c = 0{,}1\ mol \cdot L^{-1}$)
- Salzsäure ($c = 0{,}1\ mol \cdot L^{-1}$)
- Phenolphthaleinlösung als Indikator

Versuchsaufbau

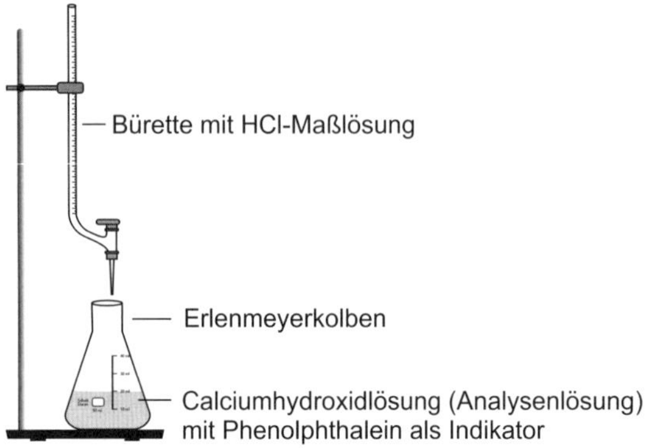

Versuchsdurchführung

Bei einer Säure-Base-Titration handelt es sich um ein **maßanalytisches Verfahren** zur Bestimmung der Konzentration einer alkalischen Lösung durch Titration mit einer Säure oder umgekehrt. In einem Erlenmeyerkolben wird ein bestimmtes Volumen einer **Analysenlösung** (z. B. wässrige Calciumhydroxidlösung) vorgelegt und mit einem geeigneten **Indikator** (z. B. Phenolphthalein) versetzt. Aus der Bürette wird eine **Maßlösung** bekannter Konzentration (z. B. Salzsäure) unter ständigem Rühren allmählich zugetropft. Es kommt zum Farbumschlag des Indikators, wenn die zur vorgelegten alkalischen Lösung äquivalente Menge an Säure zugegeben wurde. Am Farbumschlag erkennt man den Äquivalenzpunkt der Titration.

Titration der wässrigen Calciumhydroxidlösung

Geg.: $V(Ca(OH)_{2\,(aq)}) = 20$ mL (gesättigt)
$c(HCl_{(aq)}) = 0{,}1\ mol \cdot L^{-1}$
$V(HCl_{(aq)}) = 9{,}5$ mL

Ges.: $c(OH^-)$ (Gesamt)
$c_1(OH^-)$ (Anteil des NaOH)
$c_2(OH^-)$ (Anteil des $Ca(OH)_2$)
$c(Ca^{2+})$
K_L

Berechnung der gesuchten Konzentrationen

Bei der zugrunde liegenden Reaktion handelt es sich um eine Neutralisationsreaktion. Am Äquivalenzpunkt sind die Hydroxidionen durch die Zugabe der Oxoniumionen (in Form von HCl-Maßlösung) neutralisiert.

$$OH^-_{(aq)} + H_3O^+_{(aq)} \rightleftharpoons 2\,H_2O_{(l)}$$

$$n(OH^-) = n(H_3O^+)$$

$$c(OH^-) \cdot V(OH^-) = c(H_3O^+) \cdot V(H_3O^+)$$

$$c(OH^-) = \frac{c(H_3O^+) \cdot V(H_3O^+)}{V(OH^-)} = \frac{c(HCl) \cdot V(HCl)}{V(OH^-)}$$

$$c(OH^-) = \frac{0{,}1\ mol \cdot L^{-1} \cdot 9{,}5\ mL}{20\ mL} = 0{,}0475\ mol \cdot L^{-1}$$

$$c_1(OH^-) = 0 \Rightarrow c(OH^-) = c_2(OH^-)$$

$$\frac{c(Ca^{2+})}{c(OH^-)} = \frac{1}{2} \Rightarrow c(Ca^{2+}) = \frac{1}{2} \cdot c(OH^-) = 0{,}02375\ mol \cdot L^{-1}$$

Berechnung des Löslichkeitsproduktes

Die Berechnung der Löslichkeitskonstante K_L erfolgt mithilfe des Löslichkeitsgleichgewichtes.

$$Ca(OH)_{2\,(s)} \rightleftharpoons Ca^{2+}_{(aq)} + 2\,OH^-_{(aq)}$$

$$K_L = c(Ca^{2+}) \cdot c^2(OH^-)$$

$$K_L = 0{,}02375\ mol \cdot L^{-1} \cdot (0{,}0475\ mol \cdot L^{-1})^2 = 5{,}4 \cdot 10^{-5}\ mol^3 \cdot L^{-3}$$

Titration von Calciumhydroxid in Natronlauge

Geg.: $V(Ca(OH)_{2\,(aq)})$ = 20 mL (gesättigt)
$c(HCl_{(aq)}) = 0{,}1\ mol \cdot L^{-1}$
$V(HCl_{(aq)}) = 11{,}6\ mL$
$c_1(OH^-) = 0{,}025\ mol \cdot L^{-1}$

Ges.: $c(OH^-)$ (Gesamt)
$c_2(OH^-)$ (Anteil des $Ca(OH)_2$)
$c(Ca^{2+})$
K_L

Berechnung der gesuchten Konzentrationen

$$c(OH^-) = \frac{c(HCl) \cdot V(HCl)}{V(OH^-)}$$

$$c(OH^-) = \frac{0{,}1\ mol \cdot L^{-1} \cdot 11{,}6\ mL}{20\ mL} = 0{,}058\ mol \cdot L^{-1}$$

Um die Konzentration der Hydroxidionen des Calciumhydroxids $c_2(OH^-)$ zu erhalten, muss die Konzentration der Hydroxidionen aus der Natronlauge $c_1(OH^-)$ von der oben ermittelten Gesamtkonzentration $c(OH^-)$ abgezogen werden.

$c_2(\text{OH}^-) = c(\text{OH}^-) - c_1(\text{OH}^-)$
$c_2(\text{OH}^-) = 0{,}058\ \text{mol} \cdot \text{L}^{-1} - 0{,}025\ \text{mol} \cdot \text{L}^{-1} = 0{,}033\ \text{mol} \cdot \text{L}^{-1}$

$c(\text{Ca}^{2+}) = \frac{1}{2} \cdot c_2(\text{OH}^-) = 0{,}0165\ \text{mol} \cdot \text{L}^{-1}$

Berechnung des Löslichkeitsproduktes

Bei der Berechnung des Löslichkeitsproduktes K_L muss die Gesamtkonzentration der Hydroxidionen $c(OH^-)$ berücksichtigt werden.

$K_\text{L} = c(\text{Ca}^{2+}) \cdot c^2(\text{OH}^-)$
$K_\text{L} = 0{,}0165\ \text{mol} \cdot \text{L}^{-1} \cdot (0{,}058\ \text{mol} \cdot \text{L}^{-1})^2 = 5{,}6 \cdot 10^{-5}\ \text{mol}^3 \cdot \text{L}^{-3}$

Die Berechnungen zu den beiden anderen Calciumhydroxidlösungen in Natronlauge verlaufen analog zu obigem Rechenweg. Die entsprechenden Werte sind in der nachfolgenden Tabelle zusammengefasst.

	$Ca(OH)_2$ gelöst in			
	H_2O	NaOH (aq) c = 0,025 mol · L^{-1}	NaOH (aq) c = 0,05 mol · L^{-1}	NaOH (aq) c = 0,1 mol · L^{-1}
V(HCl (aq)) [mL] (Verbrauch)	9,5	11,6	14,2	21,8
$c(OH^-)$ [mol · L^{-1}] (Gesamt)	0,0475	0,058	0,071	0,109
$c_1(OH^-)$ [mol · L^{-1}] (Anteil des NaOH)	–	0,025	0,05	0,1
$c_2(OH^-)$ [mol · L^{-1}] (Anteil des $Ca(OH)_2$)	0,0475	0,033	0,021	0,009
$c(Ca^{2+})$ [mol · L^{-1}]	0,02375	0,0165	0,0105	0,0045
K_L [$mol^3 \cdot L^{-3}$]	$5{,}4 \cdot 10^{-5}$	$5{,}6 \cdot 10^{-5}$	$5{,}3 \cdot 10^{-5}$	$5{,}3 \cdot 10^{-5}$

1.3 Graphische Darstellung

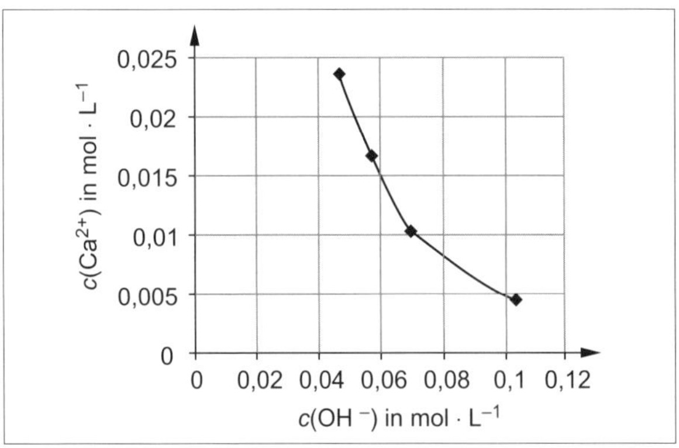

Mit zunehmender Hydroxidionenkonzentration verringert sich die Konzentration der Ca^{2+}-Ionen in Lösung, da sich das Löslichkeitsgleichgewicht auf die Seite von $Ca(OH)_{2\,(s)}$ verschiebt.

$$Ca(OH)_{2\,(s)} \rightleftharpoons Ca^{2+}_{(aq)} + 2\,OH^-_{(aq)}$$

Die Löslichkeit von $Ca(OH)_2$ verringert sich folglich durch die Zunahme der Hydroxidionenkonzentration.

1.4 *Die Löslichkeit l ist die Konzentration eines Stoffes in seiner gesättigten Lösung. Sie berechnet sich nach der allgemeinen Formel:*

$$l(A_mB_n) = \sqrt[m+n]{\frac{K_L(A_mB_n)}{m^m \cdot n^n}}$$

Löslichkeit von Calciumhydroxid in Wasser

$$l(Ca(OH)_2) = \sqrt[1+2]{\frac{K_L(Ca(OH)_2)}{1^1 \cdot 2^2}} = \sqrt[3]{\frac{5{,}4 \cdot 10^{-5}}{4}} = 0{,}0238\ mol \cdot L^{-1}$$

Alternativ zu obiger Rechnung kann auch der in Aufgabe 1.2 errechnete Wert der Calciumionenkonzentration ($c(Ca^{2+}) = 0{,}02375\ mol \cdot L^{-1}$) verwendet werden. Dieser Wert entspricht der Löslichkeit l von Calciumhydroxid in Wasser.

$$m(Ca(OH)_2) = n(Ca(OH)_2) \cdot M(Ca(OH)_2) = 0{,}0238\ mol \cdot 74\ g \cdot mol^{-1} = 1{,}76\ g$$

Die Löslichkeit von Calciumhydroxid in Wasser beträgt $1{,}76\ g \cdot L^{-1}$.

$$n(Ca^{2+}) = n(Ca(OH)_2)$$

$$m(Ca^{2+}) = n(Ca^{2+}) \cdot M(Ca^{2+}) = 0{,}0238\ mol \cdot 40\ g \cdot mol^{-1} = 0{,}952\ g$$

Bei Zugabe von 1 L Kalkwasser in ein Aquarium werden 0,952 g Calciumionen eingetragen.

2.1 **Konduktometrische Titration**

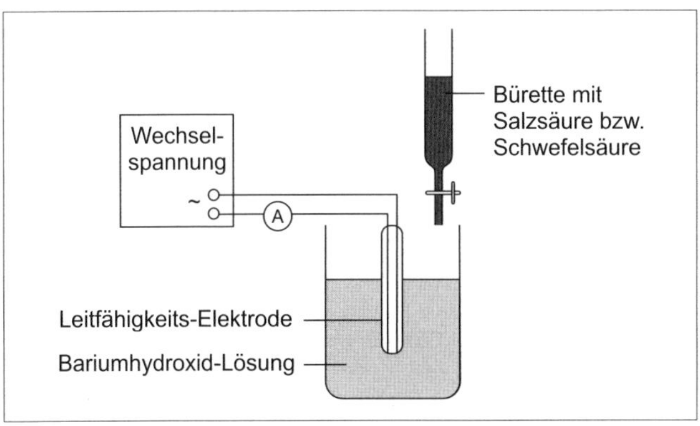

Die zu titrierende Bariumhydroxidlösung wird in einem Becherglas vorgelegt. Es wird eine Leitfähigkeitselektrode in der Lösung platziert und eine Wechselspannung von 10 V angelegt. Aus einer Bürette wird die jeweilige Maßlösung (Salzsäure $c(HCl) = 0{,}5\ mol \cdot L^{-1}$ bzw. Schwefelsäure $c(H_2SO_4) = 0{,}5\ mol \cdot L^{-1}$) unter ständigem Rühren der Bariumhydroxidlösung in Milliliterportionen zugegeben und der dazugehörige Wert der Stromstärke gemessen.

2.2 **Leitfähigkeitstitrationskurven V 1 und V 2**

Auf der x-Achse ist das Volumen der entsprechenden Säure in Millilitern (mL) aufgetragen, auf der y-Achse die Stromstärke in Milliampere (mA).

V1: Zu Beginn der Titration, wenn also noch keine Salzsäure zugegeben worden ist, misst man eine Stromstärke von 67 mA. Wird nun Salzsäure portionsweise zugegeben, so fällt die Stromstärke (und damit die Kurve) linear bis zu einem Minimum von $I = 33$mA bei $V(HCl) = 9$ mL. Wird weiter Salzsäure zugegeben, steigt die Stromstärke erneut linear an.

V2: Zu Beginn der Titration misst man analog zu V1 eine Stromstärke von 67 mA. Bei Säurezugabe fällt die Stromstärke stärker ab als die Titrationskurve V1. Das Minimum der Kurve liegt bei $I = 0$ mA und ist nach der Zugabe von 4,5 mL Schwefelsäure erreicht. Bei weiterer Säurezugabe steigt die Stromstärke wieder linear an.

2.3 Barium- und Hydroxidionen sind für die Leitfähigkeit der Probelösung verantwortlich. Bei der Titration reagieren die Hydroxidionen mit den Oxoniumionen der Säure zu Wasser.

V1: $Ba^{2+}{}_{(aq)} + 2\ OH^-{}_{(aq)} + 2\ H_3O^+{}_{(aq)} + 2\ Cl^-{}_{(aq)} \longrightarrow Ba^{2+}{}_{(aq)} + 2\ Cl^-{}_{(aq)} + 4\ H_2O_{(l)}$

V2: $Ba^{2+}{}_{(aq)} + 2\ OH^-{}_{(aq)} + 2\ H_3O^+{}_{(aq)} + SO_4^{2-}{}_{(aq)} \longrightarrow BaSO_{4\,(s)} + 4\ H_2O_{(l)}$

Die Abnahme der Stromstärke erklärt sich dadurch, dass die Hydroxidionen der Probelösung nach und nach durch Chlorid- bzw. Sulfatanionen ersetzt werden. Diese Anionen haben eine geringere Beweglichkeit als die Hydroxidionen, weshalb die Leitfähigkeit und damit die Stromstärke sinken.

Bei V1 ist die Gesamtzahl der Ionen vor und nach der Titration (am Äquivalenzpunkt = Kurvenminimum) gleich. Die Hydroxidionen werden im Verlauf der Titration nur gegen Chloridionen ausgetauscht. Bei der Titration mit Schwefelsäure (V2) fällt hingegen schwer lösliches Bariumsulfat aus. Da am Äquivalenzpunkt nahezu keine Ionen in der Lösung vorhanden sind, kann keine Leitfähigkeit gemessen werden.

Die unterschiedlichen Abszissenwerte der Minima resultieren aus dem unterschiedlichen Verbrauch der einprotonigen Säure (HCl) bzw. der zweiprotonigen Säure (H_2SO_4) bis zur Neutralisation.

Die unterschiedliche Steigung der Geradenabschnitte erklärt sich durch die unterschiedliche Anzahl an Oxoniumionen pro Volumeneinheit und durch die unterschiedliche Beweglichkeit der Chlorid- und Sulfationen.

3.1 **Trinkwasserkonservierung**

Silberionen inaktivieren Erreger bakterieller Darmerkrankungen, indem sie lebensnotwendige Reaktionen in den Mikroorganismen hemmen. Auf diese Weise konservieren sie das Trinkwasser bis zu 6 Monaten und schützen es vor Wiederverkeimung.

3.2 **Trinkwasseruntersuchung**

Der Versuchsaufbau zeigt eine **Silberkonzentrationszelle**. In einer Halbzelle taucht eine Silberelektrode in eine Silbernitratlösung ($c(AgNO_3) = 0{,}1\ mol \cdot L^{-1}$), in der zweiten Halbzelle taucht eine Silberelektrode in eine Lösung des konservierten Trinkwassers. Durch den **Konzentrationsunterschied** der Silberkationen in den beiden Lösungen ist das Auftreten einer Potenzialdifferenz zu beobachten. Die Trinkwasserhalbzelle stellt die **Donatorhalbzelle** dar, da die Silberionenkonzentration im konservierten Trinkwasser geringer ist als in der Silbernitratlösung. Die Konzentration der Donatorhalbzellle $c_D(Ag^+)$ lässt sich aus der gemessenen Spannung mithilfe der Nernst-Gleichung berechnen.

$$U = E_{Akzeptor} - E_{Donator} = E^0_{Ag/Ag^+} + 0{,}059\ V \cdot \lg \frac{c_A(Ag^+)}{1} - \left(E^0_{Ag/Ag^+} + 0{,}059\ V \cdot \lg \frac{c_D(Ag^+)}{1} \right)$$

$$U = 0{,}059\ V \cdot \lg \frac{c_A(Ag^+)}{c_D(Ag^+)}$$

3.3 Lagert man das konservierte Trinkwasser in einem Aluminiumbehälter, so kann eine elektrochemische Reaktion ablaufen. Das unedlere Aluminium wird dabei oxidiert und die im Wasser enthaltenen Silberionen werden gleichzeitig zu elementarem Silber reduziert.

$$3\ Ag^+_{(aq)} + Al_{(s)} \longrightarrow Al^{3+}_{(aq)} + 3\ Ag_{(s)}$$

Der Behälter wird dadurch zerstört. Ein Behälter aus Polyethylen ist daher für die Lagerung des konservierten Trinkwassers besser geeignet.

Chemie (Niedersachsen): Erhöhtes Anforderungsniveau
Abiturprüfung 2010 – Aufgabe II

Tenside für die Waschmaschine

1 **Waschen und Weichspülen**

1.1 Beschreiben Sie die Waschwirkung anionischer Tenside für hydrophoben Schmutz an einer Faser, die die in M 1 beschriebenen Eigenschaften besitzt.

1.2 Erläutern Sie, wie sich die kationischen Tenside eines Weichspülers an einer solchen Faser verhalten würden und begründen Sie, warum ein Weichspüler erst nach dem vollständigen Waschprogramm zu der Wäsche gegeben werden soll (M 1, M 3 a).

2 **Herstellung eines anionischen Tensids aus Erdöl**

2.1 Beschreiben Sie kurz unter Benennung der einzelnen Reaktionsschritte das Fließschema in M 2.

2.2 Stellen Sie, ausgehend von einem unverzweigten C12-Alkan, zu den in M 2 angegebenen Reaktionsschritten B bis F jeweils eine Reaktionsgleichung auf. Benennen Sie dabei auch wichtige Reaktionsbedingungen.

2.3 Erläutern Sie, wie viele unterschiedliche Monoalkylbenzolmoleküle bei Reaktion D (M 2) unter Verwendung eines unverzeigten C12-Alkanmoleküls in Reaktion B entstehen können.

2.4 Erläutern Sie den Reaktionsmechanismus für die Reaktion D in M 2.

3 **Bestimmung des Gehalts an kationischen Tensiden in einem Weichspüler**

3.1 Erstellen Sie ein Diagramm, in dem die in M 5 angegebenen Extinktionen bei den Wellenlängen $\lambda_1 = 415$ nm und $\lambda_2 = 660$ nm (E_{415} und E_{660}) in Abhängigkeit von dem zugegebenen Volumen der Natriumdodecylsulfat-Lösung gemeinsam dargestellt werden (M 3).
Hinweis: Die Konzentrationen der Farbstoffe wurden so gewählt, dass der Äquivalenzpunkt in guter Näherung bei $E_{415} = E_{660}$ erreicht ist.

3.2 Erläutern Sie **ausführlich** die Veränderungen, die bei der Titration eintreten (M 3, M 4, M 5).

3.3 Berechnen Sie die molare Konzentration der kationischen Tenside im Weichspüler und beurteilen Sie Ihr Ergebnis im Vergleich zur Verbraucherinformation des Herstellers (M 6).
Hinweis: Bei der Berechnung soll für die mittlere molare Masse der kationischen Tenside der geschätzte Wert von $600 \text{ g} \cdot \text{mol}^{-1}$ benutzt werden.

M 1: Waschvorgang

Grundsätzlich müssen während des Reinigungsprozesses die zwischen Schmutz und Faser wirkenden Anziehungskräfte überwunden werden, um den Schmutz abzulösen. Aufgrund des mehr oder weniger hydrophoben Charakters von Textilgewebe, dies gilt besonders für die synthetischen Fasern, haftet öliger und fetthaltiger Schmutz, der ja ebenfalls hydrophoben Charakter hat, sehr fest auf der Faser. Versucht man, den fetthaltigen Schmutz mit Wasser zu entfernen, so führt dies nicht zum Erfolg.
In wässriger Lösung laden sich viele Fasern mehr oder weniger negativ auf. Die Oberflächenladung beruht auf der Protolyse von Oberflächengruppen, beispielsweise Carboxygruppen.

Verändert nach: Wagner, Günther: Waschmittel, 2005, S. 58, 60; WILEY-VCH, Weinheim

M 2: Herstellung von Natriumalkylbenzolsulfonat (LAS) aus Erdöl

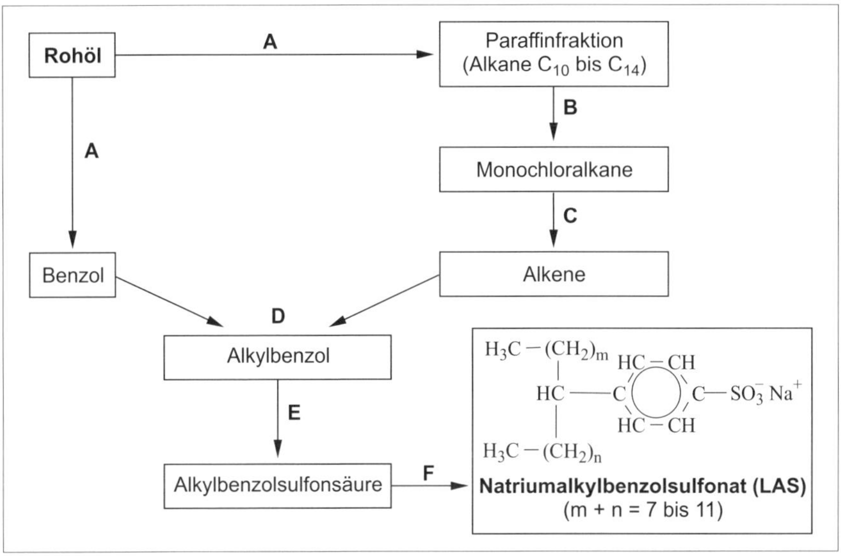

M 3: Bestimmung des Gehalts an kationischem Tensid in einem Weichspüler

M 3a: Das Prinzip

- Methylenblau und Methylorange lösen sich nicht in lipophilen Stoffen, wie z. B. Ethylacetat (Essigsäureethylester).
- Mit anionischen Tensiden (A^-) bilden aber das Methylenblau-Kation (MB^+) und mit kationischen Tensiden (K^+) das Methylorangeanion (MO^-) 1:1-Salze, die sich in der organischen Phase lösen.
- Anionische Tenside und kationische Tenside bilden in Wasser schwer lösliche 1:1-Salze, die in Ethylacetat ebenfalls löslich sind.

Diese Umstände werden bei der hier durchgeführten Zwei-Phasen-Titration zur Bestimmung des Gehalts an Kationen-Tensiden in einem Weichspüler ausgenutzt.

M 3b: Die Versuchsdurchführung

Benutzte Chemikalien:

(A) Wässrige Suspension des Weichspülers; $\beta = 2\ g \cdot L^{-1}$

(B) Wässrige Lösung der Farbstoffe Methylorange und Methylenblau

(C) Wässrige Natriumdodecylsulfat-Lösung; $c = 3 \cdot 10^{-3}\ mol \cdot L^{-1}$

(D) Ethylacetat

Titrationsschema:

Es werden neun Einzelproben untersucht. Dabei werden zu je 20 mL Weichspüler-Suspension (A) je 5 mL Farbstofflösung (B) gegeben und danach mit unterschiedlichen Volumina Natriumdodecylsulfat-Lösung versetzt (C).

Tabelle 1:

Versuch	1	2	3	4	5	6	7	8	9
V(C) in mL	0	1	1,5	2	2,5	3	3,5	4	5

Zu den so entstandenen einzelnen Proben werden 10 mL Ethylacetat (D) gegeben. Danach wird kräftig geschüttelt. Nach der Phasentrennung (siehe M 4) werden von den organischen Phasen die Absorptionsspektren aufgenommen (siehe M 5).

M 4: Foto der Proben der Versuche 2, 5, 6 und 9

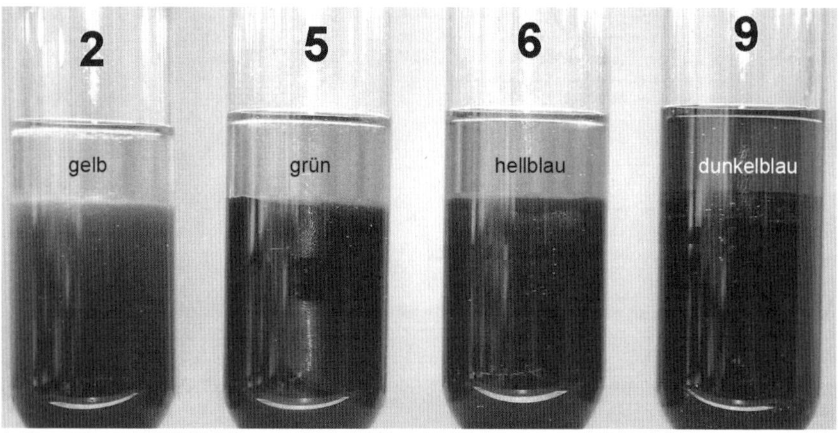

M 5: Absorptionsspektren der organischen Phasen

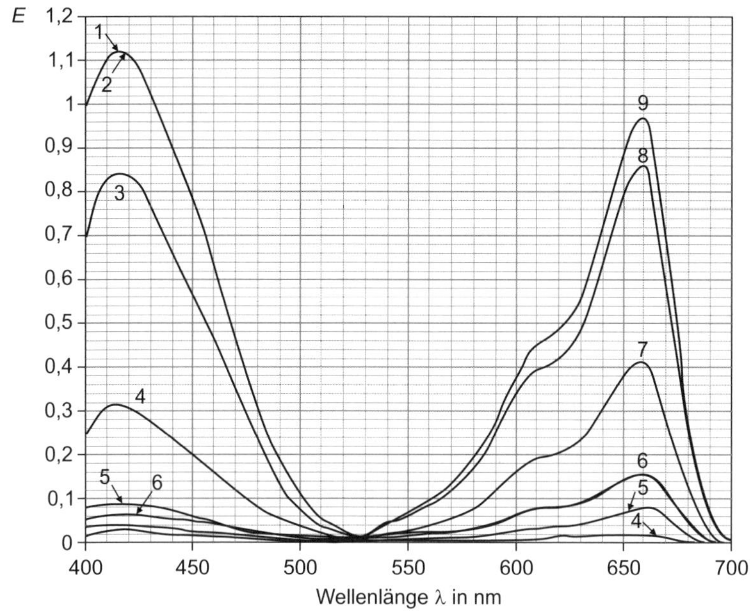

M 6: Verbraucherinformation

SICHERHEITSHINWEISE

Nicht direkt auf die Wäsche geben. Außer Reichweite von Kindern aufbewahren. Augenkontakt vermeiden. Falls das Produkt in die Augen gelangt, diese gründlich mit Wasser ausspülen. Nicht unter 5 °C und über 25 °C lagern. Vor Gebrauch schütteln.

INHALTSSTOFFE

5 – 15 % Kationische Tenside,
< 5 % Nichtionische Tenside,
Duftstoffe, Benzisothiazolinone

Lösung

1.1 Zwischen Wassermolekülen wirken starke Wasserstoffbrückenbindungen. Auf ein Wassermolekül im Flüssigkeitsinneren (A) wirken diese Kräfte von allen Seiten, sodass sie sich gegenseitig aufheben. Die Moleküle an der Phasengrenze zwischen flüssiger und gasförmiger Phase können hingegen nach oben keine Wasserstoffbrückenbindungen ausbilden, sodass eine in das Flüssigkeitsinnere gerichtete Gesamtkraft resultiert (B). Tensidmoleküle, die dem Wasser zugemischt werden, lagern sich an der Wasseroberfläche an (C). Durch die schwächere Wechselwirkung zwischen Wasser- und Tensidmolekül verringert sich die nach innen gerichtete Kraft. Als Folge davon erniedrigt sich die Grenzflächenspannung.

Die nachfolgende Skizze dient nur der Verdeutlichung und ist für die Beantwortung von Aufgabe 1.1 nicht erforderlich.

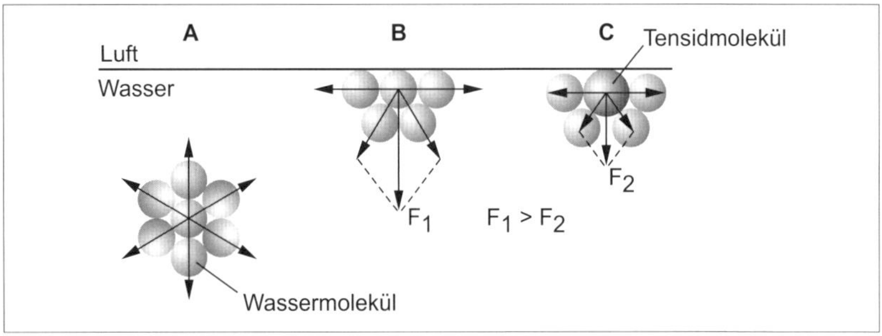

Durch die **verringerte Grenzflächenspannung** kann die Waschlösung gut in das Gewebe eindringen. Die Schmutzteilchen und die hydrophobe Faser werden von den Tensidteilchen benetzt. Dabei orientieren sich die hydrophoben Alkylreste der Tensidmoleküle in Richtung Schmutz und Faser, und die hydrophilen Carboxylatgruppen zeigen in Richtung der umgebenden wässrigen Lösung. Aufgrund elektrostatischer Abstoßung zwischen den negativ geladenen Carboxylatgruppen lösen sich die Schmutzteilchen von der Faser ab, werden in kleinere Partikel zerteilt und in dieser Form in der Waschlösung gehalten (emulgiert bzw. suspendiert), mit der sie dann ausgespült werden können.

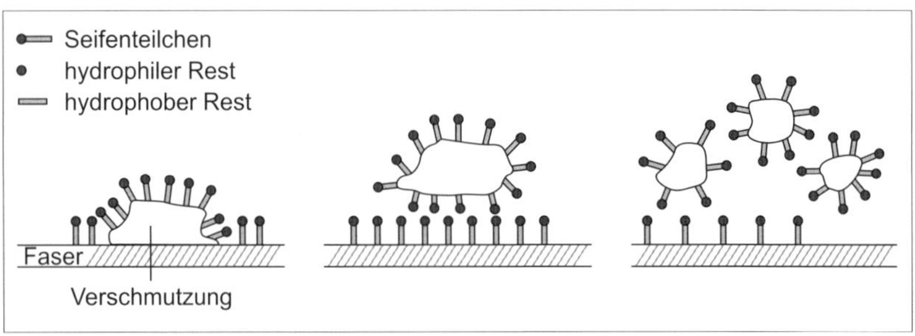

1.2 In wässriger Lösung sind die Textilfasern negativ aufgeladen. Die kationischen Tenside des Weichspülers lagern sich über ihre positiv geladene Gruppe an die Faseroberfläche an. Die hydrophoben Reste ragen dabei nach außen. Auf diese Weise wird eine Glättung der Textilien erreicht und Assoziationen der Fasern untereinander vermindert.
Weichspüler sollen erst nach dem Waschvorgang zu der Wäsche gegeben werden, da sich kationische Tenside mit anionischen Tensiden zu schwer löslichen Salzen verbinden und aus der Waschlösung ausfallen. Die gewünschten Eigenschaften dieser beiden Stoffe gehen dadurch verloren.

2.1 **Reaktionsschritte zur Herstellung von Natriumalkylbenzolsulfonat**

Reaktionsschritt A:	Aus Rohöl werden Benzol und die Paraffinfraktion, Alkane mit einer Kettenlänge von 10 bis 14 Kohlenstoffatomen, durch **fraktionierte Destillation** isoliert. Die Abtrennung einzelner Fraktionen aus dem Rohöl erfolgt aufgrund ihrer unterschiedlichen Siedepunkte.
Reaktionsschritt B:	Die isolierten Alkane aus Reaktionsschritt A werden mit Chlor umgesetzt. Reaktionsprodukte dieser **radikalischen Substitution** sind Monochloralkane.
Reaktionsschritt C:	In einer **Eliminierungsreaktion** (Abspaltung von HCl) werden die Monochloralkane zu den entsprechenden Alkenen umgesetzt.
Reaktionsschritt D:	Benzol und Alken reagieren in einer **Friedel-Crafts-Alkylierung** (unter Einsatz eines Friedel-Crafts-Katalysators) zu Alkylbenzol.
Reaktionsschritt E:	Durch **Sulfonierung** (elektrophile aromatische Substitution) reagiert Alkylbenzol zu Alkylbenzolsulfonsäure.
Reaktionsschritt F:	Die **Neutralisation** der Alkylbenzolsulfonsäure mit Natronlauge liefert Natriumalkylbenzolsulfonat.

2.2 **B** $C_{12}H_{26} + Cl_2 \xrightarrow{\text{UV-Licht}} C_{12}H_{25}Cl + HCl$

C $C_{12}H_{25}Cl \longrightarrow C_{12}H_{24} + HCl$

D
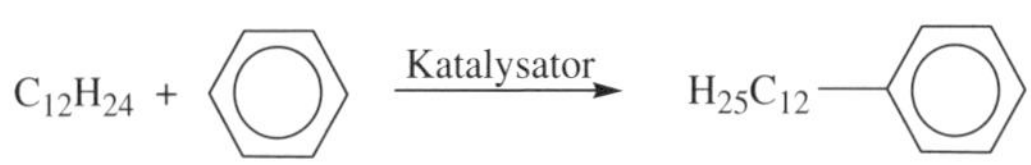

E 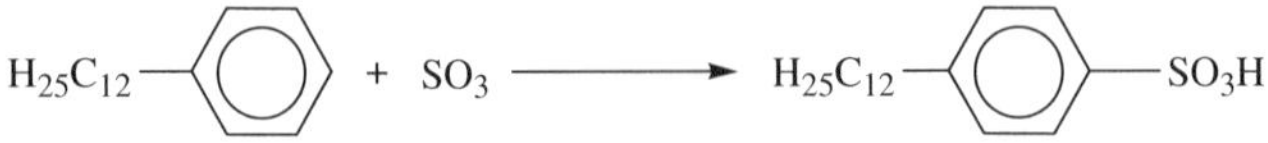

F 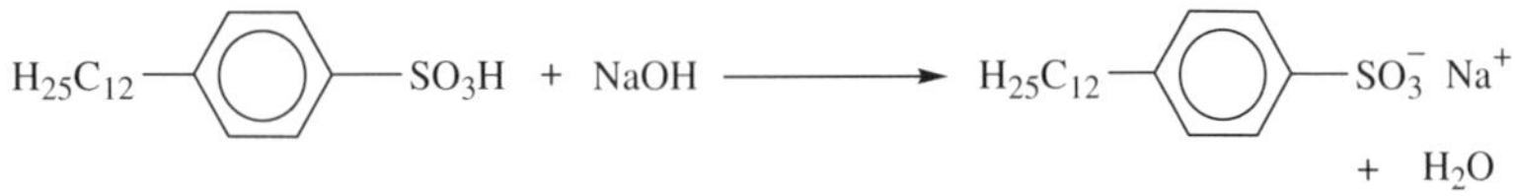

2.3 *Entscheidend ist hierbei die Anzahl der unterschiedlichen Reaktionsprodukte bei den Reaktionsschritten B und C.*

Bei der radikalischen Substitution (Reaktion B) können sechs verschiedene Monochloralkane entstehen: 1-, 2-, 3-, 4-, 5- oder 6-Chlordodecan. Diese sechs Konstitutionsisomere liefern bei der Eliminierungsreaktion (Reaktion C) sechs verschiedene Alkene, die sich in der Lage der Doppelbindung voneinander unterscheiden: 1-, 2-, 3-, 4-, 5- und 6-Dodecen.
Für die Friedel-Crafts-Alkylierung stehen demnach sechs isomere Alkene als Ausgangsstoffe zur Verfügung, weshalb auch sechs unterschiedliche Monoalkylbenzolmoleküle bei Reaktion D entstehen können.

2.4 **Reaktionsmechanismus der Friedel-Crafts-Alkylierung**
Die Reaktion läuft in Gegenwart eines Friedel-Crafts-Katalysators, z. B. HF, ab. Das HF-Molekül tritt über sein positiv polarisiertes Wasserstoffatom mit den Elektronen der Doppelbindung in Wechselwirkung. Es bildet sich ein **π-Komplex** aus.

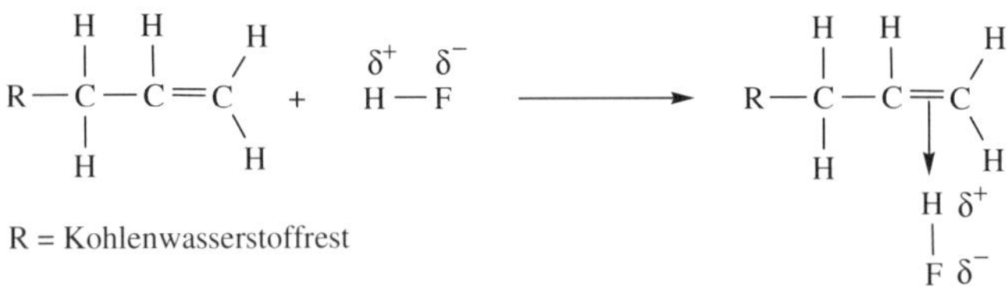

R = Kohlenwasserstoffrest

π-Komplex

Im nächsten Schritt wird das Wasserstoffatom an das Kohlenstoffgerüst unter Ausbildung eines positiv geladenen **Carbeniumions** addiert. Dabei kann das Wasserstoffatom entweder an das wasserstoffreichere (C 1) oder an das wasserstoffärmere (C 2) Kohlenstoffatom der Doppelbindung gebunden werden. Nach der Regel von Markownikow wird das sekundäre Carbeniumion bevorzugt gebildet. Da die positive Ladung am sekundären Kohlenstoffatom durch den +-I-Effekt der benachbarten Alkylgruppen besser kompensiert wird, ist das sekundäre Carbeniumion stabiler als das primäre und seine Bildung daher begünstigt.

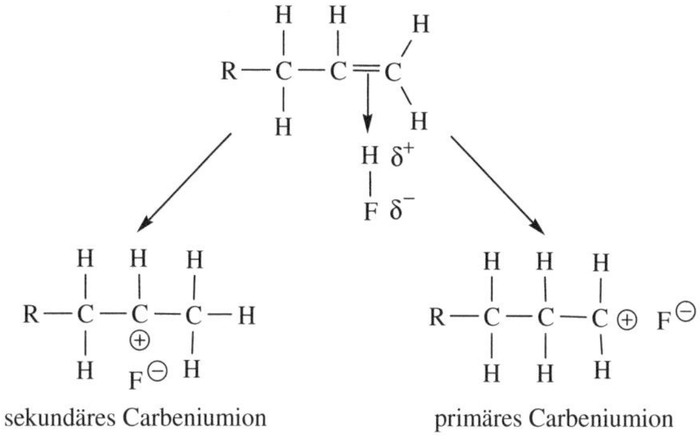

Das Carbeniumion wechselwirkt mit dem π-Elektronensystem des Benzolmoleküls unter Ausbildung eines π-Komplexes.

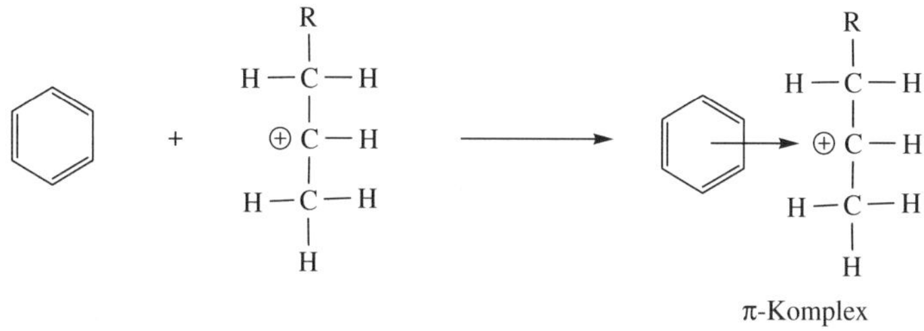

Durch die Addition des Carbeniumions an den Benzolring bildet sich ein mesomeriestabilisierter σ-Komplex aus.

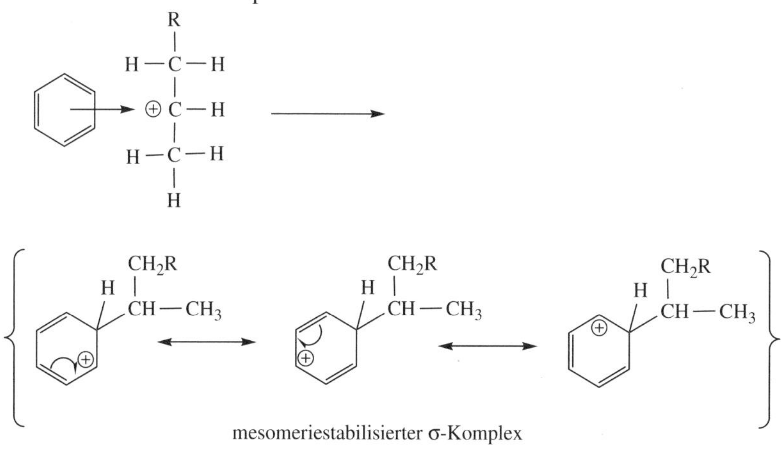

In einem abschließenden Reaktionsschritt kommt es zur Rearomatisierung. Das Wasserstoffatom wird abgespaltet und der Katalysator zurückgebildet.

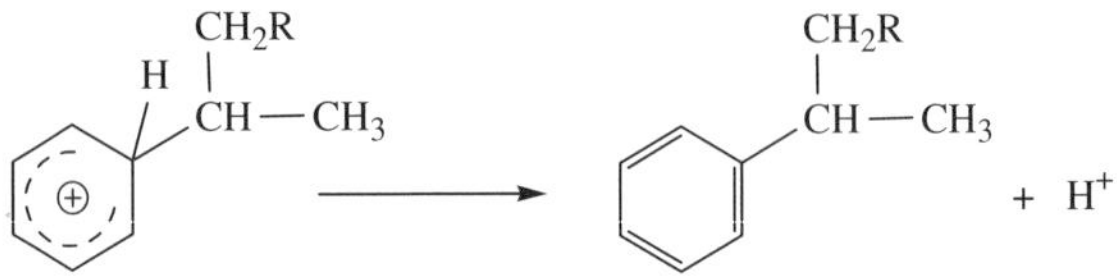

3.1 *Es empfiehlt sich, die Extinktionswerte und die dazugehörigen Volumina der Natriumdodecylsulfat-Lösung vor der Erstellung des Diagramms in einer Tabelle zusammenzufassen.*

Extinktionen bei der Wellenlänge $\lambda_1 = 415$ nm:

Versuch	**1**	**2**	**3**	**4**	**5**	**6**
V(C) [mL]	0	1	1,5	2	2,5	3
Extinktion	1,12	1,12	0,84	0,31	0,085	0,06

Extinktionen bei der Wellenlänge $\lambda_2 = 660$ nm:

Versuch	**4**	**5**	**6**	**7**	**8**	**9**
V(C) [mL]	2	2,5	3	3,5	4	5
Extinktion	0,02	0,08	0,16	0,42	0,86	0,97

Auftragung der Extinktion gegen das Volumen der zugegebenen Natriumdodecyllösung

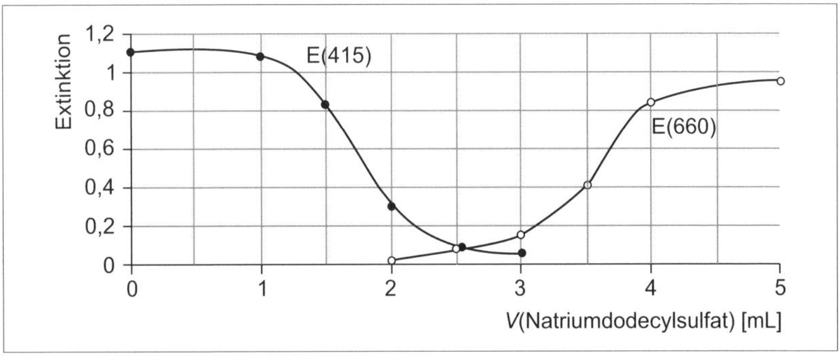

Die beiden Kurven für E_{415} und E_{660} schneiden sich bei $V = 2{,}5$ mL. Dies entspricht dem Äquivalenzpunkt der Titration.

3.2 Zu Beginn der Titration bildet das in der wässrigen Lösung des Weichspülers enthaltene kationische Tensid K^+ mit dem Methylorangeanion MO^- das Salz K^+MO^-, das sich in der organischen Ethylacetat-Phase mit gelber Farbe löst. Durch die Zugabe eines anionischen Tensids A^- in Form von Natriumdodecylsulfat-Lösung bildet sich das in Wasser schwer lösliche Salz K^+A^-, das sich ebenfalls in Ethylacetat löst. Die Konzentration von K^+MO^- verringert sich dadurch sowohl in der wässrigen als auch in der organischen Phase. Das Absorptionsmaximum bei $\lambda = 415$ nm sinkt mit zunehmender Menge an Natriumdodecylsulfat-Lösung.

Am Äquivalenzpunkt liegt hauptsächlich das in Wasser schwer lösliche Salz K^+A^- vor. Da die Bildung von K^+A^- nicht vollständig erfolgt, bildet ein geringer Teil der kationischen Tensidmoleküle mit den Methylorangeanionen MO^- das Salz K^+MO^-, das in beiden Phasen vorliegt. Gleichzeitig bilden die dadurch frei gewordenen anionischen Tensidmoleküle mit dem Methylenblau-Kation MB^+ das Salz MB^+A^-. Die organische Phase färbt sich grün (Mischfarbe aus gelb und blau). Die Zugabe von Natriumdodecylsulfat-Lösung über den Äquivalenzpunkt hinaus erhöht die Konzentration an anionischen Tensiden, die mit den Methylenblau-Kationen das Salz MB^+A^- bilden. Die organische Phase färbt sich blau. Das Absorptionsmaximum bei $\lambda = 660$ nm steigt mit zunehmender Menge an Natriumdodecylsulfat-Lösung.

3.3 **Konzentration kationischer Tenside**

Die zur Berechnung der Konzentration benötigten Größen können den Materialien in der Aufgabenstellung entnommen werden. Aus dem Diagramm in der Lösung zu 3.1 lässt sich der Verbrauch an Natriumdodecylsulfat-Lösung am Äquivalenzpunkt ablesen.

Am Äquivalenzpunkt entspricht die Stoffmenge der Tensidkationen (K^+) der Stoffmenge der zugesetzten Tensidanionen (A^-).

Geg.: $c(A^-) = 0{,}003\ mol \cdot L^{-1}$
$V(A^-) = 2{,}5\ mL = 0{,}0025\ L$
$V(K^+) = 20\ mL = 0{,}02\ L$

$$c(K^+) \cdot V(K^+) = c(A^-) \cdot V(A^-)$$

$$c(K^+) = \frac{c(A^-) \cdot V(A^-)}{V(K^+)} = \frac{0{,}003\ mol \cdot L^{-1} \cdot 0{,}0025\ L}{0{,}02\ L} = 3{,}75 \cdot 10^{-4}\ mol \cdot L^{-1}$$

Die molare Konzentration der Kationen beträgt $3{,}75 \cdot 10^{-4}\ mol \cdot L^{-1}$.

Um die errechnete Konzentration mit den Verbraucherinformationen vergleichen zu können, muss die molare Konzentration in die Massenkonzentration β umgerechnet werden.

Berechnung der Massenkonzentration

$$\beta(K^+) = c(K^+) \cdot M(K^+) = 3{,}75 \cdot 10^{-4}\ \text{mol} \cdot \text{L}^{-1} \cdot 600\ \text{g} \cdot \text{mol}^{-1} = 0{,}225\ \text{g} \cdot \text{L}^{-1}$$

Berechnung des Massenanteils

$$\omega(K^+) = \frac{\beta(K^+)}{\beta(\text{Weichspüler})} \cdot 100 = \frac{0{,}225\ \text{g} \cdot \text{L}^{-1}}{2\ \text{g} \cdot \text{L}^{-1}} \cdot 100 = 11{,}25\ \%$$

Die Titration liefert demnach ein sinnvolles Ergebnis, das mit den Herstellerangaben übereinstimmt.

Wasser: Abwasser – Lebensmittel – Rohstoff

1 Wasser als Abwasser

1.1 Skizzieren Sie die Abwasserreinigung in einer dreistufigen kommunalen Kläranlage nach M 1 a.

1.2 Beschreiben Sie die Begriffe Nitrifikation und Denitrifikation (M 1 b). Stellen Sie die Reaktionsgleichung zur Nitrifikation (Gesamtreaktion) unter Angabe von Oxidation, Reduktion und Zahl der ausgetauschten Elektronen auf.
Begründen Sie ausführlich, warum es durch das Weglassen des Denitrifikationsschritts zur Eutrophierung kommen kann (M 1 b).

1.3 Zeichnen Sie die Strukturformel von Harnstoff mit allen Elektronenpaaren (M 1 b). Beurteilen Sie, ob es sich beim Abbau von Harnstoff zu Ammoniak um eine Redoxreaktion handelt.

2 Wasser als Lebensmittel

2.1 Erklären Sie die Trinkwasseraufbereitung nach M 2.

2.2 Beschreiben Sie den Begriff der Wasserhärte. Erklären Sie das Verfahren zur Erhöhung der Wasserhärte bei der Trinkwasseraufbereitung (M 2, rechter Zweig).
Erläutern Sie den Einfluss der Säurezugabe auf das Lösen von Kalk, indem Sie vereinfachend zunächst vom Löslichkeitsgleichgewicht von Kalk in bis dahin reinem Wasser ausgehen.

3 Wasser als Rohstoff

3.1 Planen Sie Aufbau und Durchführung eines Experimentes zur elektrochemischen Herstellung von Wasserstoff und Sauerstoff aus einer geeigneten wässrigen Lösung. Beurteilen Sie, ob für diesen Versuch (verdünnte) Bromwasserstoffsäure bei pH = 0 als Elektrolyt eingesetzt werden kann.

3.2 Verallgemeinern Sie den Zusammenhang zwischen Ihrem Versuchsaufbau und einer entsprechenden Brennstoffzelle (M 3).

M 1: Wasser als Abwasser

M 1a: Beispiel eines Klärwerks

Kommunale Kläranlagen sind häufig dreistufig aufgebaut. Das rohe Abwasser wird zunächst einer mechanischen Reinigung unterworfen. Dabei werden zuerst grobe Feststoffe mit einem Rechen entfernt, anschließend Sand und andere mineralische Feststoffe in einem Sandfang sowie schließlich absetzbare Stoffe im Vorklärbecken durch Sedimentation. In der zweiten, biologischen Reinigungsstufe werden vor allem die organischen Abwasserinhaltsstoffe von Mikroorganismen in dem sogenannten Belebtbecken als Nährstoffe verwendet. Hier kommen sowohl aerobe als auch anaerobe Abbauprozesse zum Tragen, was durch die Belüftung gesteuert wird. Unter anderem finden hier auch Nitrifikation und Denitrifikation statt. Als dritte Behandlungsstufe schließt sich häufig eine chemische Behandlung an. Hier werden zum Beispiel Phosphate gefällt. Je nach Art der Verschmutzungen kann alternativ auch eine Filtration durchgeführt werden. Nach Analyse bestimmter Substanzen zur Überprüfung, ob die Grenzwerte eingehalten werden, wird das gereinigte Abwasser in der Regel in einen Fluss eingeleitet.

M 1b: Nitrifikation und Denitrifikation

Die hohe Belastung von Abwässern mit Ammoniumionen hat als Ursache vor allem die hohe Einleitungsrate von Harnstoff ($O{=}C(NH_2)_2$). Dieser wird bakteriell schon im Kanalnetz zu Ammoniak abgebaut, das im Gleichgewicht mit Wasser Ammoniumionen bildet. Außerdem entsteht Kohlenstoffdioxid. Hieran schließt sich in der Kläranlage die Nitrifikation zu Nitrationen an.
Bei der Denitrifikation der Nitrationen können sowohl organische als auch anorganische Substanzen abgebaut werden. Organische Substanzen werden dabei vollständig zu Kohlenstoffdioxid und Wasser umgesetzt.
Neben der hohen Einleitungsrate von Harnstoff gelangen sowohl Ammoniumionen als auch Nitrationen in ländlichen Gegenden zusätzlich aus Düngemitteln in Abwässer und Gewässer.

Basierend auf: Römpp Lexikon Umwelt, Thieme, Stuttgart 1993; Chemie heute Sek. II, Schroedel, Hannover 1998

M 2: Wasser als Lebensmittel: Beispiel einer Trinkwasseraufbereitung

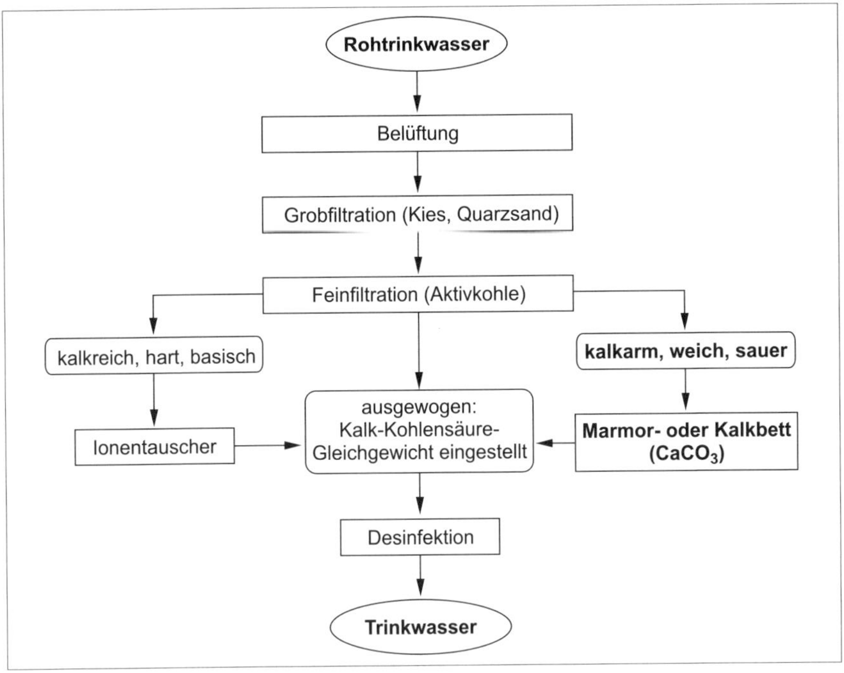

Basierend auf: Mediensammlung „Menschheitsprojekt Wasser", Siemens AG 2006; Chemie heute Sek. II, Schroedel 1998; www.chemieunterricht.de/dc2/wasser/w-trinkw.htm

M 3: Wasser als Rohstoff und Produkt: Schema einer Labor-Brennstoffzelle

Eine Brennstoffzelle ist ein galvanisches Element, dem die Edukte kontinuierlich zugeführt werden.

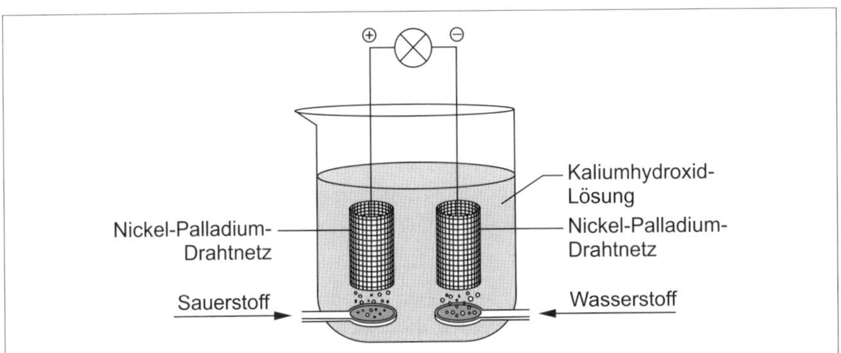

Verändert nach: Liening, Bernard: Lehrbuch der Chemie SII, Band 2, Diesterweg

Lösung

1.1 Kommunale Kläranlage

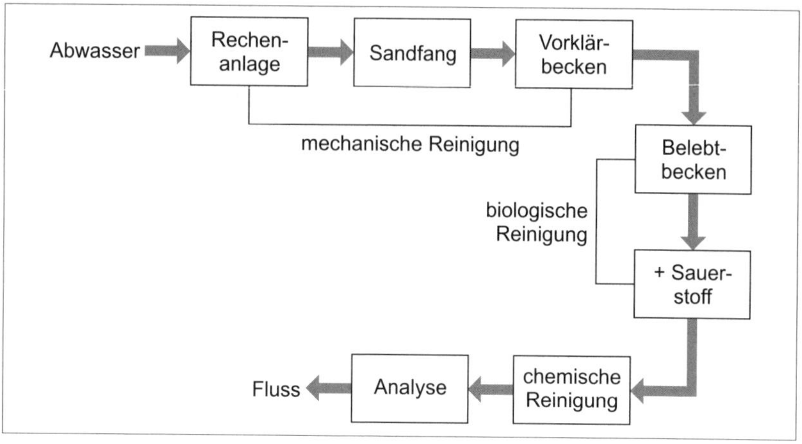

1.2 Nitrifikation

Bei der Nitrifikation werden die im Abwasser enthaltenen Ammoniakmoleküle (NH_3) bzw. Ammoniumkationen (NH_4^+) zu Nitrationen (NO_3^-) umgesetzt. Da diese Umsetzung über **aerobe Bakterien** erfolgt, ist es unerlässlich, dass eine ausreichende Menge an Sauerstoff zur Verfügung steht. Beim technischen Abbau muss dem Prozess somit von außen stets genügend Sauerstoff zugeführt werden.

Der Abbau erfolgt in zwei Stufen. Zunächst werden die Ammoniumkationen zu Nitritionen (NO_2^-) oxidiert, die dann in einem weiteren Schritt zu Nitrationen weiter oxidiert werden.

$$\text{Ox.:}\quad \overset{-III}{N}H_4^+ + 10\,OH^- \longrightarrow \overset{+V}{N}O_3^- + 8\,e^- + 7\,H_2O$$

$$\text{Red.:}\quad \overset{0}{O}_2 + 4\,e^- + 2\,H_2O \longrightarrow 4\,\overset{-II}{O}H^- \qquad |\cdot 2$$

$$\text{Redox.:}\quad NH_4^+ + 2\,OH^- + 2\,O_2 \longrightarrow NO_3^- + 3\,H_2O$$

Denitrifikation

Bei der Denitrifikation werden die Nitrationen zu elementarem Stickstoff umgewandelt (reduziert). Die Umwandlung erfolgt über **anaerobe Bakterien**.

Eutrophierung

Findet in der Kläranlage kein anaerober Abbau der im Rahmen der Nitrifikation gebildeten Nitrationen statt, werden diese den Gewässern zugeführt. Durch die hohe Konzentration der Nitrationen kommt es zur Überdüngung der Gewässer. Die Folge ist, dass es in den Gewässern vermehrt zum Wachstum von Pflanzen und anderen fotosynthetisch wirksamen Organismen (z. B. Algen) kommt.

Beim nachfolgenden Abbauprozess dieser Organismen werden große Mengen an Sauerstoff verbraucht. Der Sauerstoffgehalt des Gewässers sinkt. Fällt der Sauerstoffgehalt des Wassers unter ein bestimmtes Mindestmaß, so wird der Abbau organischer Verunreinigungen durch aerobe Bakterien gestoppt. Es folgen Zersetzungsprozesse durch anaerobe Bakterien, in deren Verlauf sich giftige Stoffe wie Schwefelwasserstoff, Ammoniak oder Methan bilden. Das Gewässer „kippt um“ (Fischsterben und belästigende Gerüche).

1.3

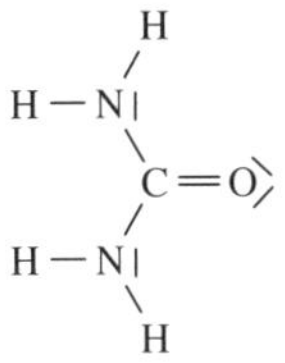

Harnstoff

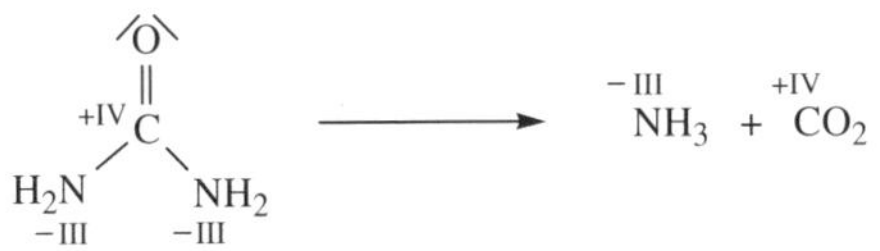

Da sich die Oxidationszahlen weder beim Stickstoff- noch beim Kohlenstoffatom ändern, liegt keine Redoxreaktion vor.

2.1 **Trinkwasseraufbereitung**

Belüftung

Bei der Belüftung wird dem Trinkwasser Sauerstoff zugeführt. Die Folge ist, dass der Sauerstoffgehalt des Trinkwassers steigt. Gleichzeitig werden unerwünschte gelöste Gase wie Methan oder Kohlenstoffdioxid ausgetrieben.

Grobfiltration

Bei der Grobfiltration wird mithilfe von Quarzsand und Kies grober Schmutz, der den Betrieb der nachfolgenden Anlagen stören könnte, mechanisch aus dem Trinkwasser entfernt.

Feinfiltration

Mithilfe von Aktivkohle werden im Wasser gelöste organische Stoffe durch Adsorption entfernt.

Kalk-Kohlensäure-Gleichgewichtseinstellung

Das chemische Gleichgewicht zwischen Kohlensäure (H_2CO_3), Kohlenstoffdioxid (CO_2) und Calciumcarbonat ($CaCO_3$) wird als Kalk-Kohlensäure-Gleichgewicht bezeichnet. Die Lage dieses Gleichgewichtes bestimmt im Wesentlichen die kalkabscheidende bzw. kalkauflösende Wirkung des Wassers. Ein Überschuss an Kohlensäure führt dazu, dass das Wasser eine korrodierende Wirkung hat, ein Mangel an Kohlensäure führt zur Entstehung von Kalkablagerungen.

Desinfektion

Durch kontaminiertes Wasser können Erreger wie Salmonellen oder Legionellen übertragen werden. Durch physikalische (z. B. UV-Bestrahlung) oder chemische Methoden (z. B. Zufuhr von Cl_2 oder O_3) können Mikroorganismen aus dem Wasser entfernt und/oder abgetötet werden, um hygienisch einwandfreies Wasser zu erhalten.

2.2 Wasserhärte

Die Wasserhärte gibt die Konzentration an Calcium- bzw. Magnesiumkationen in Wasser an. Je größer die Konzentration dieser Kationen ist, desto höher ist der Grad der Wasserhärte. Da die Härte des Wassers großen Einfluss auf die Eigenschaften des Wassers hat (z. B. Entstehung von Kalkablagerungen, Wirkung von Tensiden etc.), sind Informationen über die Wasserhärte für den Verbraucher von großer Bedeutung.

Ein deutscher Härtegrad (1 °dH) entspricht 10 mg Calciumoxid oder 7,19 mg Magnesiumoxid pro Liter Wasser.

Erhöhung der Wasserhärte

Die Härte des Wassers kann erhöht werden, indem das kalkarme Wasser über Kalk ($CaCO_{3\,(s)}$) geleitet wird. Bei diesem Vorgang löst sich Kalk auf und die Konzentration an Ca^{2+}-Kationen im Wasser erhöht sich.

$$CaCO_{3\,(s)} \longrightarrow Ca^{2+}{}_{(aq)} + CO_3^{2-}{}_{(aq)}$$

Im Wasser liegen (vereinfacht) folgende Gleichgewichte vor:

Gleichgewicht 1: $CaCO_{3\,(s)} \rightleftharpoons Ca^{2+}{}_{(aq)} + CO_3^{2-}{}_{(aq)}$

Gleichgewicht 2: $CO_3^{2-}{}_{(aq)} + H_3O^+{}_{(aq)} \rightleftharpoons HCO_3^-{}_{(aq)} + H_2O_{(l)}$

(bzw. $CO_3^{2-}{}_{(aq)} + H_2O_{(l)} \rightleftharpoons HCO_3^-{}_{(aq)} + OH^-{}_{(aq)}$

Bei der Zugabe einer Säure erhöht sich die Konzentration der Oxoniumionen und Gleichgewicht 2 verschiebt sich auf die rechte Seite. Die Konzentration der Hydrogencarbonationen wird erhöht und gleichzeitig verringert sich die Konzentration der Carbonationen. Diese Veränderungen haben nun Einfluss auf Gleichgewicht 1. Im Zuge der Verringerung der Carbonationenkonzentration werden diese nach dem Prinzip von Le Chatelier (Prinzip des kleinsten Zwanges) aus Calciumcarbonat nachgebildet. Der Kalk löst sich auf.

3.1 Elektrolyse von Schwefelsäure

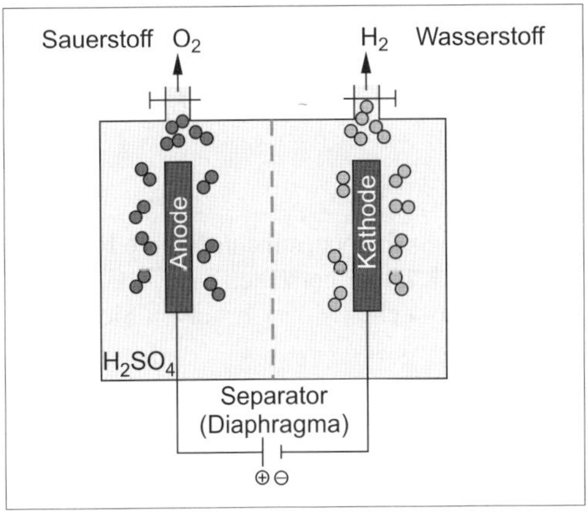

Eine wässrige Schwefelsäurelösung wird mit einer Gleichspannung von 1,23 V elektrolysiert. Dabei scheidet sich elementarer Wasserstoff an der Kathode und elementarer Sauerstoff an der Anode ab. Die beiden Elektrodenräume sind durch ein Diaphragma voneinander getrennt.

Vorgänge in der Elektrolysezelle

Minus-Pol (Kathode): $2\ \overset{+I}{H_3}O^+_{(aq)} + 2\ e^- \longrightarrow \overset{0}{H_2}{}_{(g)} + 2\ H_2O_{(l)}$ $\quad E^0 = 0\ V$

Plus-Pol (Anode): $6\ H_2\overset{-II}{O}_{(l)} \longrightarrow \overset{0}{O_2}{}_{(g)} + 4\ e^- + 4\ H_3O^+_{(aq)}$ $\quad E^0 = 1{,}23\ V$

$2\ H_2O_{(l)} \longrightarrow 2\ H_{2\,(g)} + O_{2\,(g)}$

Der Einsatz von verdünnter Bromwasserstoffsäure ist für den Versuch nicht geeignet, da das elektrochemische Standardpotenzial von Brom ($2\ Br^-/Br_2$) bei +1,07 V liegt. Bei der Elektrolyse würde sich folglich Brom und nicht Sauerstoff bilden.

3.2 Bei der Elektrolyse muss dem System durch Anlegen einer Spannung elektrische Energie zugeführt werden. Die zugrunde liegende Redoxreaktion läuft nicht freiwillig ab. Es erfolgt die Umwandlung von elektrischer in chemische Energie.
Bei einem galvanischen Element (Brennstoffzelle) bildet sich zwischen den Halbzellen eine Potenzialdifferenz aus, sodass vom System elektrische Energie nach außen abgegeben werden kann. Die zugrunde liegende Redoxreaktion läuft freiwillig ab. Es erfolgt die Umwandlung von chemischer in elektrische Energie.

Chemie (Niedersachsen): Grundlegendes Anforderungsniveau
Abiturprüfung 2011 – Aufgabe II

Industrielle Chlor-Chemie

1 **Rohstoff Kochsalz**

1.1 Mit der Downs-Zelle lässt sich aus Kochsalz (Natriumchlorid) die für die chemische Industrie wichtige Grundchemikalie Chlor herstellen.
Beschreiben Sie den Aufbau der Downs-Zelle (M 1 a). Erläutern Sie unter Angabe von Redoxgleichungen die Funktionsweise.

1.2 Beschreiben Sie den Aufbau des Versuchs in M 1 b. Deuten Sie die Versuchsbeobachtungen.

1.3 Das Membranverfahren ist das zurzeit wichtigste industrielle Verfahren zur Herstellung von Chlor. Vergleichen Sie das Membranverfahren (M 1 c) mit der Elektrolyse aus M 1 b.
Erläutern Sie, wie beim Membranverfahren aus der Kochsalzlösung reine Natronlauge gewonnen wird.

2 **Produkt PVC**

2.1 Der Kunststoff Polyvinylchlorid (PVC) ist das wirtschaftlich bedeutendste chlorhaltige Produkt.
Die industrielle Synthese des PVC startet mit Erdöl. Stellen Sie zu den in M 2 a angegebenen Verarbeitungsschritten B bis D jeweils eine Reaktionsgleichung mit Strukturformeln auf. Nennen Sie für den Schritt A das technische Verfahren und für die Schritte B bis D den Reaktionstyp.

2.2 Begründen Sie mit den Polymerstrukturen die unterschiedlichen Eigenschaften von Hart- und Weich-PVC (M 2 b).

3 **Produkt Natronlauge**

3.1 Natronlauge ist heute ein wichtiges Nebenprodukt der Chlor-Alkali-Elektrolyse.
Beschreiben Sie die spezielle Rolle der Natronlauge im historischen Entwicklungsprozess der industriellen Chlor-Alkali-Elektrolyse (M 3).

3.2 Natronlauge wird bei Säure-Base-Titrationen als Maßlösung eingesetzt.
Planen Sie ein Experiment zur Überprüfung des Gehalts an Essigsäure in einem 5 %igen Speiseessig. Rechnen Sie mit 50 g Essigsäure pro Liter.
Berechnen Sie mit den von Ihnen in dem geplanten Experiment verwendeten Lösungen und Volumina das zu erwartende Versuchsergebnis.

M 1a: Downs-Zelle

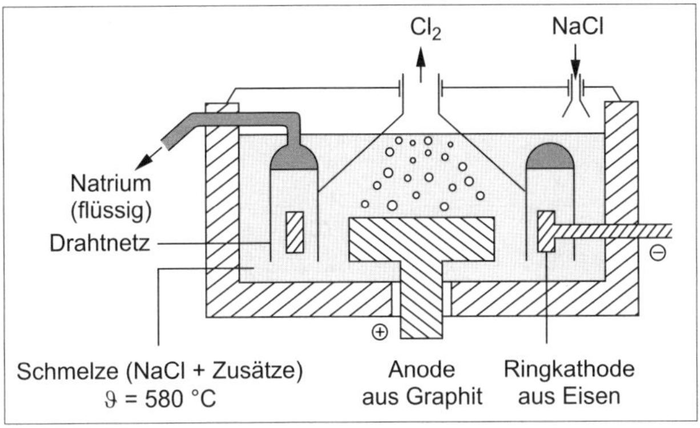

Quelle: Merten, Fritz: Der Chemielaborant, Teil 2, Anorganische Chemie, Schroedel 1985, S. 31

M 1b: Versuch

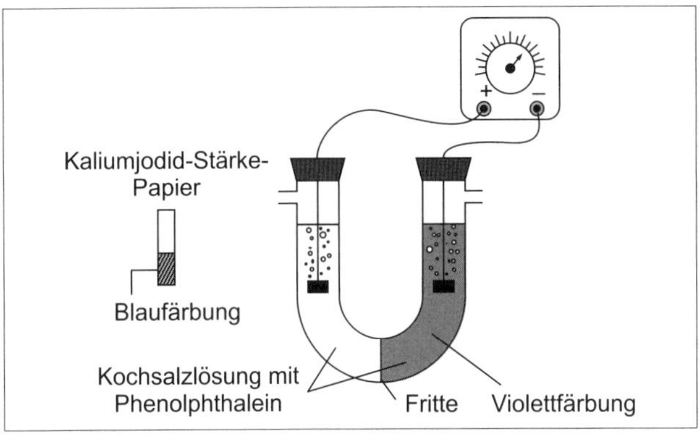

M 1c: Membranverfahren

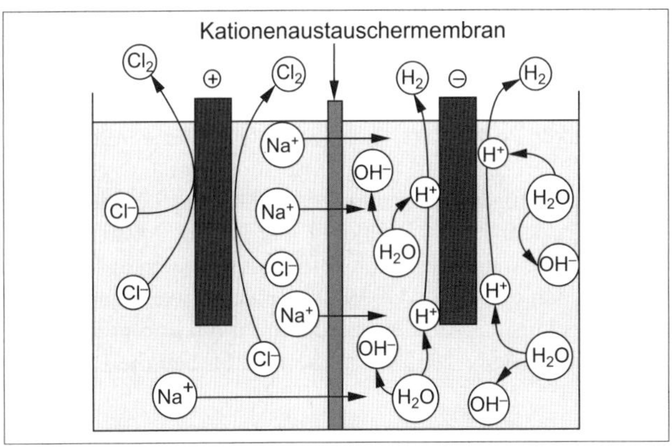

Verändert nach: Blume, Rüdiger: http://www.chemie-unterricht.de/dc2/iat/dc2it_28.htm

M 2a: Vom Erdöl zum Kunststoff PVC

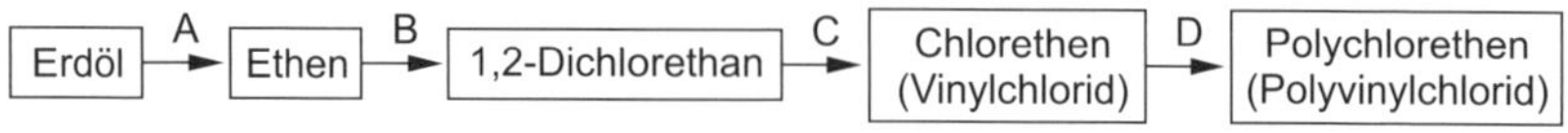

M 2b: Hart-PVC – Weich-PVC

Hart-PVC

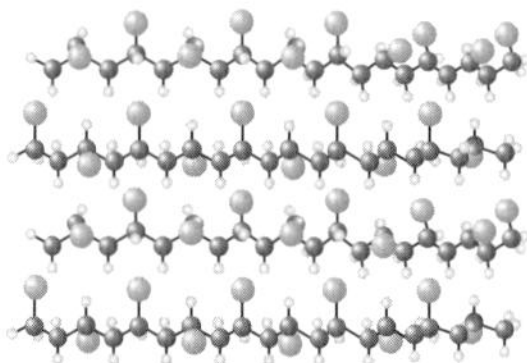

Dichte: 1,38 bis 1,40 g · cm^{-3}
Erweichungstemperatur: 79 °C
Zersetzung bei $\vartheta > 180$ °C
Härte: 75 … 155 N · mm^{-2}

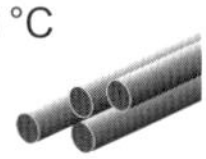

Weich-PVC

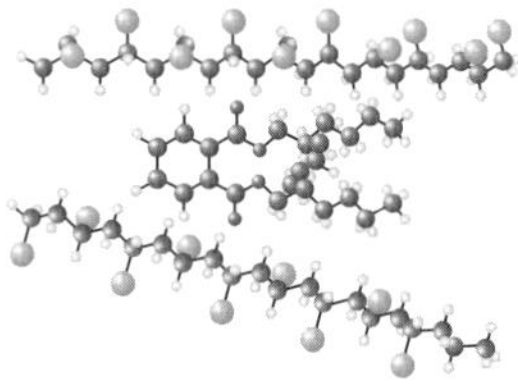

Dichte: 1,20 bis 1,35 g · cm^{-3}
Erweichungstemperatur: < 0 °C
Zersetzung bei $\vartheta > 180$ °C
Härte: 10 N · mm^{-2}

Quelle: www.wikipedia.de → Polyvinylchlorid

M 3: Aus der Geschichte der industriellen Chlor-Chemie

Der französische Chemiker Henri Victor Regnault war 1835 der erste, der im Gießener Laboratorium von Justus von Liebig Vinylchlorid herstellte und bemerkte, dass sich daraus bei längerer Einwirkung von Sonnenlicht ein weißes Pulver – Polyvinylchlorid – bildete, er konnte die Bedeutung seiner Entdeckung jedoch nicht erkennen.
Mit ein Grund für den heutigen Einsatz von Polyvinylchlorid ist sicher die Verwendung eines anderen Stoffes und ein daraus entstehendes Abfallproblem. Mit dem Aufblühen der chemischen Industrie wurde der Rohstoff Natronlauge, der auch heute für viele Prozesse und Verfahren eingesetzt wird, in immer größeren Mengen hergestellt. Die wichtigsten Einsatzbereiche der Natronlauge sind die Verarbeitung in der Seifenindustrie, die Celluloseherstellung und die Gewinnung von Aluminium aus Bauxit. Die Natronlauge wurde mithilfe elektrolytischer Zersetzung aus Kochsalz (Natriumchlorid) gewonnen, übrig blieb dabei Chlor und Wasserstoff.
1912 erhielt der deutsche Chemiker Fritz Klatte […] den Auftrag, für den in großen Mengen vorhandenen Rohstoff Ethen (Ethylen) neue Umsetzungsprodukte zu finden. […] Er legte damit die Grundsteine für die Herstellung von PVC. […] Mit der Rohstoffknappheit während und nach dem Ersten Weltkrieg wurden die Anstrengungen verstärkt, PVC als Rohstoff zu nutzen, um teure Rohstoffe durch kostengünstige Materialien zu ersetzen. Es kam jedoch erst Ende der 1920er-Jahre zu weiteren Anwendungen. 1928 erfolgte die großtechnische Ausweitung durch Produktion in den USA und 1930 in Rheinfelden durch die BASF; 1935 nahm die I. G. Farben die PVC-Produktion auf.

1935 gelang in Bitterfeld die Herstellung von Hart-PVC bei Temperaturen von 160 Grad Celsius: erste Produkte waren Folien und Rohre. Letztere wurden 1935 in Bitterfeld und Salzgitter verlegt. […] Nach 1945 war PVC der meist produzierte Kunststoff der Welt. Im Jahr 1948 wurden schließlich Schallplatten aus PVC hergestellt, das den Schellack endgültig ablöste. Daher rührt auch die heutige Bezeichnung Vinylplatte.
Die Entwicklung der Chlorchemie beruht ursächlich auf der leichten Zugänglichkeit chlorierter Paraffine und der damit zugänglichen Palette von daraus ableitbaren Substanzen und Materialien. Begünstigt wurde dies dadurch, dass die bei der Herstellung von Natronlauge durch elektrolytische Zersetzung von Natriumchlorid entstehenden großen Mengen an Chlor zu lagern und einer Verwendung zuzuführen waren. Möglich wurde dies durch die großtechnische und kommerzielle Erschließung des thermoplastischen Materials PVC.

Quelle: www.wikipedia.de → Polyvinylchlorid

Lösung

1.1 **Aufbau der Downs-Zelle**

Die Downs-Elektrolysezelle besteht aus einem zylindrischen Eisengefäß. Von unten ragt eine stabförmige Graphit-Anode in einen mit einem Deckel abgeschlossenen Behälter. Dieser Behälter ist von einer ringförmigen Eisen-Kathode umgeben. Da dem Natriumchlorid geringe Mengen an Zusätzen (Bariumchlorid und Calciumchlorid) zugegeben werden, kann die Elektrolyse schon bei 580 °C betrieben werden.

Funktionsweise der Downs-Zelle

Zunächst wird die Anlage durch eine Öffnung im Deckel mit Natriumchlorid (und Zusätzen) befüllt. Wird die Downs-Zelle in Betrieb genommen, so werden an der Ringkathode Natriumkationen zu Natriumatomen reduziert und an der Graphitanode werden Chloridionen zu Chlormolekülen oxidiert. Das gasförmige Chlor wird über eine trichterförmige Anlage oberhalb der Graphit-Anode abgeführt. Das flüssige Natrium wird über ein Rohrsystem an der Ringkathode abgesaugt.

Oxidation (Anode): $2\,\overset{-I}{Cl^-}{}_{(l)} \longrightarrow \overset{0}{Cl_2}{}_{(g)} + 2\,e^-$

Reduktion (Kathode): $\overset{+I}{Na^+}{}_{(l)} + e^- \longrightarrow \overset{0}{Na}{}_{(l)} \quad |\cdot 2$

Redox.: $2\,Cl^-{}_{(l)} + 2\,Na^+{}_{(l)} \longrightarrow Cl_2{}_{(g)} + 2\,Na_{(l)}$

1.2 **Versuchsaufbau**

Kernstück der Anlage ist ein U-Rohr mit Fritte und seitlichen Ansätzen. Das U-Rohr wird mit einer Kochsalz-Lösung befüllt, zu der einige Tropfen Phenolphthalein-Lösung gegeben werden. Beide Schenkel des U-Rohres sind mit durchbohrten Stopfen verschlossen. Durch diese Bohrungen werden Elektroden, die über ein Kabel mit dem Plus- bzw. dem Minuspol eines Gleichspannungsnetzgerätes verbunden sind, in die Lösung eingebracht.

Beobachtungen

Wird das Netzgerät eingeschaltet ($U = 5 - 6$ Volt), so bildet sich an der mit dem Pluspol verbundenen Elektrode ein Gas. Dieses Gas führt zu einer Blaufärbung von Kaliumjodid-Stärke-Papier (Beobachtung 1). Gleichzeitig bildet sich auch an der mit dem Minuspol verbundenen Elektrode ein Gas. In diesem Schenkel des U-Rohres färbt sich die Kochsalz-Lösung violett (Beobachtung 2).

Deutung

An der mit dem Pluspol verbundenen Elektrode **(Anode)** bildet sich Chlorgas, an der mit dem Minuspol verbundenen Elektrode **(Kathode)** bildet sich Wasserstoffgas.

Anode (Oxidation):	$2\,\overset{-I}{Cl}{}^-_{(aq)}$	$\longrightarrow$	$\overset{0}{Cl}_{2\,(g)} + 2\,e^-$
Kathode (Reduktion):	$2\,\overset{+I}{H}_2O_{(l)} + 2\,e^-$	$\longrightarrow$	$\overset{0}{H}_{2\,(g)} + 2\,OH^-_{(aq)}$

$$2\,Cl^-_{(aq)} + 2\,H_2O_{(l)} \longrightarrow Cl_{2\,(g)} + H_{2\,(g)} + 2\,OH^-_{(aq)}$$

Chlorgas kann indirekt mithilfe von Kaliumjodid-Stärke-Papier nachgewiesen werden. Dabei werden die Jodidionen zu Jodmolekülen oxidiert und Chlormoleküle zu Chloridionen reduziert. Das entstandene Jod führt als Einschlussverbindung mit Stärke zu einer charakteristischen Blaufärbung.

Ox.:	$2\,\overset{-I}{I}{}^-_{(aq)}$	$\longrightarrow$	$\overset{0}{I}_{2\,(aq)} + 2\,e^-$
Red.:	$\overset{0}{Cl}_{2\,(g)} + 2\,e^-$	$\longrightarrow$	$2\,\overset{-I}{Cl}{}^-_{(aq)}$
Redox.:	$2\,I^-_{(aq)} + Cl_{2\,(g)}$	$\longrightarrow$	$I_{2\,(aq)} + 2\,Cl^-_{(aq)}$

An der Kathode werden neben Wasserstoffgas auch Hydroxidionen gebildet, die mit Phenolphthalein zu einer charakteristischen Rot-Violett-Färbung führen.

1.3 Vergleich von Membranverfahren und dem Versuch aus M 1b

	Membranverfahren	**Versuch aus M 1b**
Gemeinsamkeiten	• Elektrolyse einer Kochsalzlösung • Trennung von Kathoden- und Anodenraum • An der Anode bildet sich Chlorgas. • An der Kathode bildet sich Wasserstoffgas. • An der Kathode bilden sich Hydroxidionen.	
Unterschiede	• Kationenaustauschermembran zur Trennung von Kathoden- und Anodenraum • Der Anodenraum wird mit einer Kochsalz-Lösung, der Kathodenraum mit Wasser befüllt.	• Fritte zur Trennung von Kathoden- und Anodenraum • Anoden- und Kathodenraum werden mit Kochsalz-Lösung befüllt.

Die Natriumkationen wandern durch die ionenselektive Membran in den Kathodenraum, wohingegen die Hydroxid- und die Chloridionen zurückgehalten werden. Im Kathodenraum bildet sich daher chloridfreie Natronlauge.

2.1 **A: Raffinerie/Cracken**

B: elektrophile Addition

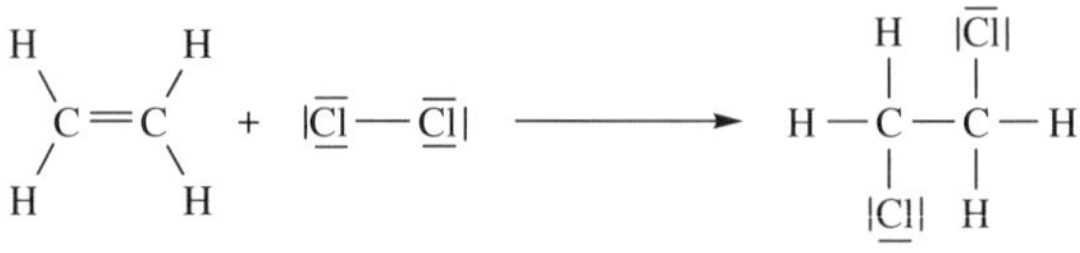

Ethen 1,2-Dichlorethan

C: Eliminierung

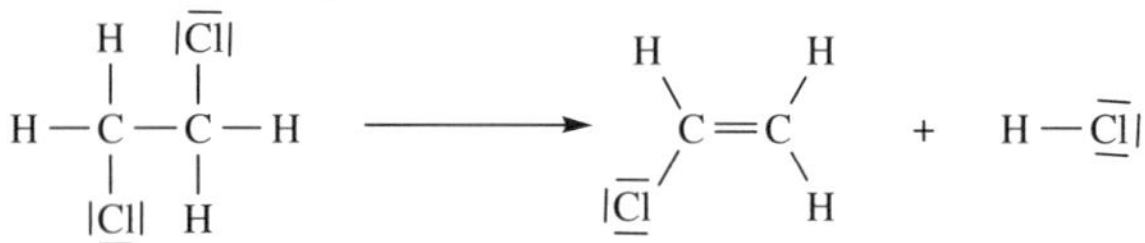

Vinylchlorid

D: Polymerisation

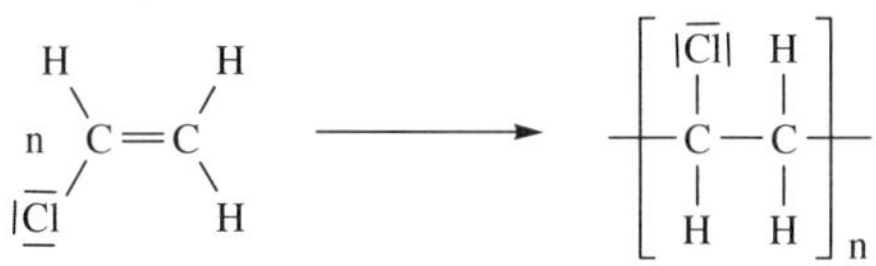

Polyvinylchlorid

2.2 **Hart-PVC**

Die linearen PVC-Makromoleküle richten sich weitgehend parallel zueinander aus, sodass sie durch Van-der-Waals-Wechselwirkungen gut zusammengehalten werden. Des Weiteren wirken Dipol-Dipol-Wechselwirkungen zwischen den partiell positiv geladenen Kohlenstoffatomen und den partiell negativ geladenen Chloratomen.

Da die PVC-Ketten also sehr dicht gepackt werden können, ergibt sich für das Hart-PVC eine vergleichsweise große Dichte. Die oben erwähnten intermolekularen Wechselwirkungen sind verantwortlich für die, verglichen mit Weich-PVC, höhere Erweichungstemperatur. Die kompakte Struktur von Hart-PVC ergibt die größere Härte des Materials.

Weich-PVC

Hier ist die parallele Anordnung der PVC-Makromoleküle durch zwischengeschobene Weichmachermoleküle aufgehoben. Sowohl die Stärke der Van-der-Waals-Wechselwirkungen als auch die der Dipol-Dipol-Wechselwirkungen wird herabgesetzt. Die Stärke dieses Effektes ist von der Anzahl der eingesetzten Weichmachermoleküle abhängig.

Die „aufgelockerte" Struktur führt zu einer geringeren Dichte von PVC. Schwächere intermolekulare Wechselwirkungen sind verantwortlich für die geringere Erweichungstemperatur. Die verminderte Härte des Materials lässt sich auf die entstehenden Hohlräume zurückführen.

3.1 *Zur Beantwortung dieser Aufgabe sollen die wesentlichen Aussagen des Textes unter besonderer Berücksichtigung der Rolle der Natronlauge zusammengefasst werden.*

Im Zuge der Industrialisierung und dem Aufblühen der chemischen Industrie wurde der Bedarf an Natronlauge immer größer. So wurde sie etwa für die Herstellung von Seifen, Cellulose oder auch Aluminium benötigt. Ihre Herstellung erfolgte über die Chlor-Alkali-Elektrolyse, bei der aus Natriumchlorid Natronlauge, Wasserstoff und Chlor gewonnen werden. Das bei der Chlor-Alkali-Elektrolyse anfallende Chlor war zunächst nur ein Nebenprodukt, das als Rohstoff für die Produktion von PVC, einem preisgünstigen Material, eingesetzt wurde. Ab 1938 erfolgte die großtechnische Ausweitung der PVC-Produktion. Nach 1945 war PVC schließlich der meist produzierte Kunststoff der Welt. Durch den steigenden Bedarf an Chlor änderte sich die Rolle der Natronlauge als Reaktionsprodukt der Chlor-Alkali-Elektrolyse. Die Natronlauge wurde zum Nebenprodukt.

3.2 **Säure-Base-Titration**

Vorüberlegungen:
Bei Essigsäure handelt es sich um eine schwache Säure. Zur Durchführung einer Säure-Base-Titration mit Natronlauge bietet sich eine visuelle Titration mit Phenolphthalein als Indikator an.

Abschätzung der Konzentration der Natronlauge:

Geg.: $m(CH_3COOH) = 50\ g$
$M(CH_3COOH) = 60\ g \cdot mol^{-1}$

Ges.: $n(CH_3COOH)$

$$CH_3COOH_{(aq)} + Na^+_{(aq)} + OH^-_{(aq)} \longrightarrow CH_3COO^-_{(aq)} + Na^+_{(aq)} + H_2O_{(l)}$$

$$n(CH_3COOH) = n(NaOH)$$

$$n(CH_3COOH) = \frac{m(CH_3COOH)}{M(CH_3COOH)} = \frac{50\ g}{60\ g \cdot mol^{-1}} = 0{,}83\ mol$$

Vorschlag: $c(NaOH) = 1\ mol \cdot L^{-1}$

Geräte und Chemikalien:
Stativmaterial, Bürette, Trichter, Erlenmeyerkolben, Pipette, Pipettierhilfe, Speiseessig (5 %), Natronlauge ($c(NaOH) = 1\ mol \cdot L^{-1}$), Phenolphthalein-Lösung

Versuchsaufbau:

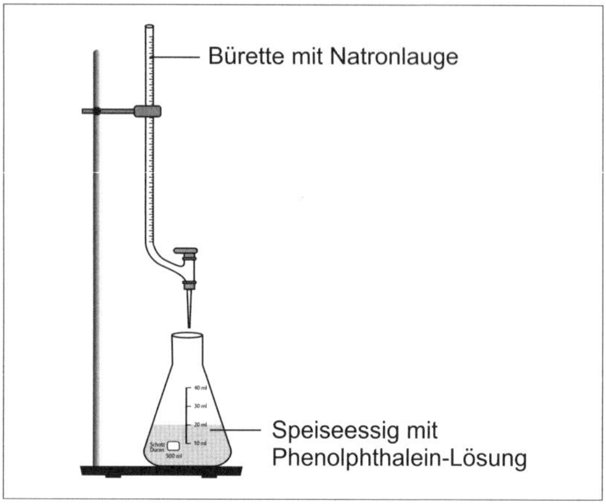

Versuchsdurchführung:
Eine Bürette wird mithilfe eines Trichters mit der Natronlauge ($c(\text{NaOH}) = 1\ \text{mol} \cdot \text{L}^{-1}$) befüllt. Anschließend werden in dem Erlenmeyerkolben 20 mL Speiseessig vorgegeben und mit fünf Tropfen Phenolphthalein-Lösung versetzt. Unter ständiger Bewegung des Erlenmeyerkolbens wird bis zum Farbumschlag tropfenweise die Natronlauge hinzugegeben.

Berechnung des benötigten Volumens an Natronlauge

Geg.: $c(\text{NaOH}) = 1\ \text{mol} \cdot \text{L}^{-1}$
$c(\text{CH}_3\text{COOH}) = 0{,}83\ \text{mol} \cdot \text{L}^{-1}$
$V(\text{CH}_3\text{COOH}) = 20\ \text{mL}$

Ges.: $V(\text{NaOH})$

$$c(\text{CH}_3\text{COOH}) \cdot V(\text{CH}_3\text{COOH}) = c(\text{NaOH}) \cdot V(\text{NaOH})$$

$$V(\text{NaOH}) = \frac{c(\text{CH}_3\text{COOH}) \cdot V(\text{CH}_3\text{COOH})}{c(\text{NaOH})}$$

$$V(\text{NaOH}) = \frac{0{,}83\ \text{mol} \cdot \text{L}^{-1} \cdot 0{,}02\ \text{L}}{1\ \text{mol} \cdot \text{L}^{-1}} = 0{,}0166\ \text{L} = 16{,}6\ \text{mL}$$

Das benötigte Volumen der Natronlauge liegt bei 16,6 mL.

Chemie (Niedersachsen): Erhöhtes Anforderungsniveau
Abiturprüfung 2011 – Aufgabe I

Von der Sole zum PVC

1 **Chlor-Alkali-Elektrolyse**

Hinweis: Bei den Teilaufgaben 1.1–1.4 soll von neutralen Natriumchlorid-Lösungen mit $c(\text{NaCl}) = 1 \text{ mol} \cdot \text{L}^{-1}$ und pH = 7 ausgegangen werden.

1.1 Skizzieren Sie einen geeigneten Versuchsaufbau zur Chlor-Alkali-Elektrolyse (M 1). Deuten Sie die angegebenen Beobachtungen, auch unter Verwendung entsprechender Reaktionsgleichungen.

1.2 Stellen Sie Reaktionsgleichungen auf für weitere, theoretisch mögliche Elektrodenvorgänge bei der Elektrolyse einer neutralen wässrigen Natriumchlorid-Lösung.

1.3 Bestätigen Sie am Beispiel des Wasserstoffs durch eine vom Standardpotenzial ausgehende Rechnung das im Spannungsdiagramm eingetragene Abscheidungspotenzial (M 2, M 3). Erklären Sie anhand des Diagramms, warum gerade die beobachteten Elektrodenreaktionen ablaufen.
(*Annahme:* Stromdichte $j = 0{,}1 \text{ A} \cdot \text{cm}^{-2}$)

1.4 Berechnen Sie das in einem Laborversuch unter Normbedingungen entstehende Wasserstoffvolumen und den pH-Wert der Lösung für die Elektrolyse von 100 mL Natriumchlorid-Lösung nach 1 min bei der Stromstärke $I = 0{,}25$ A.

1.5 Erläutern Sie den im Text in M 4a angegebenen Sachverhalt. Ermitteln Sie durch Rechnung, unter welcher Bedingung es zur Abscheidung von Natrium kommt ($j = 0{,}1 \text{ A} \cdot \text{cm}^{-2}$) (M 3).

1.6 Erklären Sie unter Verwendung von Fachbegriffen und unter Angabe von Reaktionsgleichungen das Verfahren der Amalgamzersetzung und benennen Sie die entstehenden Reaktionsprodukte (M 4a, M 4b).

2 **Herstellung und Verwendung von PVC**

2.1 Stellen Sie für die einzelnen Teilschritte der Herstellung von PVC (fett gedruckte Pfeile) die Reaktionsgleichungen mit Strukturformeln auf und benennen Sie den jeweiligen Reaktionstyp (M 5).

2.2 Bei modernen Produktionsverfahren werden die beteiligten Substanzen häufig in Stoffkreisläufen geführt. Erklären Sie am Beispiel des Chlorwasserstoffs unter Angabe einer Reaktionsgleichung, wie dieses bei der PVC-Herstellung realisiert wird, und bewerten Sie diese Maßnahme (M 5).

2.3 Erläutern Sie unter Berücksichtigung von Molekülstrukturen die Vor- und Nachteile der Verwendung von Weich-PVC zur Herstellung von Kinderspielzeug und Verpackungsfolien von Lebensmitteln (M 6).

M 1: Elektrolyse einer wässrigen Natriumchlorid-Lösung

Die Elektrolyse einer wässrigen Lösung von Natriumchlorid (Sole), auch unter dem Namen Chlor-Alkali-Elektrolyse bekannt, besitzt in der chemischen Industrie eine große technische Bedeutung zur Gewinnung vieler Produkte. Dieses Verfahren lässt sich im Schulversuch anhand der Elektrolyse einer Kochsalzlösung unter Verwendung von Graphit-Elektroden gut demonstrieren. Dabei beobachtet man an beiden Elektroden eine Gasentwicklung, an der Anode ist zudem ein Schwimmbadgeruch wahrzunehmen. Werden der Lösung einige Tropfen Phenolphthalein beigesetzt, so tritt im Kathodenraum während der Elektrolyse eine deutliche Rotfärbung auf.

M 2: Spannungsdiagramm

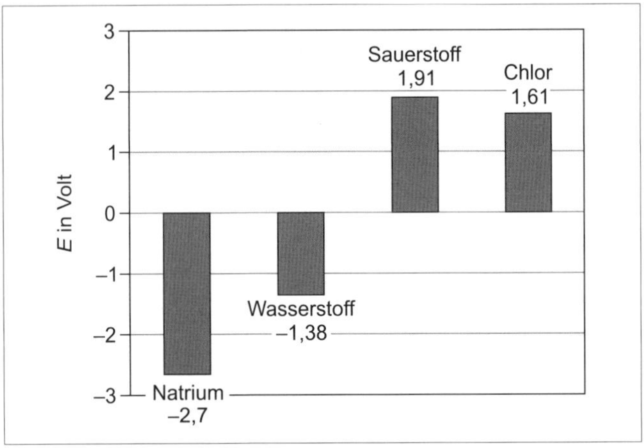

Abscheidungspotenziale bei der Elektrolyse von Natriumchlorid-Lösung an Graphit-Elektroden (Stromdichte: 10^{-1} A · cm^{-2})

M 3: Überpotenziale in Volt

Gas	Elektroden-material	Stromdichte in A · cm⁻²			
		10^{-3}	10^{-2}	10^{-1}	10^{0}
Wasser-stoff	Pt, platiniert	−0,02	−0,04	−0,05	−0,07
	Pt, blank	−0,12	−0,23	−0,35	−0,47
	Graphit	−0,60	−0,78	−0,97	−1,03
	Quecksilber	−0,94	−1,04	−1,15	−1,25
Sauerstoff	Pt, platiniert	0,40	0,52	0,64	0,77
	Pt, blank	0,72	0,85	1,28	1,49
	Graphit	0,53	0,90	1,09	1,24
Chlor	Pt, platiniert	0,006	0,016	0,026	0,08
	Pt, blank	0,008	0,03	0,054	0,24
	Graphit	0,1	0,12	0,25	0,50

Quelle: Asselborn, Wolfgang; Jäckel, Manfred; Risch, Karl T.: Chemie heute, SEK II, Schroedel Schulbuchverlage GmbH, Hannover 2009

M 4a: Amalgamverfahren

Verwendet man bei der Chlor-Alkali-Elektrolyse anstelle der Graphitelektrode eine Quecksilberelektrode als Kathode (Amalgam-Verfahren), so laufen zunächst dieselben Elektrodenvorgänge ab wie beim Aufbau in M 1. Nach einiger Zeit führen die Veränderungen im Kathodenraum sowie die Tatsache, dass das Abscheidungspotenzial für Natrium aufgrund der Bildung von Natriumamalgam (Legierung von Natrium und Quecksilber) nur noch –1,84 V beträgt, zur Abscheidung von Natrium:

$$x\,Hg + Na^+ + e^- \longrightarrow NaHg_x$$

Beim technischen Amalgamverfahren verwendet man als Kathode ein geneigtes Stahlblech, über das Quecksilber fließt. Das gebildete Natriumamalgam strömt mit dem Quecksilber aus der Elektrolysezelle in einen Amalgamzersetzer. Dort wird es mit Wasser umgesetzt. Das natriumfreie Quecksilber wird in die Elektrolysezelle zurückgeleitet (geschlossener Kreislauf).

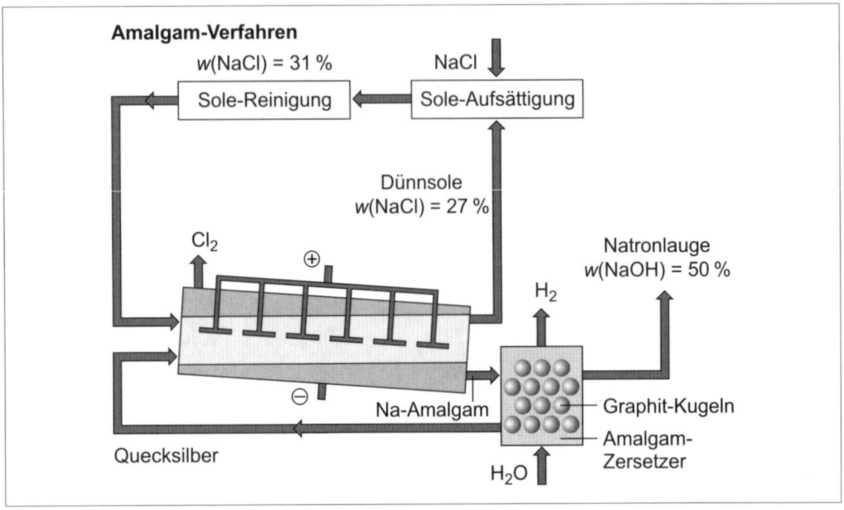

Abbildung aus: Asselborn, Wolfgang; Jäckel, Manfred; Rich, Karl T.: Chemie heute, SEK II, Schroedel Schulbuchverlage GmbH, Hannover 2009

M 4b: Amalgamzersetzer

Im Amalgamzersetzer wird das gewonnene Natriumamalgam mit Wasser umgesetzt. Die hohe Wasserstoffüberspannung am Amalgam verhindert eine spontane Zersetzung. Diese kann jedoch stattfinden, wenn dem Natriumamalgam Graphit (mit einer geringeren Wasserstoffüberspannung) hinzugesetzt und dadurch die Zersetzungsreaktion räumlich aufgeteilt wird.

M 5: Herstellung von PVC

Chlor ist ein bedeutender Grundstoff in der chemischen Industrie und wird vor allem zur Herstellung anderer Chemikalien verwendet. Dabei ist Vinylchlorid, die Ausgangssubstanz für die Herstellung des Kunststoffs Polyvinylchlorid, eines der wichtigsten Produkte. Das nebenstehende Schema stellt vereinfacht das Herstellungsverfahren von PVC aus den Grundchemikalien Chlor und Ethen dar.

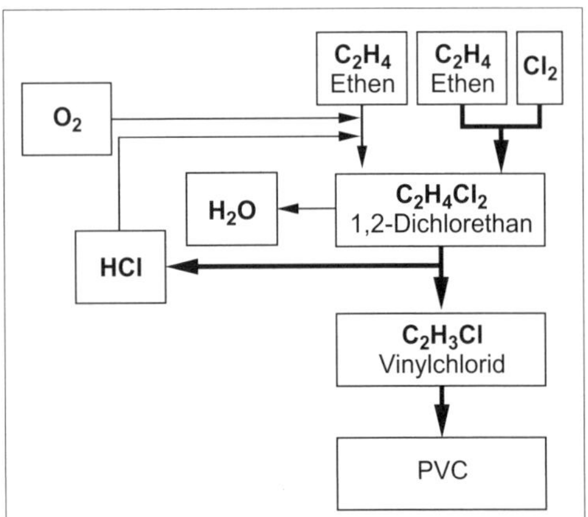

Abbildung verändert nach: Tausch, Michael; von Wachtendonk, Magdalene: Chemie 2000+, Sekundarstufe II, Buchners Verlag, Bamberg 2007, S. 185

M 6: Weichmacher im PVC

DEHP (Di(2-ethylhexyl)phthalat) gehört zur Gruppe der Phthalsäureester (Phthalate) und ist als Reinsubstanz bei Raumtemperatur eine farblose Flüssigkeit. DEHP ist der klassische Weichmacher für PVC und andere Kunststoffe. Produkte aus diesen Materialien können 20 bis 80 % DEHP enthalten. Bereits seit 1930 wird DEHP als Weichmacher eingesetzt (Höhr und Abel 1989). In Bezug auf seine Einsatzmenge ist DEHP bis heute von allen Phthalaten das wichtigste. [...] Weil das DEHP nur physikalisch im Kunststoff gebunden ist, entweicht es langsam in die Atmosphäre, wodurch der Kunststoff seine Eigenschaften verändert. Bei Kontakt mit Flüssigkeiten oder Fetten wird das DEHP aus dem Kunststoff herausgelöst. Wegen verschiedener negativer Einschätzungen – unter anderem stufte eine EU-Arbeitsgruppe DEHP als fruchtschädigend und fruchtbarkeitsschädigend ein – hat die europäische Kunststoffindustrie den DEHP-Anteil am Weichmacherverbrauch zwischen 1999 und 2004 deutlich gesenkt. Die Verwendung von DEHP sinkt weiter. In Spielzeug für Kinder bis zu drei Jahren ist dieser Weichmacher verboten.

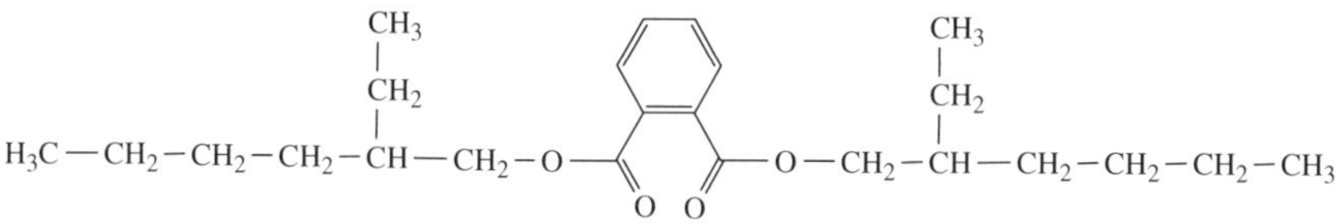

Quelle: http://www.arguk.de/infos/dehp2004.htm; Arguk-Umweltlabor (leicht verändert)

Lösung

1.1 Chlor-Alkali-Elektrolyse

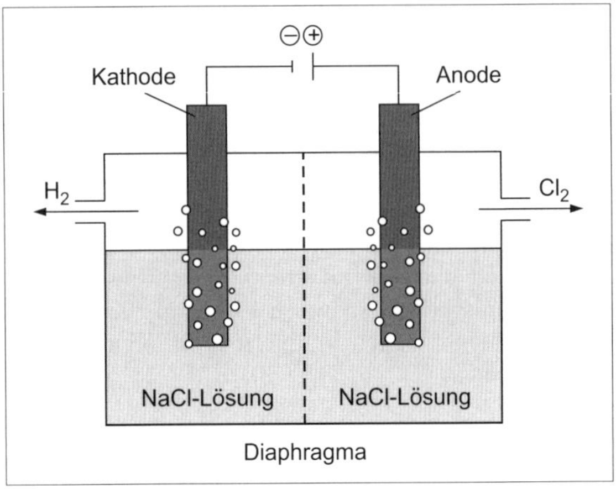

Ox. (Anode):	$2\,\overset{-I}{Cl^-}_{(aq)}$	$\longrightarrow$	$\overset{0}{Cl_2}{}_{(g)} + 2\,e^-$
Red. (Kathode):	$2\,\overset{+I}{H_2}O_{(l)} + 2\,e^-$	$\longrightarrow$	$\overset{0}{H_2}{}_{(g)} + 2\,OH^-_{(aq)}$
Redox:	$2\,Cl^-_{(aq)} + 2\,H_2O_{(l)}$	$\longrightarrow$	$Cl_{2\,(g)} + H_{2\,(g)} + 2\,OH^-_{(aq)}$

Bei der Elektrolyse einer Natriumchlorid-Lösung entsteht an der Anode Chlorgas (Schwimmbadgeruch) und an der Kathode Wasserstoffgas. Die im Kathodenraum gebildeten Hydroxidionen verursachen die Rotfärbung des Indikators Phenolphthalein.

1.2 Weitere mögliche Reaktionen bei der Chlor-Alkali-Elektrolyse

Oxidation (Anode): $6\,H_2O_{(l)} \longrightarrow O_{2\,(g)} + 4\,e^- + 4\,H_3O^+_{(aq)}$

Reduktion (Kathode): $Na^+_{(aq)} + e^- \longrightarrow Na_{(s)}$

1.3 Abscheidungspotenzial von Wasserstoff

$2\,H_2O_{(l)} + 2\,e^- \rightleftharpoons H_{2\,(g)} + 2\,OH^-_{(aq)}$ $\quad E^0 = -0{,}83\text{ V}$ (für pH = 14)

Konzentration der Hydroxidionen:

$c(OH^-) = 10^{-7}\text{ mol}\cdot\text{L}^{-1}$ (für pH = 7; Kochsalz-Lösung)

$$E = E^0 + \frac{0{,}059\text{ V}}{z}\lg\frac{1}{c^2(OH^-)}$$

$$E = -0{,}83\text{ V} + \frac{0{,}059\text{ V}}{2}\lg\frac{1}{(10^{-7})^2}$$

$$E = -0{,}42\text{ V}$$

Das Abscheidungspotenzial E_A ergibt sich aus der Summe des berechneten Redoxpotenzials E und des Überpotenzials $E_Ü$, das der Tabelle im Materialteil entnommen werden kann.

$$E_A = E + E_Ü = (-0{,}42\ V) + (-0{,}97\ V) = -1{,}39\ V$$

Der Wert stimmt in etwa mit dem im Spannungsdiagramm angegebenen Wert überein.

Es laufen die beobachteten Elektrodenreaktionen ab, da die Bildung von Wasserstoff an der Kathode und von Chlor an der Anode die geringste Zersetzungsspannung U_Z fordert.

$$U_Z = 1{,}61\ V - (-1{,}38\ V) = 2{,}99\ V$$

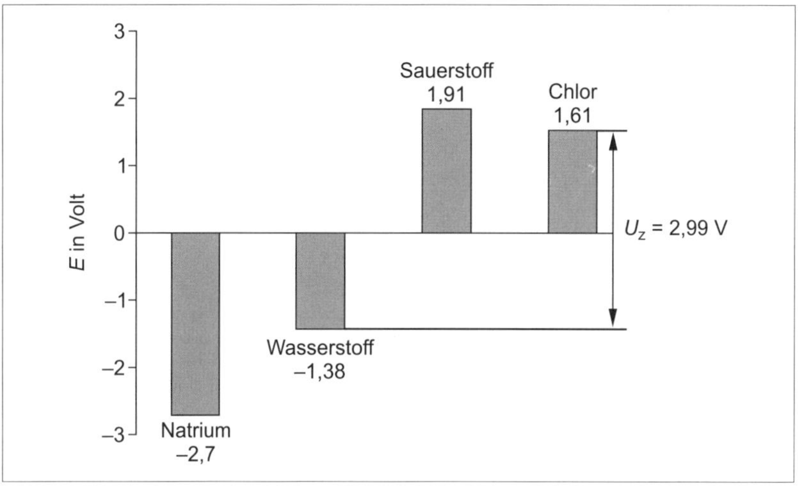

1.4 **Berechnung des Wasserstoffvolumens $V(H_2)$**

$$2\ H_2O_{(l)} + 2\ e^- \rightleftharpoons H_{2\,(g)} + 2\ OH^-_{(aq)}$$

Geg.: V(NaCl-Lösung) = 100 mL
t = 1 min
I = 0,25 A
F = 96 485 As · mol^{-1}
z = 2
V_M = 22,4 L · mol^{-1}

Ges.: $V(H_2)$ (Normbedingungen)

$$I \cdot t = z \cdot F \cdot n(H_2)$$

$$n(H_2) = \frac{I \cdot t}{z \cdot F} = \frac{0{,}25\ A \cdot 60\ s}{2 \cdot 96485\ As \cdot mol^{-1}} \approx 7{,}8 \cdot 10^{-5}\ mol$$

$$n(H_2) = \frac{V(H_2)}{V_M}$$

$$V(H_2) = n(H_2) \cdot V_M = 7{,}8 \cdot 10^{-5} \text{ mol} \cdot 22{,}4 \text{ L} \cdot \text{mol}^{-1} \approx 1{,}75 \text{ mL}$$

Berechnung des pH-Wertes der Lösung

Geg.: V(NaCl-Lösung) = 100 mL
$n(H_2) = 7{,}8 \cdot 10^{-5}$ mol

Ges.: pH

$$\frac{n(OH^-)}{n(H_2)} = \frac{2}{1}$$

$$n(OH^-) = 2 \cdot n(H_2) = 2 \cdot 7{,}8 \cdot 10^{-5} \text{ mol} = 1{,}56 \cdot 10^{-4} \text{ mol}$$

$$c(OH^-) = \frac{n(OH^-)}{V} = \frac{1{,}56 \cdot 10^{-4} \text{ mol}}{0{,}1 \text{ L}} = 1{,}56 \cdot 10^{-3} \text{ mol} \cdot \text{L}^{-1}$$

$$\text{pOH} = -\log c(OH^-) = -\log 1{,}56 \cdot 10^{-3} = 2{,}8$$

$$\text{pH} + \text{pOH} = 14$$

$$\text{pH} = 14 - \text{pOH} = 14 - 2{,}8 = 11{,}2$$

Der pH-Wert der Lösung beträgt 11,2.

1.5 **Amalgamverfahren**

Beim Amalgamverfahren wird eine Quecksilberelektrode anstelle der Graphitelektrode als Kathode eingesetzt. Das hat folgende Konsequenzen:

- Durch das vergleichsweise höhere Überpotenzial von Wasserstoff an der Quecksilberelektrode wird das Abscheidungspotenzial von Wasserstoff gesenkt.
- Im Verlauf der Wasserstoffabscheidung (siehe 1.1) erhöht sich die Konzentration an Hydroxidionen. Damit wird das Abscheidungspotenzial von Wasserstoff weiter gesenkt (vgl. Nernst'sche Gleichung).
- Aufgrund der Amalgambildung hat sich das Abscheidungspotenzial von Natrium erhöht.
- Unter den sich einstellenden Bedingungen hat nach einiger Zeit das Abscheidungspotenzial für Wasserstoff einen geringeren Wert als das Abscheidungspotenzial von Natrium. Von diesem Zeitpunkt an wird an der Quecksilberelektrode Natrium in Form von Natriumamalgam abgeschieden.

Geg.: $E_A(Na/Na^+) = -1{,}84\ V$
$E^0(H_2O/H_2) = -0{,}83\ V$
$E_Ü(H_2) = -1{,}15\ V$

Ges.: pH

Bedingung für die Abscheidung von Natrium

$E_A(H_2/H_2O) < E_A(Na/Na^+)$

$$E_A(H_2/H_2O) = E(H_2/H_2O) + E_Ü(H_2)$$

$$E_A(H_2/H_2O) = \left(E^0(H_2/H_2O) + \frac{0{,}059\ V}{z}\lg\frac{1}{c^2(OH^-)}\right) + E_Ü(H_2)$$

$$= \left(-0{,}83\ V + \frac{0{,}059\ V}{2}\lg\frac{1}{c^2(OH^-)}\right) + E_Ü(H_2)$$

$$= \left(-0{,}83\ V - 0{,}059\ V \cdot \lg c(OH^-)\right) + E_Ü(H_2)$$

$$= (-0{,}83\ V + 0{,}059\ V \cdot pOH) + E_Ü(H_2)$$

$$= (-0{,}83\ V + 0{,}059\ V \cdot (14 - pH)) + E_Ü(H_2)$$

$$= -0{,}059\ V \cdot pH + E_Ü(H_2)$$

$$\Rightarrow\ -0{,}059\ V \cdot pH + E_Ü(H_2) < E_A(Na/Na^+)$$

$$-0{,}059\ V \cdot pH - 1{,}15\ V < -1{,}84\ V$$

$$pH > 11{,}7$$

Damit Natrium abgeschieden wird, muss der pH-Wert der Lösung größer sein als 11,7.

1.6 Amalgamzersetzung

Im Amalgamzersetzer läuft eine freiwillige Redoxreaktion ab. Die Anlage kann demnach als kurzgeschlossenes galvanisches Element aufgefasst werden. Die bei der Oxidation von Natrium entstehenden Elektronen fließen zum Graphit, wo die Reduktion von Wasser stattfindet. Als Produkte entstehen im Amalgamzersetzer Wasserstoff und Natronlauge.

Ox.: $\overset{0}{Na}Hg_{x\,(s)} \longrightarrow \overset{+I}{Na^+}_{(aq)} + e^- + x\,Hg_{(l)}$

Red.: $2\,\overset{+I}{H_2}O_{(l)} + 2\,e^- \longrightarrow \overset{0}{H_2}{}_{(g)} + 2\,OH^-_{(aq)}$

Redox.: $2\,NaHg_{x\,(s)} + 2\,H_2O_{(l)} \longrightarrow 2\,Na^+_{(aq)} + H_{2\,(g)} + 2x\,Hg_{(l)} + 2\,OH^-_{(aq)}$

2.1 **Herstellung von PVC**

Elektrophile Addition:

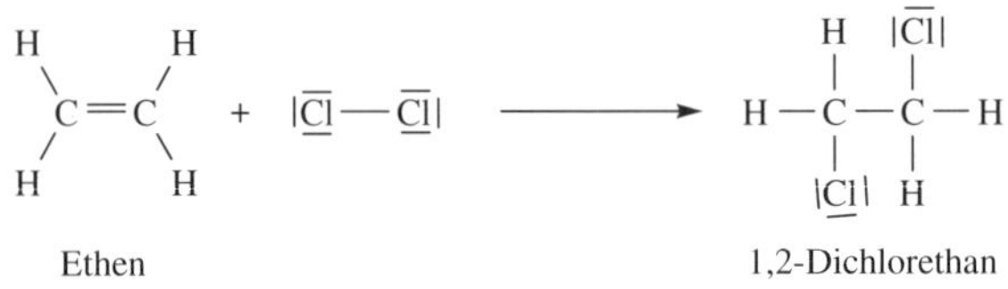

Eliminierung:

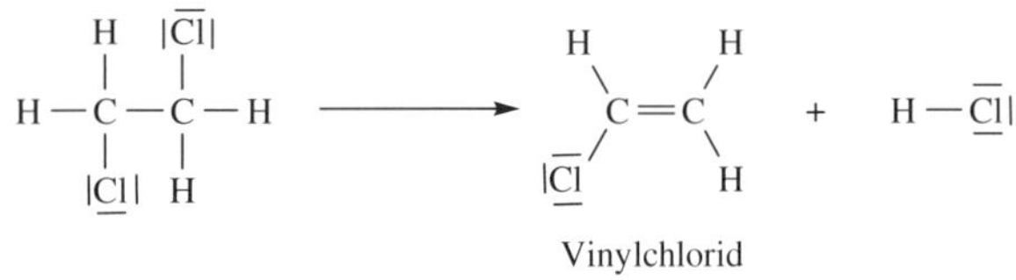

Polymerisation:

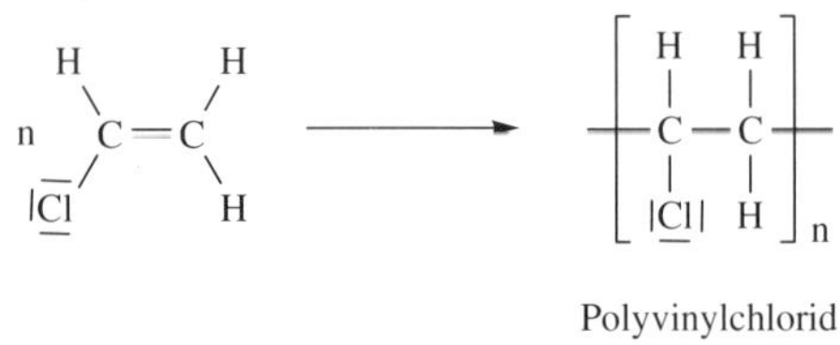

2.2 Der bei der Eliminierung gebildete Chlorwasserstoff kann direkt mit Ethen unter Zugabe von Luftsauerstoff zur Reaktion gebracht werden. Es bildet sich unter Abspaltung von Wasser ebenfalls 1,2-Dichlorethan, das anschließend zu Vinylchlorid umgesetzt werden kann.

$$4\,HCl + O_2 + 2\,C_2H_4 \longrightarrow 2\,C_2H_4Cl_2 + 2\,H_2O$$

Bewertung

Die oben beschriebene Prozessführung hat gleich mehrere Vorteile:

- Der Abfallstoff „HCl“ wird durch den Abfallstoff „H_2O“ ersetzt. Damit ist eine geringere Umweltbelastung verbunden.
- Ein Teil des Eduktes 1,2-Dichlorethan kann ausgehend von Chlorwasserstoff hergestellt werden.
- Es fallen geringere Kosten an.

2.3 **Vorteile**

Durch die großen Weichmachermoleküle werden die starken zwischenmolekularen Kräfte zwischen den linearen Makromolekülen (Van-der-Waals-Wechselwirkung und Dipol-Dipol-Wechselwirkung) verringert. Der Kunststoff wird elastisch. Aufgrund der sich bildenden Hohlräume gibt es im Kunststoff weniger kristalline Bereiche. Härte und Sprödigkeit nehmen ab. Die Erweichungstemperatur sinkt, sodass der Kunststoff leichter zu verarbeiten ist. Damit ist der Kunststoff grundsätzlich gut für die Herstellung von Verpackungsfolien und Kinderspielzeug geeignet.

Nachteile

Weichmacher wie DEHP stehen im Verdacht, fruchtschädigend und fruchtbarkeitsschädigend zu sein. Da die Weichmachermoleküle im Kunststoff nur vergleichsweise schwach gebunden vorliegen, treten sie vor allem bei Kontakt mit Flüssigkeiten (z. B. Speichel von Kleinkindern) im Laufe der Zeit aus dem Kunststoff aus.

Da Weichmacher wie DEHP fettlöslich sind, kann dieser Vorgang durch fettige Lebensmittel noch beschleunigt werden. Der Einsatz von Weichmachern bei der Herstellung von Kinderspielzeug bzw. bei der Herstellung von Verpackungsfolien für Lebensmittel birgt daher gesundheitliche Risiken für die Verbraucher.

Ein weiterer Nachteil ist, dass durch das Entweichen der Weichmachermoleküle die zwischenmolekularen Kräfte zwischen den Molekülketten wieder ansteigen und der Kunststoff im Laufe der Zeit hart und spröde wird.

**Chemie (Niedersachsen): Erhöhtes Anforderungsniveau
Abiturprüfung 2011 – Aufgabe II**

Herstellung von Chlor – technisch und im Labor

1 Chlor-Alkali-Elektrolyse nach dem Membranverfahren

1.1 Skizzieren Sie die Vorgänge bei einer Chlor-Alkali-Elektrolyse nach dem Membranverfahren in einer vollständig beschrifteten Zeichnung und erläutern Sie diese unter Verwendung einer angemessenen Fachsprache (M 1).

1.2 Beschreiben Sie kurz die in M 1 **zusätzlich** dargestellten Vorgänge und begründen Sie den Vorteil, der sich daraus gegenüber einer im Labor durchgeführten Elektrolyse ergibt.

2 Herstellung von Polytetrafluorethylen

2.1 Beschreiben Sie kurz das Fließschema in M 2. Benennen Sie dabei die Reaktionstypen der Schritte A, B und C.

2.2 Erläutern Sie unter Verwendung von Strukturformeln den Reaktionsmechanismus für die Reaktion von Chlor mit Methan zu Monochlormethan.

2.3 Beschreiben Sie den in der Grafik in M 3 dargestellten Sachverhalt in Hinsicht auf die Herstellung von Trichlormethan (Chloroform). Erklären Sie mithilfe der Daten in M 3, wie man reines Trichlormethan (Chloroform) erhalten kann.

3 Chlor und Chlorwasser

3.1 Stellen Sie für die Gleichgewichtsreaktion in M 4 unter Verwendung von Oxidationszahlen die Teilgleichungen für die Oxidation und die Reduktion auf.

3.2 Ermitteln Sie für die Gerade 1 und die geradlinigen Abschnitte A und C von Kurve 2 die dazugehörigen Redox-Systeme und bestätigen Sie ausgehend von den Standardpotenzialen deren Verlauf durch Anwendung der Nernst-Gleichung (M 5).

3.3 Begründen Sie, wie Chlor mithilfe von Calciumhypochlorit ($Ca(OCl)_2$) hergestellt werden kann (M 4, M 5).

3.4 Ermitteln Sie mithilfe der Titrationskurve in M 6 die Konzentrationen der beiden Säuren im Chlorwasser.
Berechnen Sie die Konstante $K = K_c \cdot c(H_2O)$ für die Gleichgewichtsreaktion in M 4.

M 1: Natriumchlorid-Elektrolyse: Membranverfahren

Das Membranverfahren ist das neueste Verfahren zur Herstellung von Natronlauge, Chlor und Wasserstoff und findet heutzutage in etwa 2/3 der großtechnisch arbeitenden Betriebe Verwendung. Der Unterschied zum Diaphragmaverfahren besteht darin, dass das Diaphragma durch eine etwa 0,1 mm dünne chlorbeständige Kationenaustauschermembran aus Nafion ersetzt wurde. Nafion ist ein sulfoniertes Tetrafluorethylen-Polymer (PTFE), das in den späten 1960er-Jahren federführend von Walther Grot als eine Modifikation von Teflon entwickelt wurde. Anionen wie OH^- oder Cl^- können die Membran nicht passieren, wohingegen positiv geladene Na^+-Ionen hindurch gelangen.
Wichtig ist bei dem Verfahren, dass die beiden Reaktionsräume voneinander getrennt sind. Ansonsten würde neben einem Gasgemisch aus Chlor und Wasserstoff (welches bei Tageslicht explosionsartig zu Chlorwasserstoff reagiert) auch Natriumhypochlorit (NaOCl) entstehen.

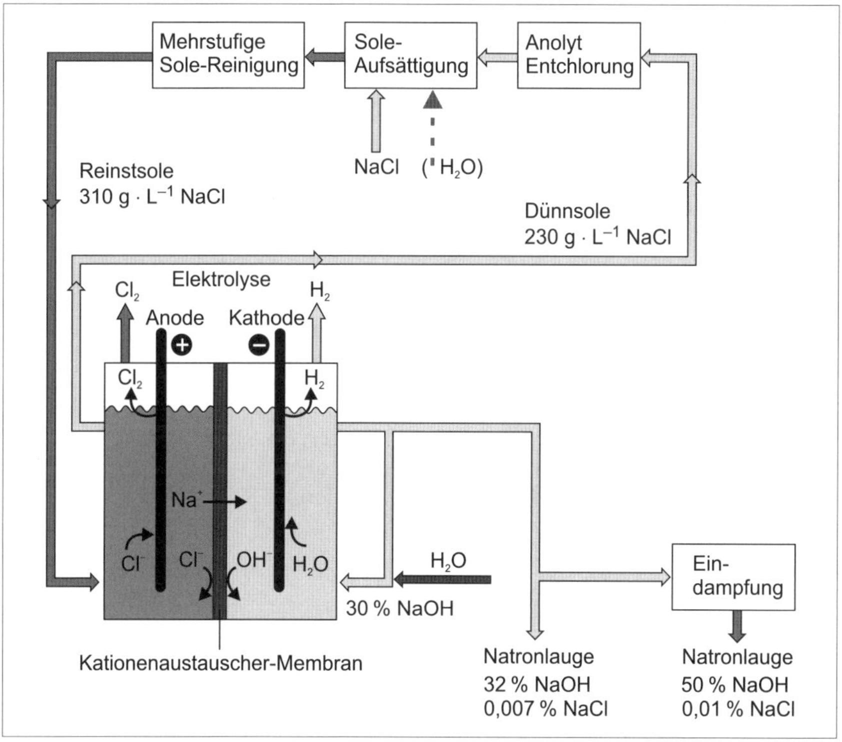

Quelle: Verband der Chemischen Industrie 2010, Chlor – Bedeutung, Herstellung und Anwendung, S. 12; http://www.vci.de/Themen/Umwelt-Sicherheit/Chlorchemie/Seiten/Positionen-zur-Chemie-mit-Chlor.aspx

M 2: Reaktionsschema zur Herstellung von PTFE

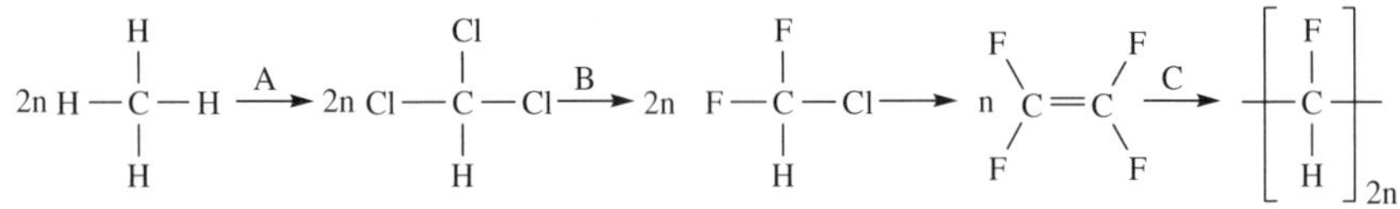

M 3: Chlorierung von Methan

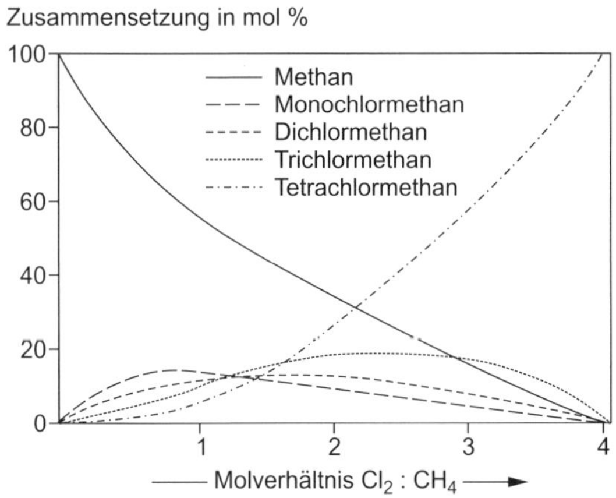

Siedetemperaturen ϑ_V in °C

$\vartheta_V(CH_4)$	−161,5
$\vartheta_V(CH_3Cl)$	−24,2
$\vartheta_V(CH_2Cl_2)$	39,8
$\vartheta_V(CHCl_3)$	61,7
$\vartheta_V(CCl_4)$	76,5

Quelle: Red. Fonds der chemischen Industrie: Folienserie des FCI, Textheft 24, Chemie des Chlors und seiner Verbindungen, S. 55; Verband der chemischen Industrie

M 4: Chlorwasser

Leitet man bis zur Sättigung Chlorgas in Wasser ein, so entsteht Chlorwasser ($Cl_{2\,(aq)}$) mit einer Konzentration $c(Cl_2) \approx 0{,}1\ mol \cdot L^{-1}$, welches aber in einer Gleichgewichtsreaktion zu Salzsäure und Hypochloriger Säure (HClO) weiter reagiert:

$$Cl_{2\,(aq)} + H_2O_{(l)} \rightleftharpoons H^+_{(aq)} + Cl^-_{(aq)} + HClO_{(aq)}$$

M 5: pH-Abhängigkeit von Redox-Potenzialen mit Chlor

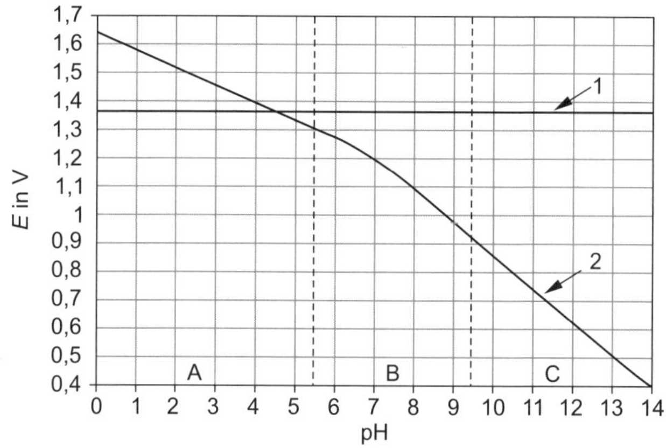

a)	$Cl_2 + 2\,H_2O$	$\rightleftharpoons$	$2\,HClO + 2\,H^+ + 2\,e^-$	$E^0 = 1{,}63$ V
b)	$2\,Cl^-$	$\rightleftharpoons$	$Cl_2 + 2e^-$	$E^0 = 1{,}36$ V
c)	$Cl_2 + 4\,OH^-$	$\rightleftharpoons$	$2\,ClO^- + 2\,H_2O + 2\,e^-$	$E^0 = 0{,}40$ V

Tabelle: Standard-Redoxpotenziale von Chlor und chlorhaltigen Stoffen

M 6: Titration von Chlorwasser

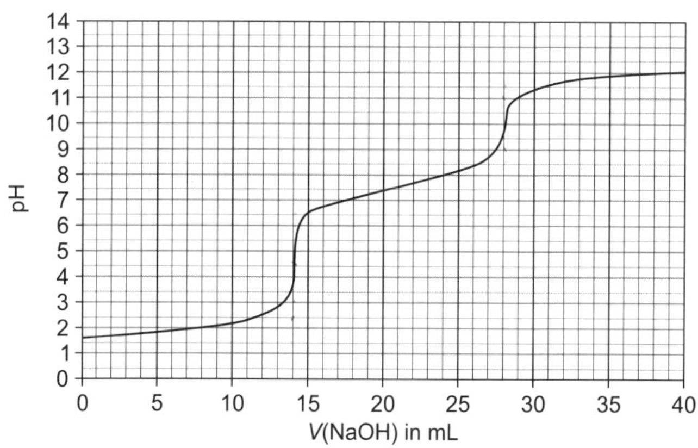

Versuchsparameter:
$V(Cl_{2\,(aq)}) = 50$ mL; $c_0(Cl_{2\,(aq)}) = 0{,}115\ \text{mol} \cdot L^{-1}$; $c(NaOH_{(aq)}) = 0{,}1\ \text{mol} \cdot L^{-1}$

Kurve simuliert mit AK Analytik 32 und Werten aus E. Wiberg, Die chemische Affinität, W de G

Lösung

1.1 Membranverfahren

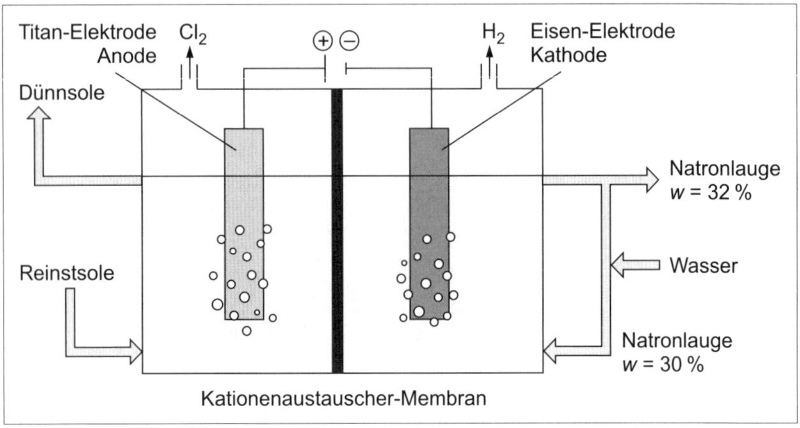

Die Chlor-Alkali-Elektrolyse ist ein wirtschaftlich bedeutsames Verfahren. Bei der Elektrolyse von Natriumchlorid werden Wasserstoff, Chlor und Natronlauge hergestellt.

Vorgänge bei der Chlor-Alkali-Elektrolyse

Die Elektrolysezelle ist durch eine Kationenaustauschermembran, die aus einem sulfonierten Tetrafluorethylen-Polymer (PTFE) besteht, in zwei Kammern unterteilt. Der Anodenraum wird mit aufgesättigter und gereinigter Sole befüllt, gleichzeitig wird in den Kathodenraum Natronlauge eingeleitet. Durch Anlegen einer Gleichspannung wird eine Elektrolyse in Gang gesetzt. Unter den gegebenen Bedingungen (vorliegende Ionen, Konzentrationen, Überpotenziale) läuft die folgende Redoxreaktion ab:

Ox. (Anode): $2\,\overset{-I}{Cl}{}^-_{(aq)} \longrightarrow \overset{0}{Cl}_{2\,(g)} + 2\,e^-$

Red. (Kathode): $2\,\overset{+I}{H}_2O_{(l)} + 2\,e^- \longrightarrow \overset{0}{H}_{2\,(g)} + 2\,OH^-_{(aq)}$

Redox.: $2\,Cl^-_{(aq)} + 2\,H_2O_{(l)} \longrightarrow Cl_{2\,(g)} + H_{2\,(g)} + 2\,OH^-_{(aq)}$

Die entstehenden Gase Chlor (im Anodenraum) und Wasserstoff (im Kathodenraum) werden abgeleitet. Die Membran ist nur für Wasser und für Na^+-Kationen durchlässig. Da die Na^+-Kationen den Anodenraum in Richtung Kathodenraum verlassen, die Cl^--Anionen gleichzeitig zu Chlormolekülen oxidiert werden, nimmt die Konzentration der Sole im Anodenraum im Laufe der Elektrolyse ab. Die in den Kathodenraum wandernden Na^+-Kationen sorgen mit den gleichzeitig durch die Elektrolyse entstehenden Hydroxidionen für eine Erhöhung der Natronlaugekonzentration im Kathodenraum.

1.2 Im oberen Bereich des Anodenraumes wird verdünnte Sole entnommen, die zunächst von mitgeführtem Chlor befreit wird. Durch Zugabe von Kochsalz wird die Sole aufgesättigt und anschließend gereinigt wieder dem Anodenraum zugeführt.

Im oberen Bereich des Kathodenraumes wird konzentrierte Natronlauge ($w = 32\,\%$) entnommen. Ein Teil dieser Natronlauge wird mit Wasser verdünnt und wieder dem Kathodenraum zugeführt. Der Rest der Natronlauge wird als kommerzielles Produkt abgeführt.

Durch die getroffenen Maßnahmen kann der Prozess **kontinuierlich** zur Produktion von Wasserstoff, Chlor und Natronlauge durchgeführt werden.

2.1 **Synthese von Polytetrafluorethylen**

Im ersten Schritt (A) reagiert Methan mit Chlor zu Chloroform. Es handelt sich um eine **radikalische Substitution**. Die Reaktion läuft schrittweise ab. Anschließend reagiert Chloroform in einer **nukleophilen Substitutionsreaktion** (B) mit Fluorwasserstoff zu Chlordifluormethan. Aus Chlordifluormethan entsteht durch Abspaltung von Chlorwasserstoff Tetrafluorethen. Schließlich wird im letzten Schritt (C) durch **radikalische Polymerisation** aus Tetrafluorethen Polytetrafluorethen gebildet.

2.2 **Reaktionsmechanismus der radikalischen Substitution**

Startreaktion:

Chlor wird unter dem Einfluss von Licht homolytisch gespaltet.

Kettenreaktion:

Mithilfe dieser Chlorradikale wird eine Kettenreaktion in Gang gesetzt. Ein Chlorradikal greift ein Methanmolekül an und abstrahiert dabei ein Wasserstoffatom. Es entstehen Wasserstoffchlorid und ein Methylradikal, das im nächsten Schritt ein Chlormolekül unter Bildung von Monochlormethan und eines Chlorradikals angreift.

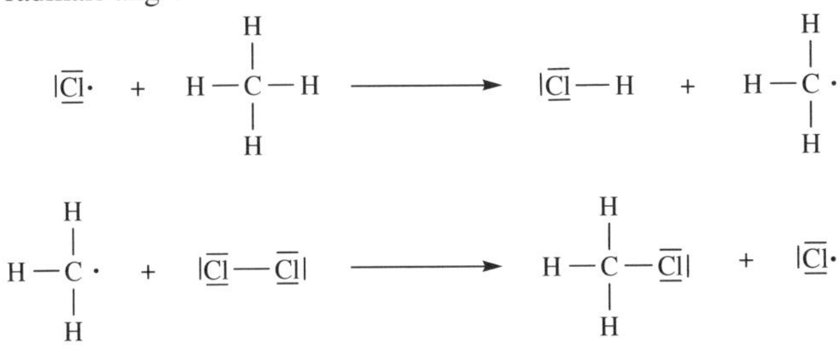

Monochlormethan

Kettenabbruch:

Die Kettenreaktion kommt zum Erliegen, wenn zwei Radikale miteinander reagieren.

2.3 In dem Diagramm ist die Produktzusammensetzung bei der Chlorierung von Methan in Abhängigkeit vom Molverhältnis $Cl_2 : CH_4$ der Edukte dargestellt. Mit steigendem Chlorgehalt erhöht sich der Anteil an Chloroform im Produkt-Gemisch. Der maximale Anteil an Chloroform wird bei einem Molverhältnis $Cl_2 : CH_4 \approx 2{,}3$ erreicht. Er liegt bei etwa 20 %.
Aufgrund der unterschiedlichen Siedetemperaturen ist eine Abtrennung des Chloroforms von den übrigen Stoffen im Reaktionsgemisch durch eine **fraktionierte Destillation** möglich.

3.1 **Chlorwasser:**

Ox.: $\overset{0}{Cl}_{2\,(aq)} + 2\,H_2O_{(l)} \longrightarrow 2\,H\overset{+I}{Cl}O_{(aq)} + 2\,e^- + 2\,H^+_{(aq)}$

Red.: $\overset{0}{Cl}_{2\,(aq)} + 2\,e^- \longrightarrow 2\,\overset{-I}{Cl}{}^-_{(aq)}$

Redox.: $2\,Cl_{2\,(aq)} + 2\,H_2O_{(l)} \longrightarrow 2\,HClO_{(aq)} + 2\,H^+_{(aq)} + 2\,Cl^-_{(aq)}$

3.2 **pH-Abhängigkeit von Redoxpotenzialen**

Gerade 1 beschreibt das Redoxsystem b, da dieses System pH-unabhängig ist. Bei allen pH-Werten liegt ein Redoxpotenzial von 1,36 V vor.

$$E = E^0 + \frac{0{,}059\ \text{V}}{2} \cdot \lg \frac{1}{c^2(\text{Cl}^-)} = 1{,}36\ \text{V}$$

Der **Abschnitt A der Gerade 2** beschreibt das Redoxsystem a.

$$\begin{aligned} E &= E^0 + \frac{0{,}059\ \text{V}}{2} \cdot \lg c^2(\text{H}^+) \\ &= E^0 + 0{,}059\ \text{V} \cdot \lg c(\text{H}^+) \\ &= E^0 - 0{,}059\ \text{V} \cdot \text{pH} \end{aligned}$$

Für pH = 0 ergibt sich das Standardredoxpotenzial $E^0 = 1{,}63$ V.

Der **Abschnitt C der Gerade 2** beschreibt das Redoxsystem c.

$$E = E^0 + \frac{0{,}059\ \text{V}}{2} \cdot \lg \frac{1}{c^4(\text{OH}^-)}$$

$$= E^0 - \frac{0{,}059\ \text{V}}{2} \cdot \lg c^4(\text{OH}^-)$$

$$= E^0 - 0{,}059\ \text{V} \cdot 2 \cdot \lg c(\text{OH}^-)$$

$$= E^0 + 0{,}118\ \text{V} \cdot \text{pOH}$$

$$= E^0 + 0{,}118\ \text{V} \cdot (14 - \text{pH})$$

Für pH = 14 ergibt sich das Standardredoxpotenzial $E^0 = 0{,}40$ V.

alternativ:
Man kann auch jeweils bestimmte Wertepaare berechnen und zeigen, dass die Punkte auf den Geraden liegen. Mit der Übereinstimmung lassen sich die Geraden bestätigen.

3.3 Chlor (Cl_2) steht mit Hypochlorid (ClO^-) in folgendem Gleichgewicht:

$$Cl_{2\,(aq)} + H_2O_{(l)} \rightleftharpoons H^+_{(aq)} + Cl^-_{(aq)} + HClO_{(aq)}$$

Durch Erhöhung der Konzentration an H^+-Kationen und/oder Erhöhung der Konzentration an Cl^--Anionen lässt sich das aufgeführte Gleichgewicht nach links verschieben. Chlor lässt sich also aus einer Hypochlorid-Lösung durch Zugabe von Salzsäure ($HCl_{(aq)}$) herstellen.

alternativ:
Das System kann als kurzgeschlossenes galvanisches Element aufgefasst werden.

Akzeptorhalbzelle:

$$2\,HClO + 2\,H^+ + 2\,e^- \rightleftharpoons Cl_2 + 2\,H_2O$$

$$E_{\text{Akzeptor}} = E^0 + \frac{0{,}059\ \text{V}}{2} \cdot \lg c^2(\text{H}^+)$$

Durch Zugabe von H^+-Kationen erhöht sich der Wert von E_{Akzeptor}.

Donatorhalbzelle:

$$2\,Cl^- \rightleftharpoons Cl_2 + 2\,e^-$$

$$E_{\text{Donator}} = E^0 + \frac{0{,}059\ \text{V}}{2} \cdot \lg \frac{1}{c^2(\text{Cl}^-)}$$

Durch Zugabe von Cl^--Anionen verringert sich der Wert von E_{Donator}.
Für das kurzgeschlossene galvanische Element gilt:
$U = E_{\text{Akzeptor}} - E_{\text{Donator}}$

Durch Zugabe von Salzsäure ($HCl_{(aq)}$) verschieben sich die zugehörigen Potenziale so, dass sich eine höhere Potenzialdifferenz ergibt.

3.4 **Berechnung der Säurekonzentrationen im Chlorwasser**

Geg.: $V(Cl_{2\,(aq)}) = 50$ mL
$c_0(Cl_{2\,(aq)}) = 0{,}115 \text{ mol} \cdot L^{-1}$
$c(NaOH_{(aq)}) = 0{,}1 \text{ mol} \cdot L^{-1}$
$V_1(NaOH_{(aq)}) = 14$ mL (Verbrauch an NaOH bis zum 1. Äquivalenzpunkt)
$V_2(NaOH_{(aq)}) = 28$ mL (Verbrauch an NaOH bis zum 2. Äquivalenzpunkt)
(V_1 und V_2 aus der Titrationskurve)

Ges.: $c(HClO)$
$c(HCl)$

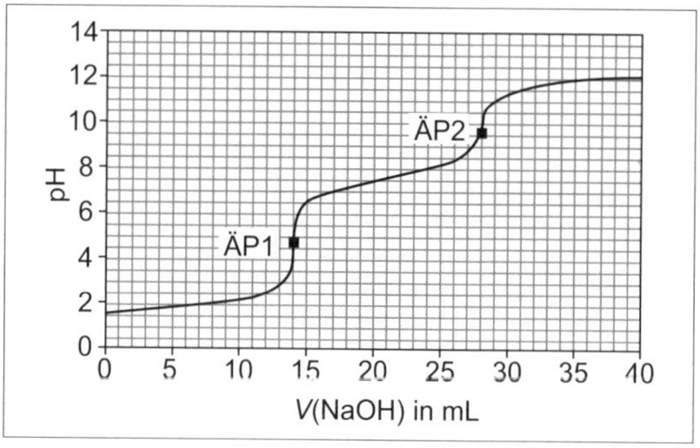

$$Cl_{2\,(aq)} + H_2O_{(l)} \rightleftharpoons H^+_{(aq)} + Cl^-_{(aq)} + HClO_{(aq)}$$

$$c(HCl) \cdot V(HCl) = c(NaOH) \cdot V(NaOH)$$

$$c(HCl) = \frac{c(NaOH) \cdot V(NaOH)}{V(HCl)} = \frac{0{,}1 \text{ mol} \cdot L^{-1} \cdot 0{,}014 \text{ L}}{0{,}05 \text{ L}} = 0{,}028 \text{ mol} \cdot L^{-1}$$

Aus der Reaktionsgleichung ergibt sich:

$c(HCl) = c(HClO) = 0{,}028 \text{ mol} \cdot L^{-1}$

Die Konzentration der Salzsäure und der hypochlorigen Säure beträgt 0,028 $\text{mol} \cdot L^{-1}$.

Berechnung der Gleichgewichtskonstante

Geg.: $c = c(Cl^-) = c(H^+) = c(HClO) = 0{,}028 \text{ mol} \cdot L^{-1}$
$c_0(Cl_{2\,(aq)}) = 0{,}115 \text{ mol} \cdot L^{-1}$

Ges.: K

$$K_c = \frac{c(H^+) \cdot c(Cl^-) \cdot c(HClO)}{c(Cl_2) \cdot c(H_2O)}$$

$$K = K_c \cdot c(H_2O) = \frac{c(H^+) \cdot c(Cl^-) \cdot c(HClO)}{c(Cl_2)} = \frac{c^3}{c_0(Cl_2) - c}$$

$$K = \frac{(0{,}028 \text{ mol} \cdot L^{-1})^3}{0{,}115 \text{ mol} \cdot L^{-1} - 0{,}028 \text{ mol} \cdot L^{-1}} = 2{,}5 \cdot 10^{-4} \text{ mol}^2 \cdot L^{-2}$$

Die Gleichgewichtskonstante K beträgt $2{,}5 \cdot 10^{-4} \text{ mol}^2 \cdot L^{-2}$.

Chemie (Niedersachsen): Grundlegendes Anforderungsniveau
Abiturprüfung 2012 – Aufgabe I

Regenerative Energieträger

1 **Biogas**

1.1 Skizzieren Sie den Ablauf der Biogasherstellung in einem Flussdiagramm (M 1 a).

1.2 Stellen Sie die Reaktionsgleichung der Gleichgewichtsreaktion von Ethansäure mit Wasser auf.
Berechnen Sie den pH-Wert einer wässrigen Ethansäure-Lösung für die Konzentration c_0(Ethansäure) = 0,03 mol · L^{-1}.

1.3 Berechnen Sie, wie viel geringer die beim anaeroben Abbau von Glucose frei werdende Reaktionsenthalpie im Vergleich zum aeroben Abbau ist (M 1 b).
Hinweis: Die Bildungsenthalpie von Glucose beträgt:
$\Delta_f H_m^0(\text{Glucose}) = -1\,268 \text{ kJ} \cdot \text{mol}^{-1}$

1.4 Beschreiben Sie die Wege 1, 2 und 3 (M 2).
Beurteilen Sie auf der Grundlage von M 1 und M 2 die Nutzung von Biogas.

2 **Biodiesel**

2.1 Beschreiben Sie den Aufbau der an der Umesterungsreaktion beteiligten Moleküle (M 3).
Erläutern Sie die in der Tabelle (M 3) genannten Eigenschaften von Diesel, Rapsöl und Biodiesel anhand ihrer Molekülstrukturen.

2.2 Deuten Sie den in Material M 4 beschriebenen Versuch.

2.3 Bestimmen Sie die Oxidationszahlen der C-Atome in einem Molekül des Diesels bzw. des Biodiesels. Begründen Sie auf der Grundlage dieser Oxidationszahlen, ob bei der Verbrennung von Diesel oder Biodiesel mehr Energie frei werden müsste.
Hinweis: Verwenden Sie für die Bestimmung der Oxidationszahlen als Modellsubstanz für Diesel ein C_{19}-*n*-Alkan und für Biodiesel einen C_{18}-Fettsäuremethylester.

M 1: Funktionsweise einer Biogasanlage

Eine Biogasanlage dient der Erzeugung von Biogas (Methan) durch Vergärung von Biomasse (Fette, Proteine, Kohlenhydrate) mittels Mikroorganismen unter Sauerstoffausschluss. In landwirtschaftlichen Biogasanlagen werden hauptsächlich tierische Exkremente und Energiepflanzen als Substrate eingesetzt. Als Nebenprodukt entsteht ein Gärrest, der als Dünger eingesetzt werden kann. Das entstandene Biogas wird vorwiegend zur Strom-und Wärmeerzeugung verbrannt.

a) Ablauf der Biogasherstellung

In einer Biogasanlage erfolgt der gesamte Abbau der eingesetzten Biomasse in mehreren Schritten. Im ersten Schritt werden die polymeren Makromoleküle der Biomasse in einer Hydrolyse in kleinere Bruchstücke zerlegt. Es folgt der zweite Schritt (Acidogenese), in dem die Produkte der Hydrolyse durch säurebildende Mikroorganismen verstoffwechselt werden. Dabei entstehen Carbonsäuren, aber auch Alkohole, Schwefelwasserstoff, Ammoniak und andere Stoffe. Es folgt die Acetogenese. Dabei bilden sich hauptsächlich Essigsäure (Ethansäure), Wasserstoff und Kohlenstoffdioxid. Dies sind die Ausgangsstoffe für die folgende Methanogenese, in der Methan und Kohlenstoffdioxid entstehen. Um zu gewährleisten, dass die komplexen Vorgänge reibungslos ablaufen, müssen verschiedene Parameter überwacht werden. Dabei spielt z. B. die Ethansäurekonzentration eine Rolle. Durch die intensivierte Landwirtschaft (Monokulturen, Boden-und Grundwasserbelastung, Artenrückgang) kann die Umwelt Schaden nehmen.

b) Energetische Aspekte am Beispiel Glucose

Die Biogaserzeugung erfolgt unter *anaeroben* Bedingungen (in *Abwesenheit* von Sauerstoff). Ein Teil der gebildeten Produkte ist noch energiereich und somit für uns nutzbar. Folgende Reaktionsgleichung liegt zugrunde:

$$C_6H_{12}O_{6\,(s)} \longrightarrow 3\,CH_{4\,(g)} + 3\,CO_{2\,(g)}$$

Beim *aeroben* Abbau organischer Substanz (in *Anwesenheit* von Sauerstoff) hingegen sind die Produkte energiearm:

$$C_6H_{12}O_{6\,(s)} + 6\,O_{2\,(g)} \longrightarrow 6\,CO_{2\,(g)} + 6\,H_2O_{(l)} \qquad \Delta_R H_m^0 = -2820\ \text{kJ} \cdot \text{mol}^{-1}$$

M 2: Biogas (Methan) im Kohlenstoffkreislauf (vereinfachte Darstellung)

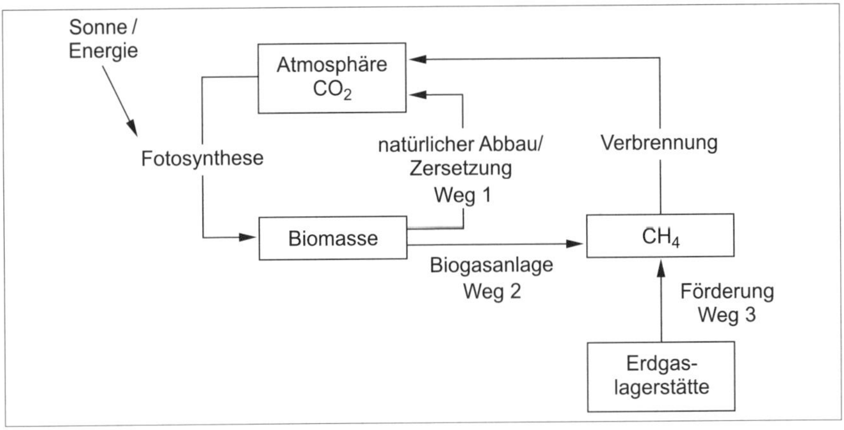

M 3: Diesel, Rapsöl, Biodiesel – ein Vergleich

In den letzten Jahren wird der nachwachsende Rohstoff Biodiesel (Rapsölmethylester) verstärkt als Kraftstoff eingesetzt. Dabei dient er vor allem als Ersatz für Dieselkraftstoff auf Mineralölbasis. Anfangs wurde versucht, Rapsöl direkt einzusetzen. Dies war problematisch. Das Rapsöl verbrennt beispielsweise unvollständig und ist schwer entflammbar. Durch Umesterung von Rapsöl entstehen Rapsölmethylester und Glycerin. Das Glycerin wird abgetrennt. Der verbleibende Rapsölmethylester weist für den Betrieb im Motor gute Eigenschaften auf. Rapsölmethylester besteht zum größten Teil aus C_{18}-Fettsäuremethylestern.

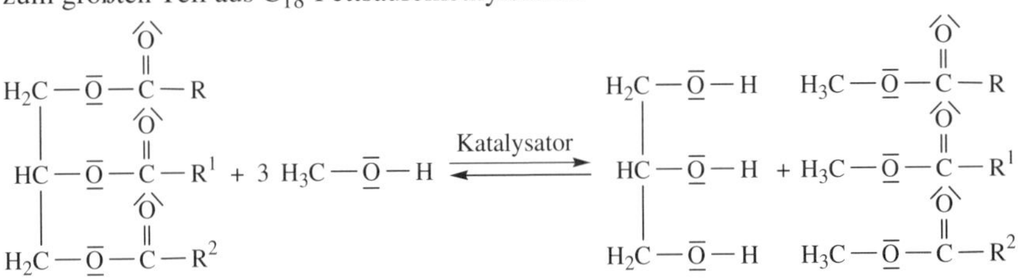

Rapsöl Methanol Glycerin Rapsölmethylester Biodiesel

Vergleich ausgewählter Eigenschaften der drei Treibstoffe:

Eigenschaft	Diesel	Rapsöl	Biodiesel
Flammpunkt	ca. 55 °C	ca. 220 °C	ca. 110 °C
Wasserlöslichkeit (Korrosionsprobleme möglich)	praktisch keine	geringe Löslichkeit von Wasser in Rapsöl	geringe Löslichkeit von Wasser in Biodiesel

Hinweise: Zusammensetzung von Diesel: vielfältiges Alkangemisch mit etwa 9–22 C-Atomen pro Molekül.
Flammpunkt Definition: Der Flammpunkt eines Stoffes ist die niedrigste Temperatur, bei der sich über einem Stoff genug brennbare Gase bilden, so dass eine Verbrennung stattfinden kann.

Quelle: verändert nach Biodiesel, Seminararbeit von M. Taupp, Bayerische Julius-Maximilians-Universität Würzburg 2001

M 4: Messung der Auslaufzeiten von Rapsöl und Biodiesel

Versuchsdurchführung:
In eine Bürette werden 20 mL Rapsöl gefüllt. In eine weitere Bürette füllt man 20 mL Biodiesel. Die Zeiten bis zum vollständigen Auslaufen beider Flüssigkeiten werden gemessen.

Messergebnis:
Rapsöl: $t = 370$ s
Biodiesel: $t = 40$ s

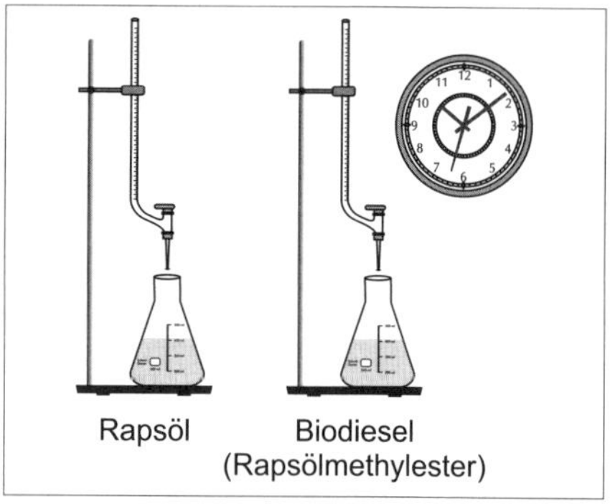

Lösung

1.1

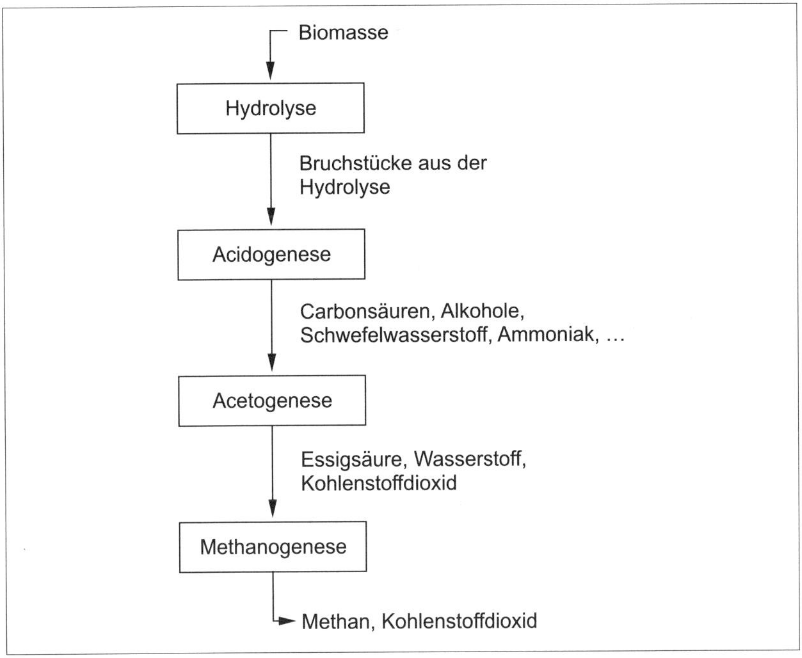

1.2 $CH_3COOH_{(aq)} + H_2O_{(l)} \rightleftharpoons CH_3COO^-_{(aq)} + H_3O^+_{(aq)}$

Allgemein gilt:

$$HA + H_2O \rightleftharpoons H_3O^+ + A^-$$

Wenn eine Säure (HA) mit Wasser (H_2O) in Kontakt gebracht wird, liegt das nebenstehende Protolyse-Gleichgewicht vor.

$$K = \frac{c(H_3O^+) \cdot c(A^-)}{c(HA) \cdot c(H_2O)}$$

Mithilfe des Massenwirkungsgesetzes lässt sich die Lage des Gleichgewichts beschreiben.

$$K \cdot c(H_2O) = \frac{c(H_3O^+) \cdot c(A^-)}{c(HA)}$$

Da die Konzentration des Wassers als konstant angesehen werden kann, wird sie in die Konstante K einbezogen.

$$K_S = \frac{c(H_3O^+) \cdot c(A^-)}{c(HA)}$$

Die neue Konstante wird als K_S bezeichnet.

$c(H_3O^+) = c(A^-) = x$

Im Gleichgewicht ist die Konzentration der Oxonium-Kationen und der Säurerest-Anionen gleich.

$c(HA) = c_0(HA) - c(H_3O^+)$
$c(HA) = c_0(HA) - x$

Die Konzentration der Säure (HA) im Gleichgewicht ist gleich der Differenz aus der Anfangskonzentration der Säure und der Konzentration der Oxonium-Kationen im Gleichgewicht.

$K_S = \frac{x \cdot x}{c_0(HA) - x}$

Durch Einsetzen ergibt sich der nebenstehende Ausdruck.

Berechnung für die Essigsäure-Lösung:

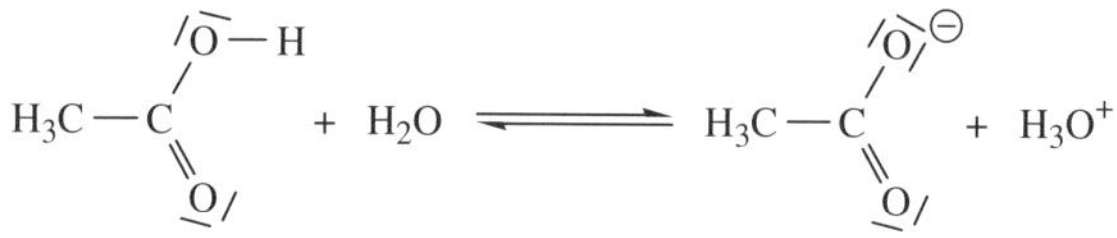

Gegeben: $pK_S = 4{,}75$

$K_S = 10^{-4{,}75}$

$c_0(CH_3COOH) = 0{,}03\ mol \cdot L^{-1}$

$c(CH_3COOH) = 0{,}03\ mol \cdot L^{-1} - x$

$c(H_3O^+) = c(CH_3COO^-) = x$

Gesucht: pH-Wert

Aus Gründen der Übersichtlichkeit werden die Einheiten bei der Berechnung weggelassen!

$K_S = \frac{x \cdot x}{c_0(HA) - x}$ — Herleitung: siehe oben.

$10^{-4{,}75} = \frac{x \cdot x}{0{,}03 - x}$ — Werte eingesetzt

$10^{-4{,}75} \cdot (0{,}03 - x) = x^2$ — Umformung

$x^2 + 10^{-4{,}75} \cdot x - 0{,}03 \cdot 10^{-4{,}75} = 0$ — Umformung

$x = -\frac{10^{-4{,}75}}{2} + \sqrt{\left(\frac{10^{-4{,}75}}{2}\right)^2 + 0{,}03 \cdot 10^{-4{,}75}} \vee$

$x = -\frac{10^{-4{,}75}}{2} - \sqrt{\left(\frac{10^{-4{,}75}}{2}\right)^2 + 0{,}03 \cdot 10^{-4{,}75}}$

pq-Formel: $p = 10^{-4{,}75}$ und $q = -0{,}03 \cdot 10^{-4{,}75}$

(Alternativ mit quadratischer Ergänzung)

$x = 0{,}0007216 \vee$
$x = -0{,}0007393$

Da die Konzentration nicht negativ sein kann, gilt nur der positive Wert.

$c(H_3O^+) = 0{,}0007216\ mol \cdot L^{-1}$

Konzentration der Oxonium-Kationen

$pH \cong 3{,}14$

Der pH-Wert ist als der negative, dekadische Logarithmus der in $mol \cdot L^{-1}$ angegebenen H_3O^+-Ionen-Konzentration definiert.

Der pH-Wert der Essigsäure-Lösung liegt bei $\cong 3{,}14$.

Da es sich jeweils um eine schwache Säure handelt, lässt sich die Rechnung auch vereinfacht durchführen. Der einfache Lösungsvorschlag wird als richtig bewertet.
Bei einer schwachen Säure liegt das Gleichgewicht sehr weit auf der linken Seite, da nur wenige Säure-Moleküle mit Wasser reagieren und dissoziiert vorliegen. Daher lässt sich die Konzentration der Säure im Gleichgewicht mit der Anfangskonzentration c_0 angeben.
Achtung: Dieser Ansatz gilt nur bei einer schwachen Säure!

Für die Essigsäure-Lösung ergibt sich:

$$K_S \cong \frac{c^2(H_3O^+)}{c_0(HA)}$$

Dieser Ausdruck ergibt sich aus den oben aufgeführten Überlegungen.

$K_S \cdot c_0(HA) \cong c^2(H_3O^+)$

Umformung

$c(H_3O^+) = \sqrt{K_S \cdot c_0(HA)}$

Da die Konzentration nicht negativ sein kann, gilt nur der positive Wert.

$c(H_3O^+) = \sqrt{10^{-4,75} \cdot 0{,}03}\ mol \cdot L^{-1}$

Werte eingesetzt

$c(H_3O^+) = 0{,}0007304\ mol \cdot L^{-1}$

Konzentration der Oxonium-Kationen

$pH \cong 3{,}14$

Der pH-Wert ist als der negative, dekadische Logarithmus der in $mol \cdot L^{-1}$ angegebenen H_3O^+-Ionen-Konzentration definiert.

Der pH-Wert der Essigsäure-Lösung liegt bei $\cong 3{,}14$.

1.3 Reaktionsgleichung und Berechnung der Reaktionsenthalpie für den anaeroben Abbau:

$$C_6H_{12}O_{6\,(s)} \longrightarrow 3\ CH_{4\,(g)} + 3\ CO_{2\,(g)}$$

Gegeben: $\Delta_f H_m^0(CO_2) = -394 \text{ kJ} \cdot \text{mol}^{-1}$ $\quad\Delta_f H_m^0(CH_4) = -75 \text{ kJ} \cdot \text{mol}^{-1}$

$\Delta_f H_m^0(C_6H_{12}O_6) = -1268 \text{ kJ} \cdot \text{mol}^{-1}$

Gesucht: $\Delta_R H_m^0$

Es gilt:

$$\Delta_R H_m^0 = \sum \Delta_f H_m^0(\text{Produkte}) - \sum \Delta_f H_m^0(\text{Edukte}) \qquad \text{(Satz von Hess)}$$

$$\Delta_R H_m^0 = [3 \cdot \Delta_f H_m^0\,(CO_{2\,(g)}) + 3 \cdot \Delta_f H_m^0(CH_{4\,(g)})] - [\Delta_f H_m^0(C_6H_{12}O_{6(s)})]$$

$$\Delta_R H_m^0 = [3 \cdot (-394 \text{ kJ} \cdot \text{mol}^{-1}) + 3 \cdot (-75 \text{ kJ} \cdot \text{mol}^{-1})] - [1 \cdot (-1268 \text{ kJ} \cdot \text{mol}^{-1})]$$

$$\Delta_R H_m^0 = -139 \text{ kJ} \cdot \text{mol}^{-1}$$

Reaktionsgleichung und Reaktionsenthalpie für den aeroben Abbau:

$$C_6H_{12}O_{6\,(s)} + 6\,O_{2\,(g)} \longrightarrow 6\,CO_{2\,(g)} + 6\,H_2O_{(l)}$$

$$\Delta_R H_m^0 = -2820 \text{ kJ} \cdot \text{mol}^{-1}$$

Die frei werdende Reaktionsenthalpie beim anaeroben Abbau von Glucose ist demnach um 2 681 kJ · mol^{-1} geringer als beim aeroben Abbau.

1.4 Aus dem in der Atmosphäre enthaltenen Kohlenstoffdioxid wird durch Fotosynthese Biomasse gebildet. Die für diesen Vorgang benötigte Energie wird von der Sonne zur Verfügung gestellt.

Weg1

Die Biomasse wird auf natürlichem Weg abgebaut. Dabei werden die Makromoleküle, aus denen die Biomasse aufgebaut ist, zersetzt. Als Zersetzungsprodukt bildet sich wieder Kohlenstoffdioxid. Es handelt sich demnach um einen Kreisprozess.

Weg 2

Auch hier wird die Biomasse abgebaut, allerdings in einer Biogasanlage durch Vergärung von Biomasse mittels Mikroorganismen unter Sauerstoffausschluss. Dieser Vorgang wird hier so gesteuert, dass als Abbauprodukt vor allem Methan (Biogas) gebildet wird. Dazu müssen Parameter wie z. B. die Ethansäurekonzentration ständig überwacht werden (siehe Material M 1). Das entstandene Methan kann zu Kohlenstoffdioxid verbrannt werden, sodass auch diese Vorgänge als Kreisprozess geführt werden können.

Weg 3

Methan wird aus Erdgaslagerstätten gefördert. Das geförderte Methan kann zu Kohlenstoffdioxid verbrannt werden. Diese Vorgänge können nicht als Kreisprozess geführt werden.

Vorteil	Nachteil
Bei der Biomasse handelt es sich um einen regenerativen Energieträger. Die Biomasse wird als Speicher für die Sonnenenergie genutzt. Beim natürlichen Abbau von Biomasse (Weg 1) bildet sich im Vergleich zur Nutzung von Biogas (Weg 2) eine äquivalente Menge an Kohlenstoffdioxid. Da das bei der Nutzung von Biogas gebildete Kohlenstoffdioxid direkt wieder durch Fotosynthese in Biomasse umgewandelt wird, lässt sich argumentieren, dass der Kohlenstoffdioxid-Ausstoß im Gegensatz zum fossilen Energieträger Erdgas CO_2-neutral ist. Fossile Brennstoffe können für den Einsatz in anderen Bereichen (Pharmazie, Kunststoff-Herstellung etc.) geschont werden.	Die nötige intensiv betriebene Landwirtschaft kann zu Umweltschäden durch den Einsatz von Pestiziden, Herbiziden und Fungiziden führen. Beim Erstellen einer Ökobilanz zeigt sich, dass bei Berücksichtigung der Aufzucht, des Abbaus und Transports der Biomasse die Kohlenstoffdioxid-Bilanz nicht neutral ist. Der Anbau von Biomasse als Energieträger steht in Konkurrenz zum Anbau von Biomasse als Lebensmittel. Hier schließt sich eine ethische Diskussion an.

2.1 **Rapsöl**

Bei Rapsöl handelt es sich um Triacylglyceride. Diese auch Glycerol-Triester genannten Stoffe entstehen durch Veresterung von langkettigen Carbonsäuren (Fettsäuren) mit Glycerin. Da es sich bei Glycerin um einen dreiwertigen Alkohol handelt (Propan-1,2,3-triol), können drei (auch unterschiedliche) Fettsäure-Moleküle mit einem Glycerin-Molekül reagieren. Infolgedessen enthält das Rapsöl-Molekül drei Estergruppen mit der allgemeinen Formel R_1COOR_2. Weitere funktionelle Gruppen wie z. B. C–C-Doppelbindungen oder Hydroxyl-Gruppen können in den langen Ketten der Fettsäure-Moleküle vorkommen.

Methanol

Bei Methanol handelt es sich um den einfachsten einwertigen Alkohol. Als funktionelle Gruppe enthält ein Methanol-Molekül eine Hydroxyl-Gruppe.

Glycerin

Glycerin ist die gebräuchliche Bezeichnung von Propan-1,2,3-triol. Glycerin ist der einfachste dreiwertige Alkohol. Als funktionelle Gruppen enthält ein Glycerin-Molekül drei Hydroxyl-Gruppen.

Rapsölmethylester (Biodiesel)

Bei Rapsölmethylester handelt es sich um Ester, die durch Umesterung von Rapsöl mit Methanol entstehen. Da am Aufbau eines Rapsöl-Moleküls verschiedene Fettsäuren beteiligt sein können (s. o.), entsteht auf diesem Weg ein Gemisch aus verschiedenen Estern. Wäre es das Ziel, einen Reinstoff zu gewinnen, müsste gezielt eine Fettsäure direkt mit Methanol verestert werden. Als funktionelle Gruppe enthält jedes Rapsölmethylester-Molekül eine Estergruppe. Weitere funktionelle Gruppen können in den langen Ketten der Fettsäure-Moleküle vorliegen.

Der **Flammpunkt** (Flammtemperatur) ist die niedrigste Temperatur, bei der sich aus einer Flüssigkeit unter Normalbedingungen genügend Dampf bildet, sodass sich mit der über der Flüssigkeit stehenden Luft ein zündfähiges Dampf-Luft-Gemisch bildet. Die Flammtemperatur ist damit ein Maß für die Verdunstungsfähigkeit eines brennbaren Stoffs.
Der Flammpunkt hängt von der Stärke der zwischenmolekularen Kräfte ab. Je schwächer diese Kräfte sind, desto niedriger liegt die Flammtemperatur.
Bei Diesel handelt es sich um ein Gemisch aus Alkanen mit etwa 9–22 C-Atomen pro Molekül. Die Moleküle sind damit keine Dipole. Für die Kräfte zwischen den einzelnen Molekülen kommen nur Van-der-Waals-Kräfte in Frage.
In den Rapsöl-Molekülen liegen neben Kohlenwasserstoff-Ketten ohne Dipol-Eigenschaften auch Estergruppen mit Dipol-Eigenschaften vor. Zusätzlich zu den Van-der-Waals-Kräften können zwischen den Molekülen stärkere Dipol-Dipol-Wechselwirkungen auftreten.
In den Biodiesel-Molekülen liegen wie in den Rapsöl-Molekülen neben Kohlenwasserstoff-Ketten ohne Dipol-Eigenschaften auch Estergruppen mit Dipol-Eigenschaften vor. Zusätzlich zu den Van-der-Waals-Kräften treten auch hier zwischen den Molekülen stärkere Dipol-Dipol-Wechselwirkungen auf. Im Vergleich zum Rapsöl liegt die Flammtemperatur niedriger, da Biodiesel-Moleküle eine viel kleinere Oberfläche haben. Damit sind die Van-der-Waals-Wechselwirkungen deutlich schwächer.

Auch die **Wasserlöslichkeit** hängt von der Struktur der Moleküle ab.
Diesel-Moleküle bestehen aus Kohlenwasserstoff-Ketten ohne Dipol-Eigenschaften und sind damit hydrophob.
Rapsöl- und Biodiesel-Moleküle besitzen mit der Estergruppe eine Gruppe mit Dipol-Eigenschaften und so jeweils einen kleinen hydrophilen Anteil. Damit besitzen diese beiden Stoffe immerhin eine geringe Wasserlöslichkeit.

2.2

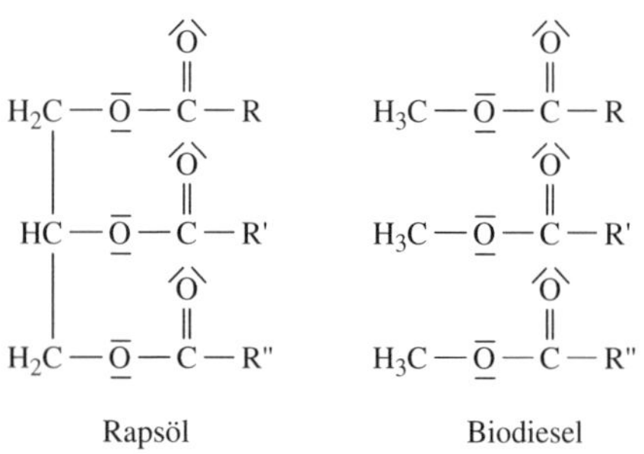

Die Molekülmasse von Rapsöl ist ca. dreimal so groß wie die Molekülmasse von Biodiesel. Damit besitzt das Rapsöl-Molekül eine deutlich größere Oberfläche als das Biodiesel-Molekül. Das hat zur Folge, dass die zwischenmolekularen Kräfte (Van-der-Waals-Kräfte) beim Rapsöl deutlich größer sind als beim Biodiesel. Das Fließverhalten ist abhängig von den zwischenmolekularen Kräften.

Somit ist Rapsöl wesentlich zähflüssiger und die Fließgeschwindigkeit beim Auslaufen ist deutlich geringer.

2.3

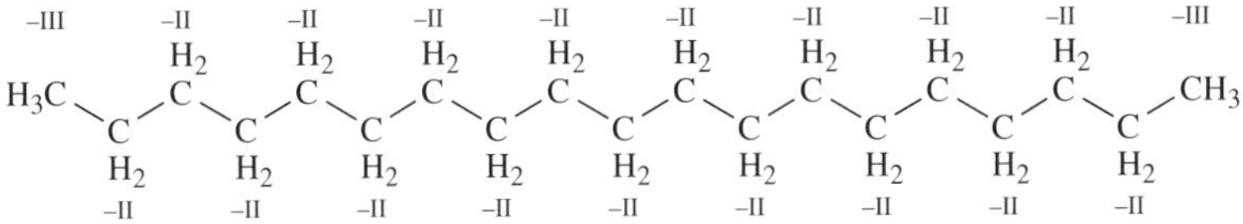

Diesel

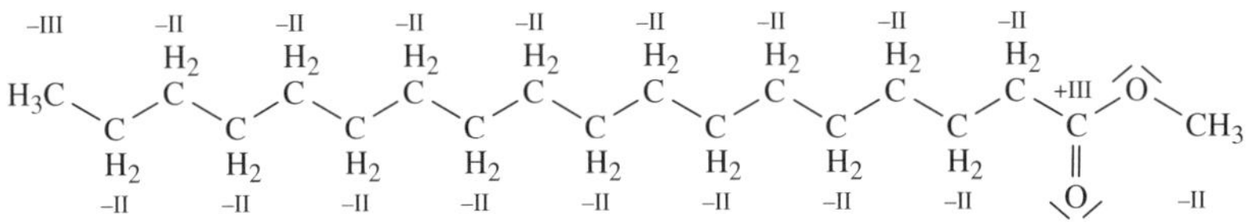

Biodiesel

Diesel: 17 C-Atome mit der Oxidationszahl –II
2 C-Atome mit der Oxidationszahl –III

Biodiesel: 17 C-Atome mit der Oxidationszahl –II
1 C-Atom mit der Oxidationszahl –III
1 C-Atom mit der Oxidationszahl +III

Die durchschnittliche Oxidationszahl der C-Atome liegt im Diesel-Molekül bei –2,11.
Die durchschnittliche Oxidationszahl der C-Atome liegt im Biodiesel-Molekül bei –1,79.

Im Biodiesel-Molekül hat die durchschnittliche Oxidationszahl einen höheren Wert hat als im Diesel-Molekül. Dadurch liegt der Verdacht nahe, dass bei der Verbrennung von Dieselkraftstoff eine höhere Energiefreisetzung erfolgt als beim Biodiesel, da bei letzterem die C-Atome höher oxidiert sind.

Chemie (Niedersachsen): Grundlegendes Anforderungsniveau
Abiturprüfung 2012 – Aufgabe II

Ameisensäure (Methansäure)

1 **Herstellung**

1.1 Beschreiben Sie das in M 1 a dargestellte Herstellungs-Verfahren.
Erläutern Sie unter Einbeziehung von Strukturformeln die unterschiedlichen Siedetemperaturen von Methansäure und Ethanol trotz gleicher Masse der Moleküle.

1.2 Werten Sie den in M 1 b dargestellten Versuch aus. Stellen Sie auch die Reaktionsgleichung auf.

1.3 Stellen Sie zu den beiden in M 1 c beschriebenen Reaktionsschritten Reaktionsgleichungen auf.
Bewerten Sie das industrielle Herstellungsverfahren im Vergleich zu den beiden anderen Verfahren (M 1).

2 **Eigenschaften**

2.1 Beschreiben Sie am Beispiel Methansäure das Säure-Base-Konzept von Brönsted.
Berechnen Sie die pH-Werte wässriger Lösungen von Methansäure, Ethansäure und Salzsäure der Konzentration $0{,}1\ mol \cdot L^{-1}$.
Erläutern Sie die Unterschiede anhand der Molekülstrukturen.

2.2 Analysieren Sie mit Hilfe von Oxidationszahlen, dass der positiven Tollensprobe der Methansäure (M 2) eine Redoxreaktion zugrunde liegt.
Entwickeln Sie auf der Grundlage von Molekülstrukturen eine Hypothese zur Ursache der leichten Oxidierbarkeit von Methansäure in Abgrenzung zu den anderen Carbonsäuren.

3 **Verwendung**

3.1 Erläutern Sie unter Einbeziehung von Reaktionsgleichungen am Beispiel von Methansäure Aufbau und Funktionsweise eines Puffersystems.

3.2 Beschreiben Sie den in M 3 dargestellten Versuch. Stellen Sie die Reaktionsgleichung auf und geben Sie den Reaktionstyp an.
Erklären Sie mit Hilfe des Prinzips von Le Chatelier, wie in dem Versuch die Produktausbeute optimiert wird.

M 1: Herstellung von Ameisensäure (Methansäure)

Ameisensäure wird heute vor allem bei der Herstellung von Grünfuttersilage für die Tierzucht verwendet. Zur Lebensmittelkonservierung wird sie nur noch begrenzt eingesetzt. Ameisensäure dient weiterhin zum Ansäuern von Farbbädern und Beizen sowie zum Desinfizieren. Ihre Salze werden u. a. als Hilfsmittel in der Textil- und Lederindustrie verwendet. Natriumformiat (Salz der Ameisensäure) ist ein Zwischenprodukt bei der Herstellung von Oxalsäure. Ameisensäureester finden bei zahlreichen organischen Synthesen Verwendung.

a) Weissermel/Arpe: Industrielle Organische Chemie, VCH Verlagsgesellschaft, Weinheim 1994

Hinweis: Der Chemie-Konzern BASF produzierte im Jahr 2007 über 250 000 Tonnen Ameisensäure.

b) verändert nach: www.intermediates.basf.com/chemicals/kundenreportage/ideen_tradition

a) Herstellung aus der Natur:
Die Gewinnung von Ameisensäure auf eine heute nicht gerade gebräuchliche Weise beschrieb der „arzneikundige Doktor und geheime Hofrath" Christoph Girtanner im Jahre 1795.

b) **Herstellung im Labor:**

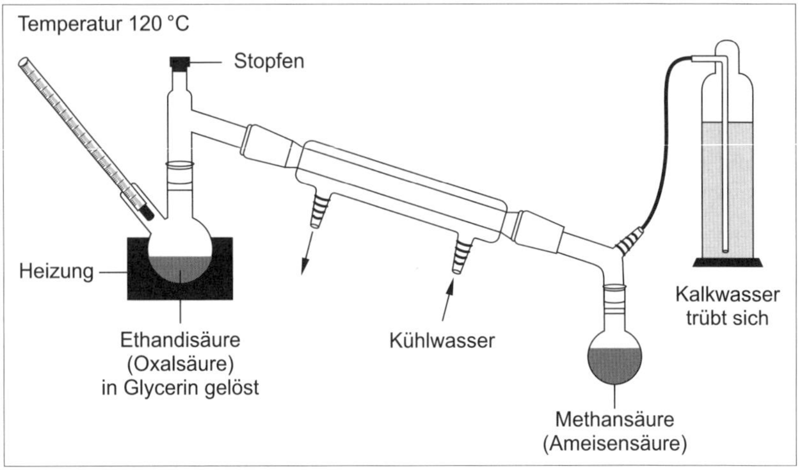

c) **Herstellung in der Industrie:**

Schritt 1: Zur direkten Herstellung von Ameisensäure geht man von Kohlenstoffmonooxid (gewonnen aus: Kohle, Erdöl, Erdgas, Biomasse) aus. Das Kohlenstoffmonooxid wird mit Wasser zu Ameisensäure umgesetzt. Durch Zugabe von Natronlauge (→ Bildung des Salzes der Ameisensäure) wird das chemische Gleichgewicht so verschoben, dass der Prozess schon bei 8–30 bar CO-Druck und 115–150 °C abläuft.

Schritt 2: Die freie Ameisensäure wird durch Ansäuern aus ihrem Salz und durch Abdestillieren erhalten.

Quelle: Weissermel/Arpe: Industrielle Organische Chemie, VCH Verlagsgesellschaft, Weinheim 1994

M 2: Tollensprobe der Ameisensäure (Methansäure)

Die Tollensprobe ist eine Nachweisreaktion, mit der sich Aldehyde von Ketonen unterscheiden lassen. Alkanale (Aldehyde) wie Methanal oder Ethanal werden bei der Tollensprobe unter schonenden Bedingungen zu Carbonsäuren oxidiert, Silberionen werden zu Silber reduziert. Als Nachweis dient daher ein feiner schwarzer Silber-Niederschlag. Manchmal bildet sich auf dem Reagenzglas auch ein glänzender Silberspiegel.

Bei Alkanonen (Ketonen) wie Propanon gibt es dagegen keine Reaktion. Hier verläuft die Probe negativ.

Bei Carbonsäuren fällt die Tollensprobe ebenfalls negativ aus, mit einer Ausnahme: Methansäure.

Reaktionsgleichung zur positiven Tollensprobe der Methansäure:

$$HCOO^-_{(aq)} + 2\,Ag^+_{(aq)} + OH^-_{(aq)} \longrightarrow CO_{2\,(g)} + H_2O_{(l)} + 2\,Ag_{(s)}$$

M 3: Reaktion von Ameisensäure (Methansäure) und Methanol

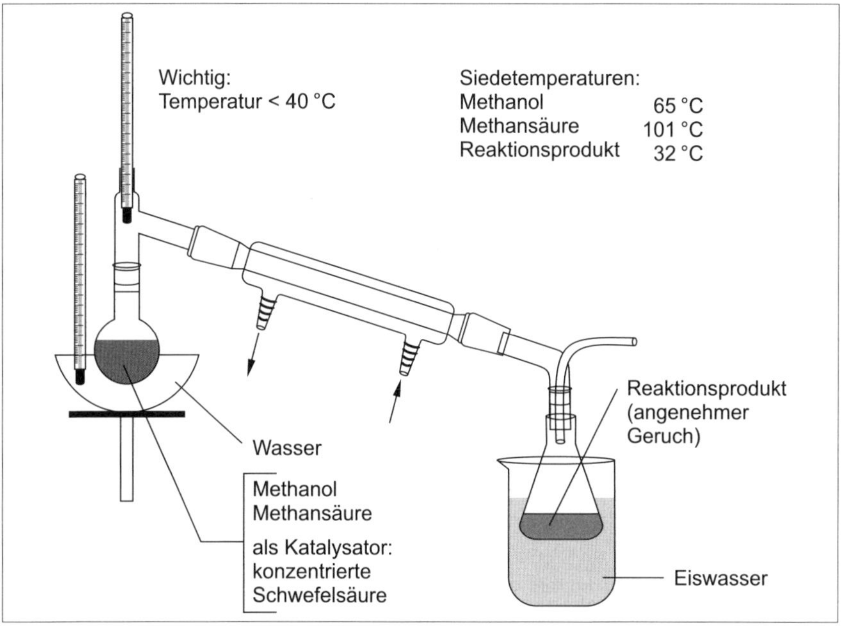

Lösung

1.1 Bei der in Material M 1a gezeigten „Anlage“ handelt es sich um eine Destillationsapparatur. In der Abbildung ist dargestellt, dass Ameisen und Wasser in die Vorlage gegeben werden. Anschließend wird erhitzt. Dabei wird die Ameisensäure aus dem Körper der Ameisen freigesetzt und gemeinsam mit dem Wasser zum Sieden gebracht. Die Luftkühlung reicht für die anschließende Kondensation im Rundkolben („Vorlage“) aus.

Wasser (T_S = 100 °C) und Ameisensäure (T_S = 100,7 °C) bilden ein azeotropes Gemisch mit einer Siedetemperatur von 107,3 °C. Das erhaltene Destillat musste demnach noch aufkonzentriert werden. Dies ist z. B. durch Ausfrieren der Ameisensäure möglich. Eine andere Möglichkeit wäre es seinerzeit gewesen, „reine“ Ameisen (ohne Zusatz von Wasser) zu destillieren. Hinweise darauf finden sich in der historischen Literatur.

Methansäure: HCOOH	Ethanol: C_2H_5OH
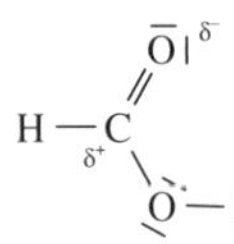	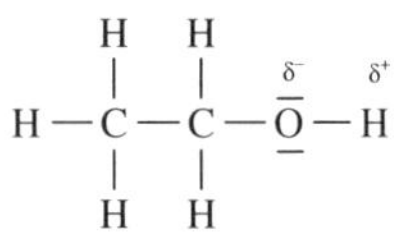
Molare Masse: 46 g · mol^{-1} Siedetemperatur: 101 °C	Molare Masse: 46 g · mol^{-1} Siedetemperatur: 78 °C

Methansäure hat eine höhere Siedetemperatur als Ethanol. Das bedeutet, dass die zwischenmolekularen Wechselwirkungen zwischen Methansäure-Molekülen stärker sind als die zwischenmolekularen Wechselwirkungen zwischen Ethanol-Molekülen. Ursache hierfür ist die Bildung von Wasserstoffbrückenbindungen.
Das Methansäure-Molekül besitzt eine Carboxyl-Gruppe. Formal betrachtet besteht diese Carboxyl-Gruppe aus einer Hydroxyl- und einer Carbonyl-Gruppe. Beide Gruppen sind in der Lage, Wasserstoffbrückenbindungen auszubilden:

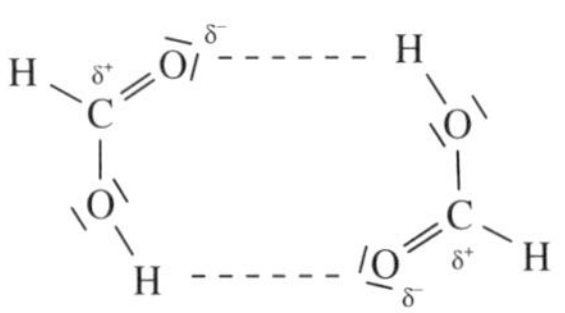

Das Ethanol-Molekül besitzt nur eine Hydroxyl-Gruppe, es besteht also nur eine Möglichkeit für die Bildung von Wasserstoffbrückenbindungen. Die intermolekulare Wechselwirkung ist demnach schwächer und der Siedepunkt niedriger.

1.2 Ameisensäure kann auch über die thermische Zersetzung von Oxalsäure hergestellt werden. Oxalsäure wird, gelöst in Glycerin, auf ca. 120 °C erhitzt. Dabei wird die Oxalsäure in Methansäure und Kohlenstoffdioxid gespalten. Das Kohlenstoffdioxid lässt sich anschließend über die Kalkwasserprobe nachweisen.

$$HOOCCOOH \longrightarrow HCOOH + CO_2$$

1.3 **Schritt 1a**

In einer Gleichgewichtsreaktion reagiert Kohlenstoffmonooxid mit Wasser zu Methansäure:

$$CO + H_2O \rightleftharpoons HCOOH$$

Schritt 1b

Durch Zugabe von Natronlauge entstehen das Salz Natriumformiat und Wasser:

$$HCOOH + NaOH \longrightarrow HCOO^-Na^+ + H_2O$$

Durch diesen Teilschritt wird dem unter Schritt 1a aufgeführten Gleichgewicht permanent Methansäure entzogen. Die Ausbeute an Methansäure wird somit gemäß dem Prinzip des kleinsten Zwangs erhöht.

Schritt 2

Durch Ansäuern mit einer starken Säure (z. B. Schwefelsäure) wird die schwache Ameisensäure aus ihrem Salz verdrängt:

$$HCOO^- + H_3O^+ \rightleftharpoons HCOOH + H_2O$$

Die Ameisensäure wird im Anschluss abdestilliert.

Über die historische Herstellung aus toten Ameisen lassen sich im Gegensatz zur industriellen Synthese keine Ameisensäure-Mengen im großtechnischen Maßstab durchführen. Die Vorteile der industriellen gegenüber der labortechnischen Herstellung liegen zum einen darin, dass als Nebenprodukt nur Wasser und kein umweltbelastendes Kohlenstoffdioxid entsteht. Zum anderen wird als Edukt giftiges Kohlenstoffmonooxid verwendet, d. h. einen positiven Nebeneffekt stellt die „Vernichtung" von Kohlenstoffmonooxid dar. Als Nebenprodukt fällt bei der industriellen Herstellung lediglich Wasser an, was keiner speziellen Entsorgung bedarf und evtl. beim ersten Produktionsschritt wiederverwendet werden kann. Zudem werden allgemein durch großtechnische Synthesen immer Produkte mit einer größeren Reinheit erhalten als mittels Laborsynthesen.

2.1 Brönsted definiert eine Säure als einen Stoff, dessen Teilchen Protonen (Wasserstoff-Kationen) abgeben können. Bei einer Base handelt es sich demgegenüber um einen Stoff, dessen Teilchen Protonen (Wasserstoff-Kationen) aufnehmen können. In Kurzform lautet die Definition: Säuren sind **Protonendonatoren**, Basen sind **Protonenakzeptoren**.

Brönsted-Säuren (HA) bilden in wässriger Lösung Oxonium-Kationen (H_3O^+-Kationen). Dabei treten die Teilchen der Säure als Protonendonatoren, die Wasserteilchen dagegen als Protonenakzeptoren auf.

$HCOOH$ +	H_2O	$\rightleftharpoons$	$HCOO^-$ +	H_3O^+
Brönsted-Säure	Brönsted-Base		Brönsted-Base	Brönsted-Säure

Reaktionen zwischen Brönsted-Säuren und Brönsted-Basen sind immer mit dem Übergang von Protonen verbunden. Sie werden deshalb auch als Protolysen bezeichnet.

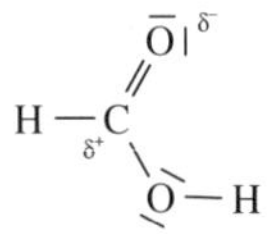 Methansäure $pK_S = 3{,}75$	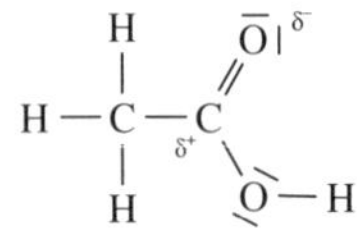 Ethansäure $pK_S = 4{,}75$	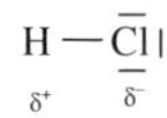 Salzsäure $pK_S = -7$

Der pH-Wert ist eine Maßeinheit, mit der die Konzentration der Oxonium-Kationen einer Lösung angegeben wird. Der pH-Wert wird als der negative, dekadische Logarithmus der in mol · L^{-1} angegebenen H_3O^+-Ionen-Konzentration definiert.

$$HA + H_2O \rightleftharpoons H_3O^+ + A^-$$

Wenn eine Säure (HA) mit Wasser (H_2O) in Kontakt gebracht wird, liegt das nebenstehende Protolyse-Gleichgewicht vor.

$$K = \frac{c(H_3O^+) \cdot c(A^-)}{c(HA) \cdot c(H_2O)}$$

Mithilfe des Massenwirkungsgesetzes lässt sich die Lage des Gleichgewichts beschreiben.

$$K \cdot c(H_2O) = \frac{c(H_3O^+) \cdot c(A^-)}{c(HA)}$$

Da die Konzentration des Wassers als konstant angesehen werden kann, wird sie in die Konstante K einbezogen.

$$K_S = \frac{c(H_3O^+) \cdot c(A^-)}{c(HA)}$$

Die neue Konstante wird als K_S bezeichnet.

$$c(H_3O^+) = c(A^-) = x$$

Im Gleichgewicht ist die Konzentration der Oxonium-Kationen und der Säurerest-Anionen gleich.

$$c(HA) = c_0(HA) - c(H_3O^+)$$
$$c(HA) = c_0(HA) - x$$

Die Konzentration der Säure (HA) im Gleichgewicht ist gleich der Differenz aus der Anfangskonzentration der Säure und der Konzentration der Oxonium-Kationen im Gleichgewicht.

in guter Näherung gilt

$c(\mathrm{HA}) = c_0(\mathrm{HA})$

Da es sich sowohl bei Methansäure als auch bei Ethansäure eher um schwache Säuren handelt, kann in guter Näherung angenommen werden, dass die Konzentration c(HA) im Gleichgewicht gleich der Anfangskonzentration c_0(HA) ist.

$$K_S \cong \frac{c^2(\mathrm{H_3O^+})}{c_0(\mathrm{HA})}$$

Einsetzen

$$c(\mathrm{H_3O^+}) = \sqrt{K_S \cdot c_0(\mathrm{HA})}$$

Umformung

$$\lg c(\mathrm{H_3O^+}) = \lg \sqrt{K_S \cdot c_0(\mathrm{HA})}$$

$$\lg c(\mathrm{H_3O^+}) = 0{,}5 \cdot \lg[K_S \cdot c_0(\mathrm{HA})]$$

$$\lg c(\mathrm{H_3O^+}) = 0{,}5 \cdot [\lg K_S + \lg c_0(\mathrm{HA})]$$

$$-\lg c(\mathrm{H_3O^+}) = 0{,}5 \cdot [-\lg K_S - \lg c_0(\mathrm{HA})]$$

$$\mathrm{pH} = 0{,}5 \cdot [\mathrm{p}K_S - \lg c_0(\mathrm{HA})]$$

Methansäure

$\mathrm{pH} = 0{,}5 \cdot (3{,}75 - \lg 0{,}1) = 2{,}375$

Ethansäure

$\mathrm{pH} = 0{,}5 \cdot (4{,}75 - \lg 0{,}1) = 2{,}875$

Bei **Salzsäure** handelt es sich um eine starke Säure. Es kann in guter Näherung davon ausgegangen werden, dass die Moleküle vollständig dissoziiert vorliegen:

$\mathrm{pH} = -\lg c(\mathrm{H_3O^+}) = 1$

Der pK_S-Wert ist ein Maß für die Stärke einer Säure. Er gibt an, wie stark die Säure-Moleküle in dissoziierter Form vorliegen. Je niedriger der pK_S-Wert ist, desto stärker ist die Säure. Je stärker die Säure ist, desto mehr Moleküle liegen in dissoziierter Form vor.

Die Moleküle der Carbonsäuren (Methansäure, Ethansäure) enthalten jeweils eine Carboxyl-Gruppe. Diese wiederum kann formal betrachtet als Kombination aus einer Carbonyl- und einer Hydroxyl-Gruppe beschrieben werden. Der –I-Effekt (elektronenziehende Wirkung) der Carbonyl-Gruppe sorgt nun dafür, dass die Polarisierung der O–H-Bindung in der Hydroxyl-Gruppe erhöht wird. Somit wird eine Protonenabgabe erleichtert. Im Fall der Essigsäure sorgt allerdings der +I-Effekt der Methylgruppe dafür, dass die Polarisierung der O–H-Bindung in

der Hydroxyl-Gruppe nicht so stark ausfällt wie im Molekül der Ameisensäure. Die Ameisensäure ist demnach eine stärkere Säure als die Essigsäure.
Die Salzsäure ist die stärkste der drei Säuren. Hier findet eine vollständige Protolyse statt. Die Elektronegativitätsdifferenz zwischen dem Chloratom (EN = 3,1) und dem Wasserstoffatom (EN = 2,2) ist relativ hoch. Das Chloratom zieht die Bindungselektronen stark an, sodass das Proton relativ leicht abgespalten werden kann.

2.2 Reaktionsgleichung:

$$\overset{+II}{HCOO^-}_{(aq)} + 2\,\overset{+I}{Ag^+}_{(aq)} + OH^-_{(aq)} \longrightarrow \overset{+IV}{CO_2}_{(g)} + H_2O_{(l)} + 2\,\overset{0}{Ag}_{(s)}$$

Die Oxidationszahl der Kohlenstoffatome steigt (Oxidation), die der Silberatome sinkt (Reduktion). Es liegt also eine Redoxreaktion vor.

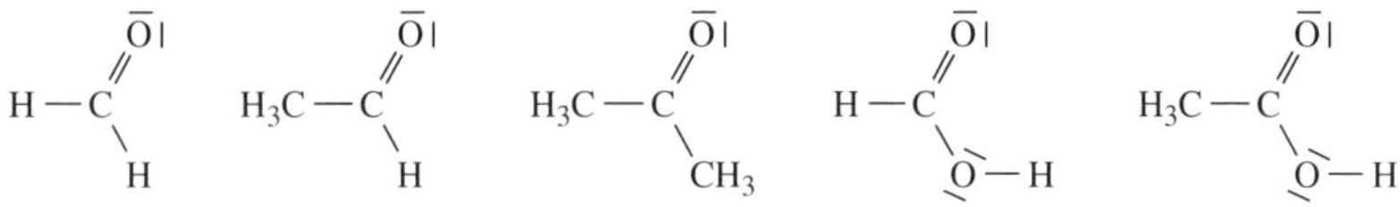

Methanal Ethanal Propanon Methansäure Ethansäure

Hypothese: Die Carbonyl-Gruppe kann nur unter schonenden Bedingungen oxidiert werden, wenn an dem Kohlenstoffatom der Carbonyl-Gruppe noch ein Wasserstoffatom gebunden ist (dies ist in der Reihe der Carbonsäuren nur bei der Methansäure gegeben).

3.1 Ein Puffersystem ist eine wässrige Lösung, die trotz Zugabe einer starken Säure oder einer starken Base in einem weiten Bereich ihren pH-Wert kaum ändert. Pufferlösungen bestehen aus einer schwachen bis mittelstarken Säure und ihrer korrespondierenden Base. Die Funktionsweise lässt sich anhand der Henderson-Hasselbalch-Gleichung erläutern.

Herleitung der Henderson-Hasselbalch-Gleichung:

$$HA + H_2O \rightleftharpoons H_3O^+ + A^-$$

Protolyse-Gleichgewicht

$$K = \frac{c(H_3O^+) \cdot c(A^-)}{c(HA) \cdot c(H_2O)}$$

Massenwirkungsgesetz

$$K \cdot c(H_2O) = \frac{c(H_3O^+) \cdot c(A^-)}{c(HA)}$$

Da die Konzentration des Wassers als konstant angesehen werden kann, wird sie in die Konstante *K* einbezogen.

$$K_S = \frac{c(H_3O^+) \cdot c(A^-)}{c(HA)}$$

Die neue Konstante wird mit K_S bezeichnet.

bzw. $K_S = c(H_3O^+) \cdot \frac{c(A^-)}{c(HA)}$

$$\lg K_S = \lg c(H_3O^+) + \lg \frac{c(A^-)}{c(HA)}$$ Logarithmus

$$-\lg c(H_3O^+) = -\lg K_S + \lg \frac{c(A^-)}{c(HA)}$$ Umformung

$$pH = pK_S + \lg \frac{c(A^-)}{c(HA)}$$ Henderson-Hasselbalch-Gleichung

Die Herleitung der Henderson-Hasselbalch-Gleichung ist in der Prüfung nicht zwingend erforderlich.

Für Methansäure ergibt sich nach der Henderson-Hasselbalch-Gleichung folgender Zusammenhang:

$$HCOOH + H_2O \rightleftharpoons HCOO^- + H_3O^+$$

$$pH = pK_S + \lg \frac{c(HCOO^-)}{c(HCOOH)}$$

Entscheidend für die Pufferwirkung ist der logarithmische Ausdruck.

Durch Zugabe von Säure verschiebt sich das Gleichgewicht in Richtung der undissoziierten Säure HCOOH:

$$HCOO^- + H_3O^+ \rightleftharpoons HCOOH + H_2O$$

Durch Zugabe von Lauge verschiebt sich das Gleichgewicht in Richtung der dissoziierten Form $HCOO^-$:

$$HCOOH + OH^- \rightleftharpoons HCOO^- + H_2O$$

In beiden Fällen ändern sich also die entsprechenden Konzentrationen. Die Konzentrationen $c(HCOOH)$ bzw. $c(HCOO^-)$ tauchen in der Henderson-Hasselbalch-Gleichung als Quotient im logarithmischen Term auf. Erst eine Verzehnfachung des Quotienten (bzw. eine Verkleinerung des Quotienten um den Faktor 10) würde demnach eine Änderung des pH-Werts um 1 bewirken. Trotz Zugabe einer Säure oder einer Base bleibt der pH-Wert der Lösung über einen weiten pH-Bereich deshalb nahezu konstant.

Mit $c(HCOOH) = c(HCOO^-)$ ergibt sich:
$pH = pK_S + \lg 1$

Mit $\lg 1 = 0$ ergibt sich:
$pH = pK_S$

Das heißt, dass die optimale Wirkung des Puffers dann erzielt wird, wenn der pH-Wert gleich dem pK_S -Wert ist.

3.2 Reaktion von Methansäure und Methanol

Chemikalien

Methansäure, Methanol, konz. Schwefelsäure

Geräte

Gasbrenner, Dreifuß mit Drahtnetz, Becherglas (groß, für ein Wasserbad), Thermometer (für das Wasserbad), Rundkolben, Claisen-Aufsatz, Schliffthermometer (für den Claisen-Aufsatz), Liebigkühler (komplett), Erlenmeyerkolben, Becherglas (mittel, für ein Eisbad)

Durchführung

Methanol, Methansäure und konzentrierte Schwefelsäure (als Katalysator) werden zur Reaktion gebracht, indem das Gemisch vorsichtig mit dem Gasbrenner erhitzt wird. Die Temperatur muss unter 40 °C liegen. Das Reaktionsprodukt wird abdestilliert und mithilfe eines Kühlers und eines Eisbades wieder verflüssigt und gesammelt.

Beobachtungen

Im Erlenmeyerkolben wird eine farblose Flüssigkeit mit einem angenehmen Geruch aufgefangen.

Auswertung

Es hat eine Veresterung bzw. eine Kondensation stattgefunden:

$$CH_3OH_{(l)} + HCOOH_{(l)} \rightleftharpoons HCOOCH_{3(l)} + H_2O_{(l)}$$

Als Reaktionsprodukt ist Methansäuremethylester (=Ameisensäuremethylester) entstanden.

Im Folgenden wird der Reaktionsmechanismus der Veresterungsreaktion dargestellt. Dieser ist in der Aufgabenstellung jedoch nicht explizit verlangt.

Protonierung der Carbonylgruppe durch Schwefelsäure

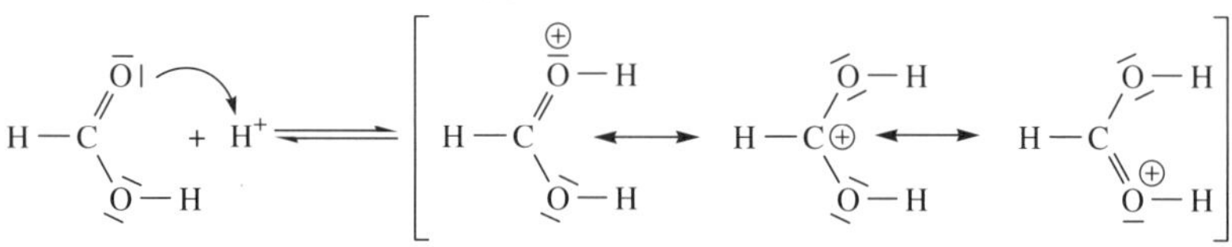

Methansäure

Mesomere Grenzformeln des Carbokations

Nucleophiler Angriff des Alkoholmoleküls

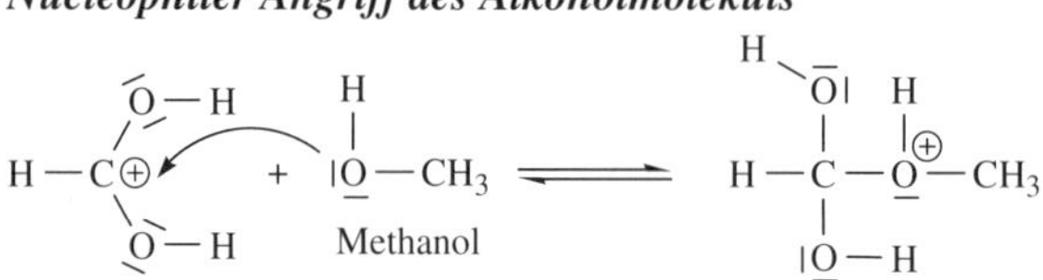

Protonenwanderung, Abspaltung eines Wassermoleküls und Deprotonierung

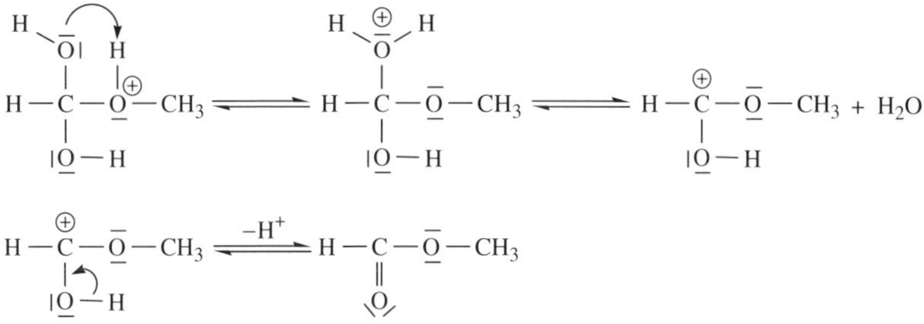

Methansäuremethylester

Das Prinzip von Le Chatelier besagt: Wird auf ein System, das sich im Gleichgewicht befindet, von außen ein Zwang ausgeübt, verschiebt sich das Gleichgewicht so, dass die Wirkung des Zwangs minimiert wird.
Im vorliegenden Fall besteht der Zwang darin, dass dem Gleichgewichtssystem permanent Methansäuremethylester entzogen wird. Das gelingt dadurch, dass die Temperatur immer unter 40 °C gehalten wird. Damit liegt die Temperatur über der Siedetemperatur des Esters, aber immer unterhalb der Siedetemperaturen von Methansäure, Methanol und Wasser. Das System kann den äußeren Zwang nur dadurch verringern, indem zusätzlich Methansäuremethylester nachgebildet wird. Die Produktausbeute wird somit also optimiert.

Chemie (Niedersachsen): Erhöhtes Anforderungsniveau
Abiturprüfung 2012 – Aufgabe I

Vom Stickstoff zum Nylonfaden

1 Ammoniaksynthese

1.1 Beschreiben Sie die Funktionen der im Fließschema zur Ammoniaksynthese dargestellten Anlagenteile A, B, C (M 1, M 2, M 3).

1.2 Erläutern Sie die für die Ammoniaksynthese theoretisch günstigsten Reaktionsbedingungen (M 2) mit Hilfe Ihrer Kenntnisse über chemische Gleichgewichte.

1.3 Begründen Sie die in M 2 genannten Reaktionsbedingungen (Temperatur und Druck) der technischen Ammoniaksynthese nach dem Haber-Bosch-Verfahren. Bewerten Sie, ob eine Ammoniakanlage als umweltbelastend einzustufen ist (M 1, M 2, M 3, M 4).

1.4 Beschreiben Sie den Ablauf der Katalyse am Beispiel der Ammoniaksynthese und erklären Sie den Einfluss des Katalysators auf die Synthesereaktion (M 5).

1.5 Erläutern Sie, warum eine moderne Anlage zur Ammoniaksynthese trotz des geringen Anteils an Ammoniak im Gleichgewicht wirtschaftlich arbeiten kann (M 1, M 2).

2 Ammoniak und seine Derivate

2.1 Flüssiges Ammoniak leitet wie reines Wasser (wenn auch nur geringfügig) den elektrischen Strom. Begründen Sie dieses Verhalten mit dem Donator-Akzeptor-Konzept und stellen Sie eine Reaktionsgleichung mit Strukturformeln auf.

2.2 Erläutern Sie am Beispiel von Methylamin das Verhalten der niederen Amine in Wasser (M 6).

2.3 Werten Sie das in M 7 beschriebene Experiment aus. Stellen Sie auch eine Reaktionsgleichung mit Strukturformeln auf.

2.4 Erklären Sie die beim Verstrecken von Nylonfasern auftretenden Eigenschaftsveränderungen auf molekularer Ebene (M 8).

M 1: Fließschema einer Industrieanlage für die Ammoniaksynthese

Die Ammoniaksynthese hat große wirtschaftliche Bedeutung. Gemessen an der Menge der erzeugten Produkte (u. a. Düngemittel, Kunst-, Farb- und Sprengstoffe) bildet sie einen der wichtigsten technischen Prozesse überhaupt. Die Überführung von Stickstoff in Ammoniak ist heute die einzig bedeutende Methode, den extrem reaktionsträgen elementaren Stickstoff verwertbar zu machen.

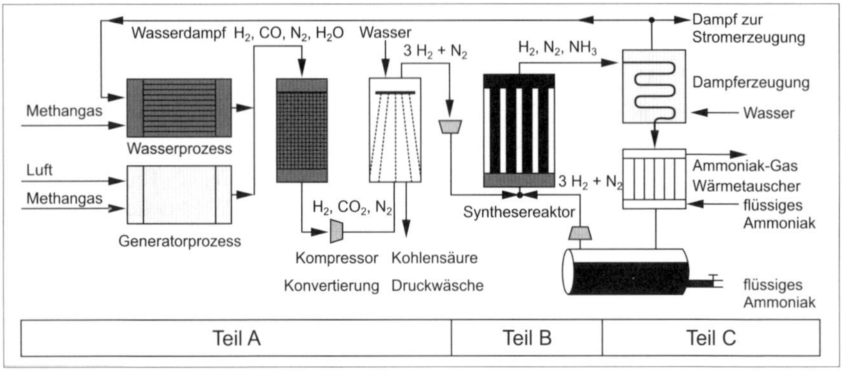

Quelle: Tausch/von Wachtendonk (Hrsg.), Chemie 2000+, C. C. Buchners Verlag, Bamberg 2007, S. 122, 124

M 2: Haber-Bosch-Verfahren

Die großtechnische Ammoniaksynthese erfolgt ausschließlich nach dem Haber-Bosch-Verfahren, ausgehend von den Elementen Stickstoff und Wasserstoff. Man arbeitet heute meistens bei einer Temperatur von 450 °C und einem Druck von 30 MPa unter Verwendung geeigneter Katalysatoren.

$$3\,H_{2\,(g)} + N_{2\,(g)} \rightleftharpoons 2\,NH_{3\,(g)} \qquad \Delta_R H_m^0 = -93\ \text{kJ} \cdot \text{mol}^{-1}$$

Bei den angegebenen Reaktionsbedingungen beträgt der Volumenanteil an Ammoniak im Gleichgewichtszustand etwa 38 %. Da aber die Verweilzeit in einem modernen Reaktor sehr kurz ist und für die Einstellung des chemischen Gleichgewichts nicht ausreicht, werden nur 15 % erreicht. Das gebildete Ammoniak wird durch Verflüssigung laufend aus dem Gasgemisch entfernt, das Restgas (Wasserstoff und Stickstoff) wird komprimiert und erneut zusammen mit frischem Synthesegas in den Reaktor zurückgeführt.

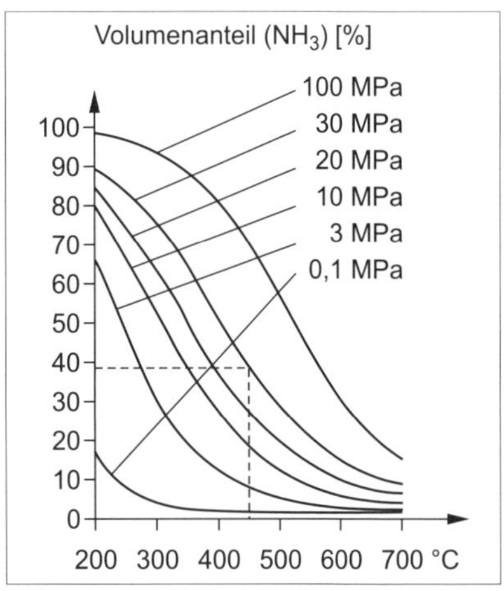

Abhängigkeit des Ammoniakgehalts im Gleichgewicht von Druck und Temperatur

M 3: Gewinnung der Synthesegase

Die Rohstoffe zur industriellen Ammoniaksynthese sind Wasser, Luft und Erdgas (Methan). Vor der eigentlichen Synthese laufen folgende Prozesse ab:

1. Wasserprozess (Dampf-Reformierung)

$$CH_{4\,(g)} + H_2O_{(g)} \rightleftharpoons CO_{(g)} + 3\,H_{2\,(g)} \qquad \Delta_R H_m^0 = +206\ kJ \cdot mol^{-1}$$

2. Generatorprozess

$$2\,CH_{4\,(g)} + \underbrace{O_{2\,(g)} + 4\,N_{2\,(g)}}_{\text{Luft}} \rightleftharpoons 2\,CO_{(g)} + 4\,H_{2\,(g)} + 4\,N_{2\,(g)} \qquad \Delta_R H_m^0 = -71\ kJ \cdot mol^{-1}$$

3. Konvertierung von giftigem Kohlenstoffmonooxid

$$CO_{(g)} + H_2O_{(g)} \rightleftharpoons CO_{2\,(g)} + H_{2\,(g)} \qquad \Delta_R H_m^0 = -41\ kJ \cdot mol^{-1}$$

Die beschriebenen Reaktionen werden so gesteuert, dass Stickstoff und Wasserstoff schließlich im Volumenverhältnis 1 : 3 vorliegen. Das Kohlenstoffdioxid wird durch eine so genannte Druckwäsche mit Wasser aus dem Gasgemisch entfernt und entweicht aus diesem teilweise in die Luft.

Quelle: Tausch/von Wachtendonk (Hrsg.), Chemie 2000+, C. C. Buchners Verlag, Bamberg 2007, S. 123

M 4: Energetische Aspekte zur Ammoniaksynthese

Die Ammoniaksynthese ist insgesamt ein sehr energieintensiver Prozess. Die Gewinnung von Wasserstoff aus der Wasserdampfzerlegung mit Erdgas ist zwar die einzige endotherme Reaktion, die Nutzung der bei den anderen Prozessen frei werdenden Energie ist aber nur begrenzt möglich. In der Praxis muss eine Energie von ca. 600 kWh pro Tonne Ammoniak zugeführt werden, weil für den Antrieb der Kompressoren große Mengen „hochwertiger“ elektrischer Energie benötigt werden, während aus den exothermen Reaktionen die „minderwertige“ Energieform Wärme verfügbar wird.

M 5: Katalysator

Bei heterogen katalysierten Prozessen spielen sich die entscheidenden Vorgänge an der Oberfläche eines Festkörpers ab. Bei der Ammoniaksynthese kommen poröse Katalysatorkörner aus Eisen zum Einsatz, denen zur Erhöhung der katalytischen Aktivität und der Lebensdauer geringe Anteile verschiedener Oxide beigefügt sind. Durch einen hohen Zerteilungsgrad erhält der Katalysator eine sehr große Oberfläche.

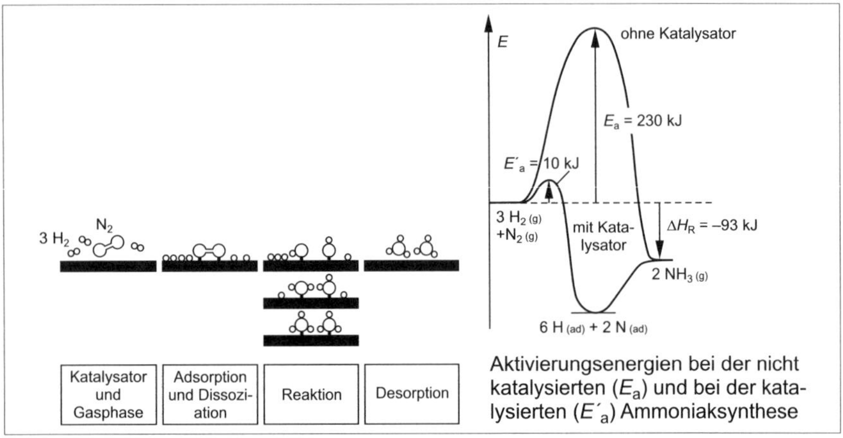

Aktivierungsenergien bei der nicht katalysierten (E_a) und bei der katalysierten (E'_a) Ammoniaksynthese

Quelle: Tausch/von Wachtendonk (Hrsg.), Chemie 2000+, C. C. Buchners Verlag, Bamberg 2007 (verändert), S. 122, 123

M 6: Amine

Amine sind organische Abkömmlinge (Derivate) des Ammoniaks. Sie können formal von Ammoniak abgeleitet werden, indem man ein oder mehrere Wasserstoffatome durch Alkylgruppen ersetzt. Die gasförmigen Amine mit kurzkettigen Alkylgruppen sind gut in Wasser löslich, die wässrigen Lösungen dieser Stoffe reagieren ebenso wie eine wässrige Ammoniaklösung alkalisch.

Verbindung	NH_3	H_3C-NH_2	$(H_3C)_2NH$
Name	Ammoniak	Methylamin	Dimethylamin

M 7: Herstellung von Nylon 6,6

Durchführung:
Unter dem Abzug werden in einem großen Reagenzglas 5 g Adipinsäure (1,6-Hexandisäure) und 4 g 1,6-Diaminohexan ($H_2N-(CH_2)_6-NH_2$) durchmischt und mithilfe eines Paraffinbades 20 Minuten auf 230 °C bis 240 °C erhitzt.

Beobachtung:
Im Reagenzglas bildet sich eine zähe Masse, aus der sich mit einem Glasstab Fäden ziehen lassen.

M 8: Verstrecken von Textilfasern

Nylon 6,6 eignet sich zur Herstellung von synthetischen Fasern. Zum Verspinnen presst man das geschmolzene Material durch feine Düsen und kühlt dann im Stickstoffstrom ab. Jetzt werden die Fäden noch mit hoher Geschwindigkeit abgezogen und aufgerollt. Die hohe Abziehgeschwindigkeit bewirkt ein so genanntes Verstrecken. Dabei werden die Fasern um das 4–5fache gedehnt und erhalten dadurch eine erheblich höhere Reißfestigkeit. Die Erweichungstemperatur steigt ebenfalls beim Verstrecken und liegt bei 250 °C.

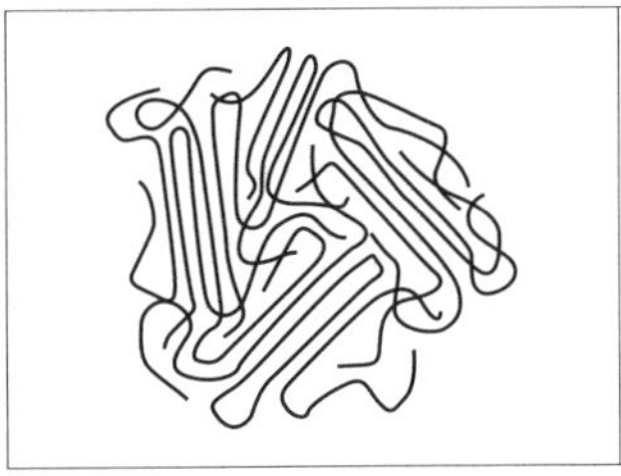

Anordnung der Molekülketten vor dem Verstrecken

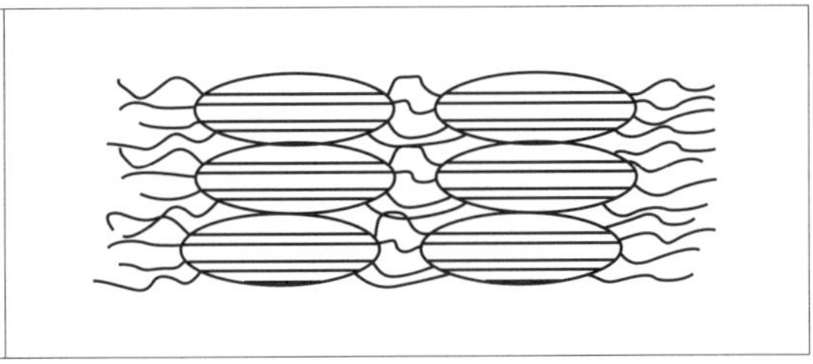

Anordnung der Molekülketten nach dem Verstrecken

Quelle: verändert nach http://daten.didaktikchemie.uni-bayreuth.de/umat/nylon/nylon.htm, E. Basdemir, F. Schaumberger

---

Lösung

1.1 **Anlagenteil A**

In Anlagenteil A werden die Edukte Wasserstoff und Stickstoff bereitgestellt.

Anlagenteil A1 (Wasserprozess)

Wasser und Methan werden nach dem Wasserprozess zu Kohlenstoffmonooxid und Wasserstoff umgesetzt:

$$CH_{4\,(g)} + H_2O_{(g)} \rightleftharpoons CO_{(g)} + 3\,H_{2\,(g)}$$

Anlagenteil A2 (Generatorprozess)

Methan und Luft werden nach dem Generatorprozess aufgearbeitet. Hier reagiert Methan mit dem Sauerstoff aus der Luft zu Kohlenstoffmonooxid und Wasserstoff. Der Stickstoff aus der Luft beteiligt sich an dieser Reaktion nicht.

$$2\,CH_{4\,(g)} + O_{2\,(g)} + 4\,N_{2\,(g)} \rightleftharpoons 2\,CO_{(g)} + 4\,H_{2\,(g)} + 4\,N_{2\,(g)}$$

Anlagenteil A3 (Konvertierung)

Im Kompressor wird das Kohlenstoffmonooxid zu Kohlenstoffdioxid konvertiert.

$$CO_{(g)} + H_2O_{(g)} \rightleftharpoons CO_{2\,(g)} + H_{2\,(g)}$$

Anlagenteil A4 (Druckwäsche)
In der sich anschließenden Druckwäsche wird das Kohlenstoffdioxid ausgewaschen bzw. teilweise als Kohlensäure entfernt. Im Reaktionsgemisch sind dann nur noch Wasserstoff und Stickstoff enthalten.

$$CO_{2\,(g)} + H_2O_{(l)} \longrightarrow H_2CO_{3\,(aq)}$$

Anlagenteil B (Synthesereaktor)
Im Synthesereaktor reagieren Wasserstoff und Stickstoff zu Ammoniak.

$$3\,H_{2\,(g)} + N_{2\,(g)} \rightleftharpoons 2\,NH_{3\,(g)}$$

Anlagenteil C1 (Dampferzeugung)
Die im Rahmen der exotherm ablaufenden Reaktionen anfallende Energie in Form von „minderwertiger" Wärme wird zur Erzeugung von Wasserdampf genutzt. Dieser Wasserdampf wird zum Teil dem Wasserprozess zugeführt (Anlagenteil A1). Ein anderer Teil des Wasserdampfs wird genutzt, um Strom zu erzeugen. Auf diesem Weg kann „hochwertige" elektrische Energie gewonnen werden, die z. B. für das Antreiben der Kompressoren eingesetzt werden kann.

Anlagenteil C2 (Wärmetauscher)
Das erzeugte Ammoniakgas wird in einem Wärmetauscher verflüssigt. Das Reaktionsprodukt wird entfernt. Die nicht umgesetzten Edukte werden in den Synthesereaktor (Anlagenteil B) zurückgeführt.

1.2 Bei einer Temperatur von 200 °C und einem Druck von 100 MPa liegt die Ausbeute an Ammoniak angenähert bei 100 %.

Den Kurven ist zu entnehmen, dass sich bei einer Erhöhung des Drucks das Gleichgewicht auf die Seite der Produkte verschiebt. Diese Verschiebung lässt sich mithilfe des Prinzips von Le Chatelier erklären: Wird auf ein System, das sich im Gleichgewicht befindet, von außen ein Zwang ausgeübt, verschiebt sich das Gleichgewicht so, dass die Wirkung des Zwangs minimiert wird.
Da im vorliegenden Fall alle an der Gleichgewichtsreaktion beteiligten Stoffe im gasförmigen Zustand vorliegen, nehmen die Edukte ($3\,H_2$ und N_2) ein größeres Volumen ein als das Reaktionsprodukt ($2\,NH_3$). Wird also auf das Gleichgewicht ein Zwang in Form eines höheren Drucks ausgeübt, so wird dieser Zwang verringert, indem mehr Ammoniak gebildet wird, das Gleichgewicht liegt rechts.
Den Kurven ist zu entnehmen, dass sich bei einer Erhöhung der Temperatur das Gleichgewicht auf die Seite der Edukte verschiebt.
Auch diese Verschiebung lässt sich mithilfe des Prinzips von Le Chatelier erklären. Die Bildung von Ammoniak aus Wasserstoff und Stickstoff ist eine exotherme Reaktion. Die Edukte haben entsprechend einen höheren Energiegehalt als das Reaktionsprodukt. Wird also auf das Gleichgewicht ein Zwang in Form einer höheren Temperatur ausgeübt, so wird dieser Zwang vermindert, indem mehr Wasserstoff und Stickstoff gebildet werden, das Gleichgewicht liegt links.

Als Konsequenz für die Reaktionsbedingungen folgt, dass die Ammoniaksynthese bei möglichst hohem Druck und möglichst niedriger Temperatur durchgeführt wird.

1.3 **Begründung der Reaktionsbedingungen**

Wird eine Synthese bei hohem Druck durchgeführt, so stellt dies besondere Anforderungen an das Material, aus dem die Reaktorwände gefertigt sind. Mechanische Belastungen und die Gewährleistung einer hohen Dichtigkeit stellen besondere Herausforderungen dar. Des Weiteren sind derartige Reaktionsbedingungen sehr energieintensiv.

Wie oben erläutert, erhöht eine Verminderung der Temperatur die Ausbeute. Ein Absenken der Temperatur hat aber eine Verringerung der Reaktionsgeschwindigkeit zur Folge. Das führt zwangsläufig zu einer schlechteren Ausbeute.

Die genannten Reaktionsbedingungen ($T = 450\ ^\circ C$, $p = 30$ MPa) stellen also einen Kompromiss dar.

Bewertung der Umweltbelastung

Bei der Ammoniaksynthese entweichen keine giftigen Stoffe. Das giftige Kohlenstoffmonooxid wird zu ungiftigem Kohlenstoffdioxid umgesetzt. Dieses Gas wirkt in der Atmosphäre als Treibhausgas. Ein Teil des Kohlenstoffdioxids geht aber aus der Druckwäsche auch als Kohlensäure hervor.

Ein Teil der im Laufe der Synthese freigesetzten Energie in Form von Wärme kann für die weitere Prozessführung genutzt werden. Trotzdem muss noch „höherwertige“ elektrische Energie von außen zugeführt werden. Dies führt zu einer indirekten Umweltbelastung. Des Weiteren ist der Einsatz eines fossilen Rohstoffs (Methan) als Edukt für die Reaktionen zur Wasserstoff- und Stickstoffherstellung notwendig.

1.4 Die an der Reaktion beteiligten Stoffe Stickstoff, Wasserstoff und Ammoniak liegen im gasförmigen Zustand vor. Bei dem Katalysator dagegen handelt es sich unter den gegebenen Bedingungen um einen Feststoff. Reaktionsteilnehmer und Katalysator liegen also in unterschiedlichen Phasen vor. Man spricht von einer heterogenen Katalyse. Die Gasreaktion, die an der Oberfläche des Eisenkatalysators abläuft, setzt sich aus folgenden Vorgängen zusammen:

Schritt 1: Diffusion von H_2 und N_2 in die Katalysatorporen (Porendiffusion)
Schritt 2: Adsorption von H_2 und N_2 an die Oberfläche des Katalysators
Schritt 3: Dissoziation und chemische Reaktion an der Festkörperoberfläche
Schritt 4: Desorption der Produkte von der Katalysatoroberfläche
Schritt 5: Diffusion der Produkte aus dem Katalysatorpartikel (Porendiffusion)

Durch den Einsatz des Katalysators wird die Aktivierungsenergie für den Adsorptionsschritt drastisch verringert. Dadurch erhöht sich die Reaktionsgeschwindigkeit. Der Katalysator hat allerdings keinen Einfluss auf die Gleichgewichtslage, da in gleichem Maß auch die Geschwindigkeit der Rückreaktion zunimmt.

1.5 Eine moderne Anlage zur Synthese von Ammoniak kann wirtschaftlich arbeiten, da der Reaktor kontinuierlich arbeitet. Das Produkt, flüssiges Ammoniak, wird permanent aus dem Reaktor entfernt. Die Edukte, die nicht umgesetzt wurden,

werden in den Reaktor zurückgeführt. Die Synthese wird also als Kreisprozess geführt.
Für die Wirtschaftlichkeit einer Anlage ist der Faktor „Stoffumsatz pro Zeit" von größerer Bedeutung als der Faktor „Ausbeute". Unter den gewählten Bedingungen ist der Volumenanteil an Ammoniak im Gleichgewicht vergleichsweise gering. Dies wird durch eine Erhöhung der Reaktionsgeschwindigkeit mehr als ausgeglichen.

2.1 Ammoniakmoleküle haben die besondere Eigenschaft, dass die Moleküle als Protonen-Donatoren *und* als Protonen-Akzeptoren wirken können. Ammoniak ist deshalb ein so genannter Ampholyt.
Durch die Reaktion zwischen zwei Ammoniak-Molekülen (NH_3) bilden sich durch Autoprotolyse ein Ammonium-Ion (NH_4^+) und ein Amid-Ion (NH_2^-):

2.2 Gasförmige Moleküle der Amine mit kurzen Alkylgruppen sind gut in Wasser löslich, da die Moleküle in der Lage sind, Wasserstoffbrücken zu Wasser-Molekülen auszubilden:

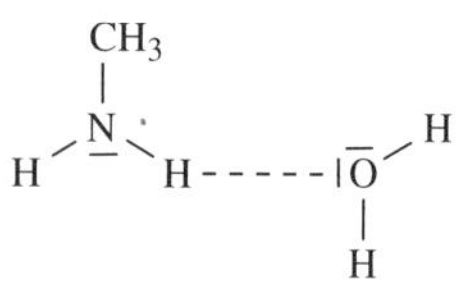

Die wässrige Lösung eines solchen Amins reagiert alkalisch, da das Molekül im Rahmen einer Protolysereaktion als Protonenakzeptor (Base) fungieren kann:

$$H_3C{-}NH_{2\,(g)} + H_2O_{(l)} \rightleftharpoons H_3C{-}NH_{3\,(aq)}^+ + OH^-_{(aq)}$$

2.3 Bei dem Experiment handelt es sich um die Synthese eines Kunststoffs. Durch die Verknüpfung einzelner Monomer-Moleküle entsteht ein Polymer.
Im Verlauf der vorliegenden Reaktion reagieren zwei größere Moleküle (1,6-Hexandisäure und 1,6-Diaminohexan) unter Abspaltung eines einfachen Moleküls (Wasser) zu einem noch komplexeren Molekül. Eine solche Reaktion wird als Kondensationsreaktion bezeichnet. Da sich die Kondensation aufgrund von Lage und Anzahl der funktionellen Gruppen (jeweils zwei endständige Carboxyl- bzw. Aminogruppen) in beide Richtungen beliebig weit fortsetzen kann, spricht man im vorliegenden Fall auch von einer **Polykondensation**.

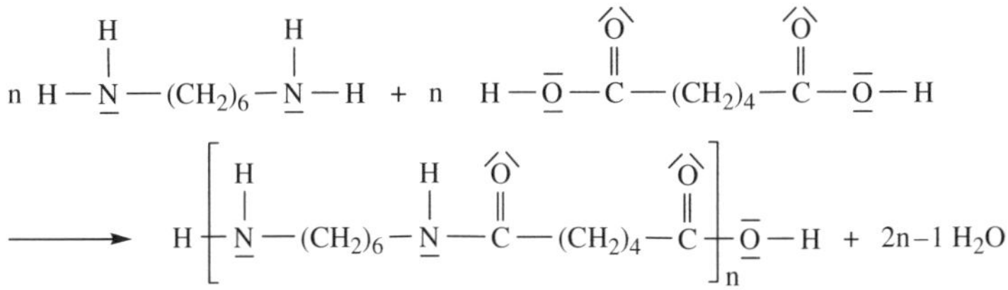

Der entstehende Kunststoff gehört zur Gruppe der **Polyamide**. Es handelt sich um einen **Thermoplasten**.

2.4 Beim Verspinnen bilden sich ungeordnete Polymerketten aus. Um die Moleküle dazu zu bringen, sich ausgestreckt nebeneinander zu lagern, ist nach der Synthese des Kunststoffs ein weiterer Schritt notwendig, das sogenannte „Verstrecken“: Beim Erstarren wird der hergestellte Kunststoff einem Zug ausgesetzt, sodass sich die Molekülketten, die vorher ohne bestimmte, gleichmäßige Ordnung vorlagen, in Zugrichtung strecken und anordnen.
Durch die Lage der funktionellen Gruppen ist es nun möglich, dass die einzelnen Ketten neben den Van-der-Waals-Kräften auch durch Wasserstoffbrücken zusammengehalten und somit geordnet werden:

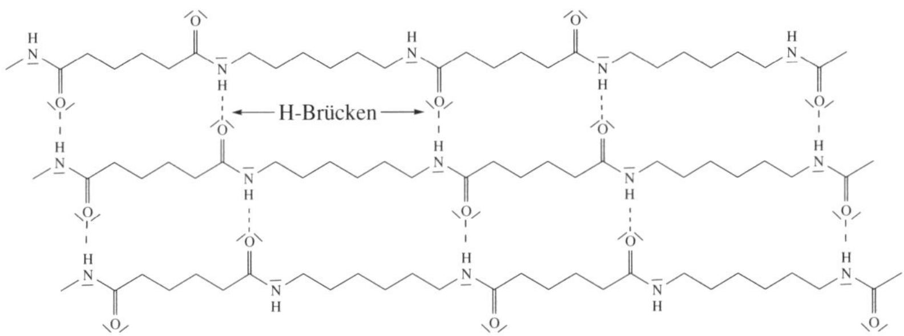

Anordnung der Molekülketten in einer Nylonfaser

Der Zusammenhalt der Molekülketten durch die Wasserstoffbrücken bewirkt, dass die Ketten nicht mehr so gut aneinander vorbeigleiten können, d. h. die Faser dehnt sich kaum, wenn man an beiden Enden zieht und wird dadurch reißfester. Gleichzeitig steigt mit dieser Zunahme der zwischenmolekularen Kräfte auch die Erweichungstemperatur.

Chemie (Niedersachsen): Erhöhtes Anforderungsniveau
Abiturprüfung 2012 – Aufgabe II

Biogas

1 Chemie einer Biogasanlage

1.1 Fassen Sie den Text aus M 1 in einem Flussdiagramm zusammen. Stellen Sie je eine Reaktionsgleichung für die Essigsäure- und für die Methanbildung unter Verwendung von Strukturformeln auf. Analysieren Sie, ob es sich dabei um Redoxreaktionen handelt (M 1).

1.2 Erklären Sie den Verlauf der in M 2 dargestellten Titrationskurve anhand markanter Punkte. Berechnen Sie die Konzentration der Propansäure (M 2).

1.3 Begründen Sie die Nutzung von Sonnenblumen für die Biogasproduktion unter Auswertung der unterschiedlichen Oxidationszahlen der Kohlenstoffatome in Kohlenhydraten und Fetten (M 3).

2 Energie aus Biogas

2.1 Beschreiben Sie die energetische Nutzung von Biogas (M 4)

2.2 Beschreiben Sie die Funktionsweise des Kalorimeters in M 5. Berechnen Sie die molare Standard-Verbrennungsenthalpie für Methan mit den angegebenen Versuchsdaten (M 5).

2.3 Bestimmen Sie die energetische Differenz zwischen einer direkten Verbrennung von 1 mol Glucose und derjenigen Stoffmenge von Methan (Biogas), die aus 1 mol Glucose gewonnen wird (M 3, M 6).
Beurteilen Sie die Verbrennung von Biogas im Vergleich zur Verbrennung von Getreide (vereinfachend: Glucose) (M 6).

3 Glucose, das zentrale Molekül in Energiepflanzen

3.1 Stellen Sie unter Verwendung von Strukturformeln die Reaktionsgleichung für die Reaktion zwischen Ethanol und Essigsäure auf.
Begründen Sie, welche Bedingungen die Produktausbeute dieser Gleichgewichtsreaktion erhöhen können.

3.2 Stellen Sie die Teilgleichungen für die Redoxreaktionen des Aldehyd-Nachweises in M 7 auf.

3.3 Erläutern Sie mit den Ergebnissen aus Material M 7 die angegebene Struktur der Glucose.

M 1: Chemie einer Biogasanlage

Die Biogasproduktion hat als Ziel, möglichst viel Methan zu erzeugen.
Als Ausgangsstoffe dienen komplexe Gemische organischer Stoffe, wie Gülle oder Maissilage, die unter anderem Kohlenhydrate, Eiweiße (Proteine) und Fette enthalten und in einen Fermenter, einen großen geschlossenen Behälter, eingetragen werden. Unter anaeroben Bedingungen, also bei Abwesenheit von Sauerstoff, nutzen unterschiedliche Bakteriengruppen das Substrat, die „Nährstoffe".
Die Mikroorganismen geben dabei verschiedene Stoffe wieder ab. In der ersten Phase, der Hydrolyse, werden die vorwiegend polymeren Ausgangsstoffe zu monomeren Bausteinen abgebaut. In der folgenden Phase, der Versäuerung (Acidogenese), werden hauptsächlich kurzkettige Fettsäuren produziert: Propansäure, Butansäure, Pentansäure. Diese Säuren sind die Voraussetzung für die dritte Phase, die Essigsäurebildung (Acetogenese). Hier werden z. B. Butansäure mit Wasser zu Essigsäure und Wasserstoff oder Propansäure mit Wasser zu Essigsäure, Wasserstoff und Kohlenstoffdioxid umgesetzt. In der letzten Phase, der Methanbildung (Methanogenese), werden durch methanbildende Bakterien Essigsäure zu Methan und Kohlenstoffdioxid bzw. Kohlenstoffdioxid und Wasserstoff zu Methan und Wasser umgewandelt.
Biogas enthält in schwankenden Anteilen Methan und Kohlenstoffdioxid, wenig Wasserdampf und sehr geringe Mengen an Schwefelwasserstoff, Stickstoff und Wasserstoff. Die Qualität des Biogases wird im Wesentlichen durch das Verhältnis von Methan zu Kohlenstoffdioxid bestimmt. Beeinflusst wird dieses durch die Nährstoff-(Substrat)zusammensetzung, die Prozessführung und die Temperatur der Anlage. Die Gärreste können als Dünger wieder verwendet werden.

nach: http://www.lfl.bayern.de/publikationen/daten/schriftenreihe/p_36964.pdf, A. Gronauer, M. Lebuhn, C. Bauer, Bayerische Landesanstalt für Landwirtschaft LfL

M 2: Titrationskurve von Propansäure

Für eine möglichst optimale Produktion von Methan müssen eine Reihe von Parametern überwacht werden, z. B. das Verhältnis der molaren Konzentrationen von Essigsäure zu Propansäure.

Beispiel: 10 mL einer wässrigen Propansäurelösung werden mit Natronlauge titriert.
$c(\text{NaOH}_{(aq)}) = 0{,}1\ \text{mol} \cdot \text{L}^{-1}$.

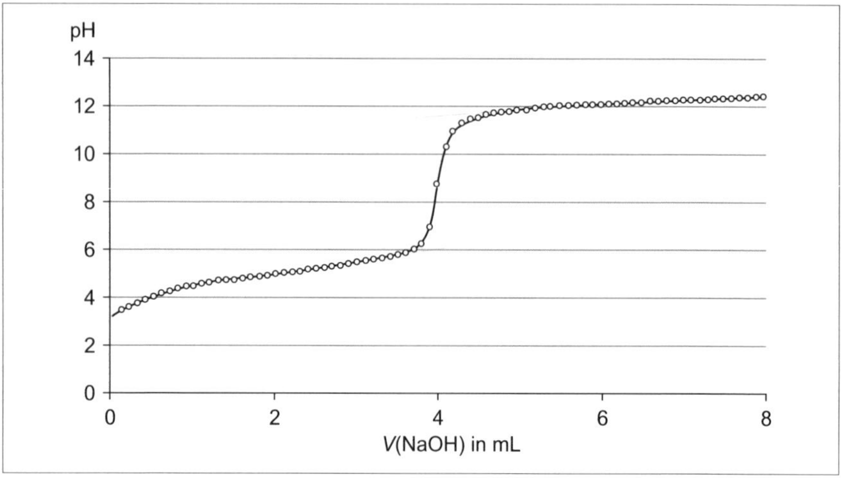

Abb. 1: Titrationskurve einer wässrigen Propansäurelösung

M 3: Zusammensetzung von Biogas aus unterschiedlichen Substraten

Im Jahr 2010 wurden 22 % des Maisanbaus in Deutschland für die Biogasproduktion verwendet. Dabei ist ein zunehmender Mischanbau von Mais mit Sonnenblumen zu beobachten.
„Durch die Blühstreifen mit freundlichen Sonnenblumen wird die Akzeptanz für den Anbau von Mais erhöht."

H. MzV., Landwirtschaftskammer Nienburg, Blickpunkt, 14. 9. 2011

Die Sonnenblumenkerne der landwirtschaftlich genutzten Sonnenblumen besitzen einen relativ hohen Fettanteil mit überwiegend C_{18}-Fettsäuren. Mais besteht vorwiegend aus Kohlenhydraten.

Substrat	Reaktion zur Bildung von Biogas	durchschnittliche Oxidationszahl der C-Atome in den Substraten
Kohlenhydrate (Glucose)	$C_6H_{12}O_6 \longrightarrow 3\ CH_4 + 3\ CO_2$	0
Fette (C_{18}-Fettsäuren, gesättigt)	$C_{18}H_{36}O_2 + 8\ H_2O \longrightarrow 13\ CH_4 + 5\ CO_2$	–1,8

Tab. 1: Methangehalt im Biogas bei unterschiedlichen Substraten

M 4: Verwendung von Biogas

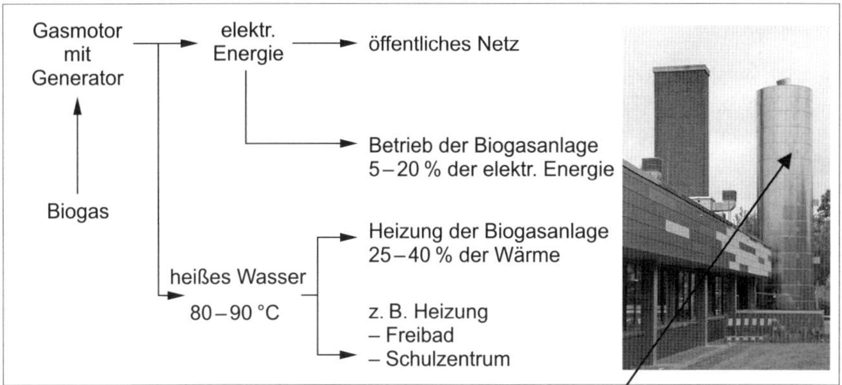

Abb. 2: Wärmespeicher eines niedersächsischen Schulzentrums (eig. Bild)

M 5: Verbrennungswärme von Methan

Mit einem Kalorimeter lassen sich Wärmemengen bestimmen, die z. B. bei chemischen Reaktionen frei werden. Der Heizwert eines Brenngases lässt sich damit ermitteln.

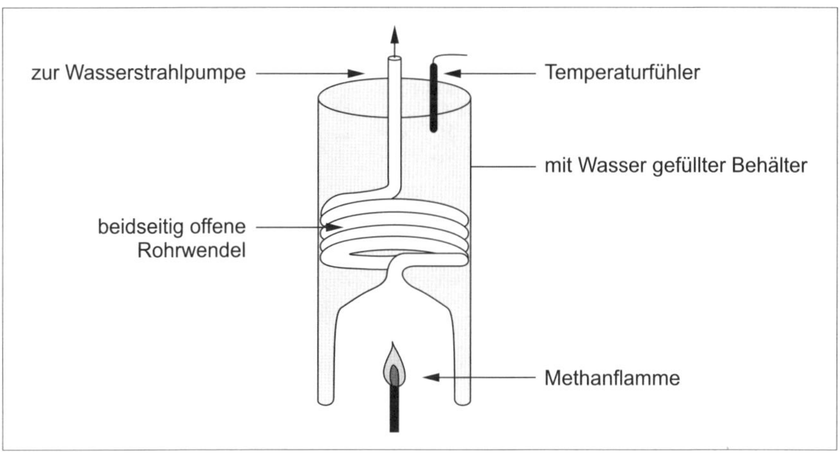

Abb. 3: Schema eines Kalorimeters

240 mL Methan werden in einem Kalorimeter verbrannt.
Die Temperatur steigt um 4,25 °C.
Die Wärmekapazität des gesamten Kalorimeters entspricht einer Wassermasse von 500 g.
Das molare Volumen von Gasen beträgt bei Standardbedingungen 24 L · mol^{-1}.

M 6: Direkte Verbrennung von Getreide

Angesichts niedriger Preise gingen einige Landwirte in den 1990er Jahren zur direkten Verbrennung von Getreide über. Die Genehmigungssituation in Deutschland ist restriktiv. Nicht als Lebensmittel geeignetes Getreide ist für die Verfeuerung zugelassen. In Dänemark gab es 2002 bereits 10 000 Anlagen, die Getreide als Brennstoff verwendeten. Die Infrastruktur für die Erzeugung und Verarbeitung von Getreide ist vorhanden.

molare Standard-Verbrennungsenthalphie: $\Delta_V H_m^0(\text{Glucose}) = -2820\ \text{kJ} \cdot \text{mol}^{-1}$

http://de.wikipedia.org/wiki/Getreideverbrennung

M 7: Strukturformel der Glucose

Die mengenmäßig bedeutendste Substanzklasse unter den nachwachsenden Rohstoffen ist die der Kohlenhydrate, insbesondere Cellulose und Stärke.
Der Einzelbaustein dieser Polymere ist Glucose (Traubenzucker).

Eigenschaften und Reaktionen der Glucose:

- Glucose ist sehr gut in Wasser löslich, wobei sich weder der pH-Wert noch die Leitfähigkeit der Lösung ändern.
- Bei einer quantitativen Reaktion von Glucose mit Essigsäure werden pro Mol Glucose fünf Mol Essigsäure unter Bildung von fünf Mol Wasser verbraucht.
- Glucose reagiert bei der Fehling-Probe positiv. Fehling-Reagenz enthält Kupfer(II)-Ionen in stark alkalischer Lösung. Bei positivem Fehling-Nachweis bildet sich rotes Kupfer(I)oxid. Alkanale (Aldehyde) reagieren bei der Fehling-Probe positiv.

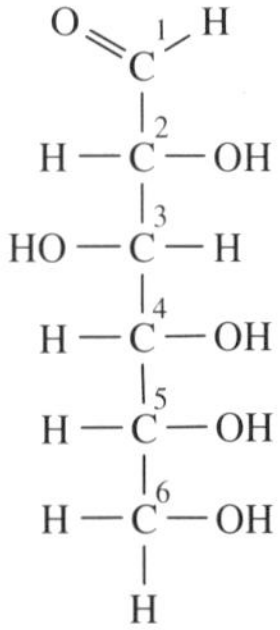

Fischer-Projektionsformel der Glucose

Lösung

1.1

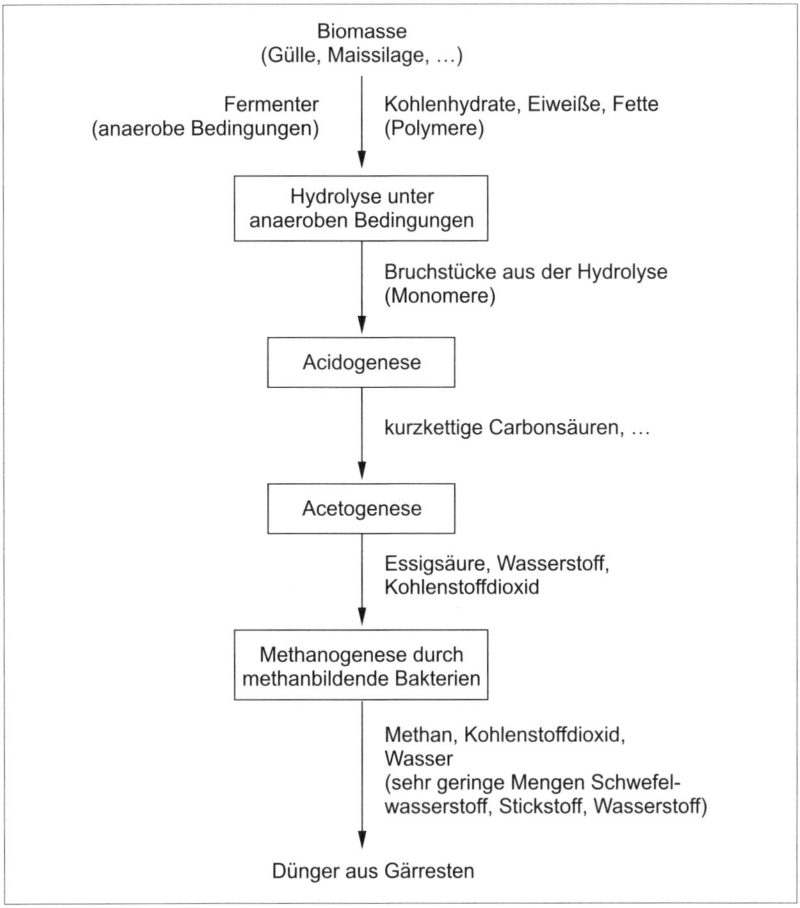

Bildung von Essigsäure (exemplarisch aus Propansäure und Wasser)

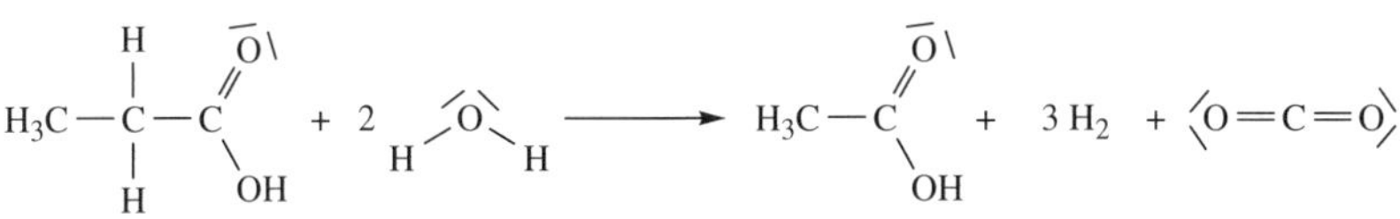

Bildung von Methan (exemplarisch aus Kohlenstoffdioxid und Wasserstoff)

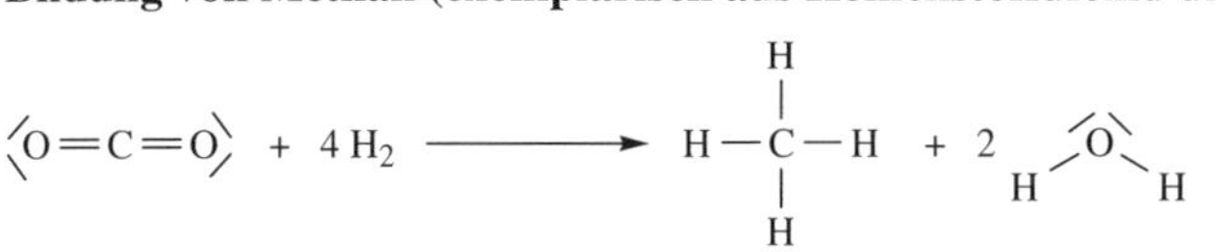

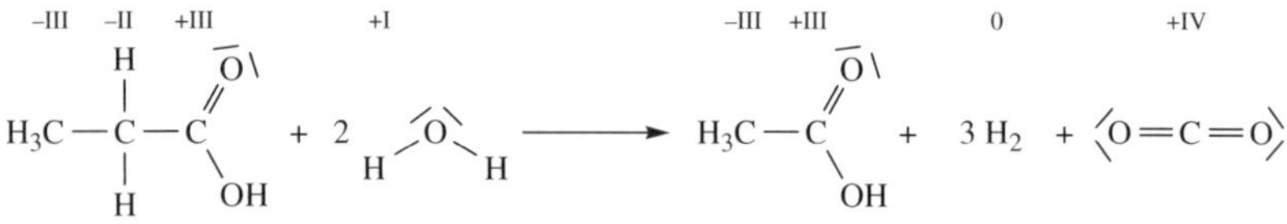

Es handelt sich um eine Redoxreaktion, da sich die Oxidationszahlen ändern.

Oxidation: C(–II) ⟶ C(+IV)

Reduktion: H(+I) ⟶ H(0)

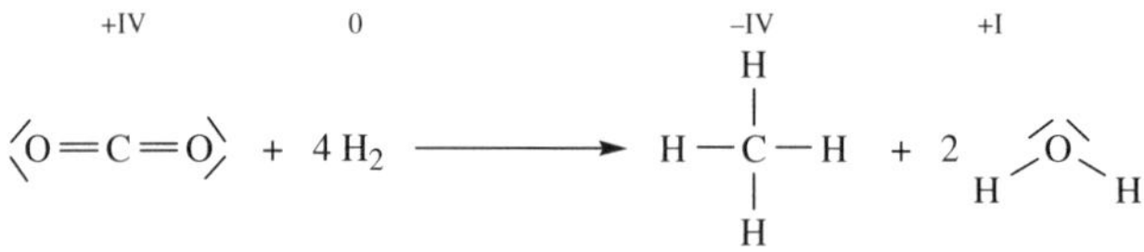

Auch hier ändern sich die Oxidationszahlen, es handelt sich um eine Redoxreaktion.

Oxidation: H(0) ⟶ H(+I)

Reduktion: C(+IV) ⟶ C(–IV)

1.2 Es handelt sich um eine typische Kurve für die Titration einer schwachen Säure mit einer starken Base.

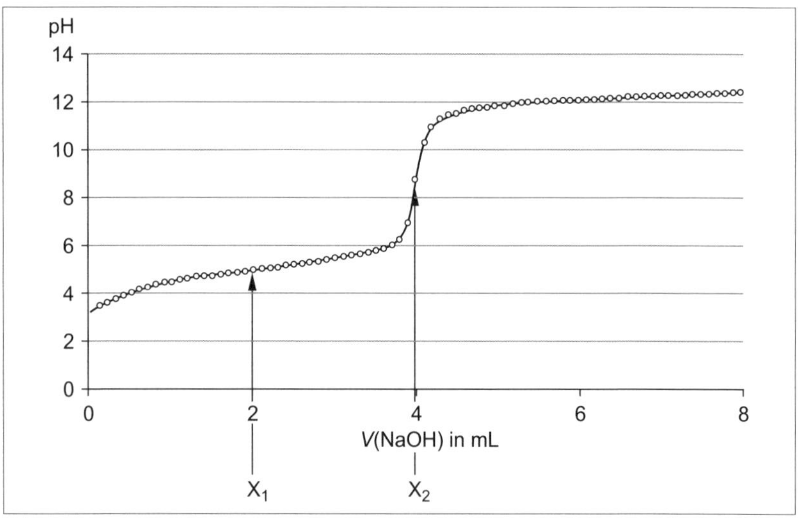

Die Kurve startet bei einem pH-Wert von 3,2.
Zunächst erfolgt ein etwas steilerer, anschließend ein etwas flacherer Anstieg der Kurve bis zum Halbäquivalenzpunkt X_1. Am Halbäquivalenzpunkt gilt, dass der pH-Wert gleich dem pK_S-Wert ist. Im vorliegenden Fall gilt:
$pH_{(HÄP)} = pK_S = 4{,}9$.

Nun steigt die Kurve zunächst langsam, anschließend sprunghaft bis zum Äquivalenzpunkt X_2 an. Am Äquivalenzpunkt gilt, dass äquivalente Mengen an Säure und Base vorliegen. Im vorliegenden Fall gilt:
$V(NaOH)_{(ÄP)} = 4$ mL und $pH_{(ÄP)} = 8{,}8$.

Der Äquivalenzpunkt liegt im alkalischen Bereich, da das Propionat-Ion eine schwache Brönsted-Base ist.
Nach Erreichen des Äquivalenzpunkts folgt nach zunächst noch sprunghaftem Anstieg des pH-Werts ein moderater Anstieg bis zu einer Gesamtzugabe von $V(NaOH) = 8$ mL. Für den pH-Wert gilt gegen Ende der Titration: pH = 12,2.

Für die Propansäure ergibt sich folgende Protolysegleichung:

$$CH_3CH_2COOH_{(l)} + H_2O_{(l)} \longrightarrow CH_3CH_2COO^-_{(aq)} + H_3O^+_{(aq)}$$

Bei Zugabe von Natronlauge läuft eine Neutralisationsreaktion ab:

$$H_3O^+_{(aq)} + OH^-_{(aq)} \rightleftharpoons 2\,H_2O_{(l)}$$

Am Äquivalenzpunkt wurde dem System eine der Anzahl an H_3O^+-Ionen äquivalente Menge an OH^--Ionen zugeführt.

Aus dem Diagramm lässt sich der Verbrauch an Natronlauge am Äquivalenzpunkt ablesen, er liegt bei 4 mL.

Gegeben: $V(CH_3CH_2COOH) = 10\text{ mL} = 0{,}01\text{ L}$
$c(NaOH) = 0{,}1\text{ mol} \cdot L^{-1}$
$V(NaOH) = 4\text{ mL} = 0{,}004\text{ L}$

Gesucht: $c(CH_3CH_2COOH)$

Es gilt: $c(\text{Säure}) \cdot V(\text{Säure}) = c(\text{Lauge}) \cdot V(\text{Lauge})$

Um die Konzentration der Säure bestimmen zu können, muss die Gleichung umgestellt werden:

$$c(\text{Säure}) = \frac{c(\text{Lauge}) \cdot V(\text{Lauge})}{V(\text{Säure})}$$

$$c(CH_3CH_2COOH) = \frac{c(NaOH) \cdot V(NaOH)}{V(CH_3CH_2COOH)}$$

$$c(CH_3CH_2COOH) = \frac{0{,}1\text{ mol} \cdot L^{-1} \cdot 0{,}004\text{ L}}{0{,}01\text{ L}}$$

$$c(CH_3CH_2COOH) = 0{,}04\text{ mol} \cdot L^{-1}$$

Die Konzentration der Propansäure beträgt $0{,}04\text{ mol} \cdot L^{-1}$.

1.3 **Auswertung der unterschiedlichen Oxidationszahlen der Kohlenstoffatome**
Die Kohlenstoffatome im Produkt Methan liegen in der Oxidationsstufe –IV vor. Diese Oxidationsstufe muss bei der Nutzung von Fett (Sonnenblumen) ausgehend von einer mittleren Oxidationsstufe mit dem Wert –1,8 erreicht werden.

Bei der Verwendung von Kohlenhydraten (Mais) wird dagegen von einer Ausgangs-Oxidationsstufe mit dem Wert 0 ausgegangen.
Die für diese Reduktion benötigten Elektronen stammen aus der gleichzeitig ablaufenden Oxidation von Fetten bzw. Kohlenhydraten zu Kohlenstoffdioxid, in welchem das Kohlenstoffatom in der Oxidationsstufe +IV vorliegt.

Mögliche Hypothese
Die Differenz der Oxidationsstufen beim Einsatz von Fett ($\Delta = -2{,}2$) ist geringer als die beim Einsatz von Kohlenhydraten ($\Delta = -4$).
Beim Einsatz von Fett muss demnach weniger Kohlenstoffdioxid gebildet werden, um die nötigen Elektronen zur Verfügung zu stellen. Das bedeutet wiederum, dass der Methananteil im Reaktionsprodukt beim Einsatz von Sonnenblumen größer ist als beim Einsatz von Mais.

Die Formulierung weiterer Hypothesen ist möglich, z. B. dass durch den Mischanbau von Sonnenblumen und Mais mehr Vielfalt gewährleistet wird.

2.1 Mithilfe von Biogas wird ein Generator betrieben. Dabei wird die im Biogas gespeicherte chemische Energie in elektrische Energie und in Wärmeenergie umgewandelt.

Elektrische Energie
Je nach Anlage werden 5–20 % der elektrischen Energie zum Betreiben der Anlage eingesetzt. Die restlichen 80–95 % der elektrischen Energie werden in das öffentliche Netz eingespeist.

Wärme
Je nach Anlage werden 25–40 % der erzeugten Wärme zum Betreiben der Biogasanlage eingesetzt. Die restlichen 60–75 % der Wärme können extern, z. B. beim Betreiben von Heizungsanlagen in Freibädern, Schulzentren, etc. eingesetzt werden.

2.2 Zunächst wird die Temperatur des im Kalorimeter vorliegenden Wassers bestimmt. Anschließend wird in dem Kalorimeter eine definierte Substanzmenge, in diesem Fall Methan, verbrannt. Durch die bei diesem Vorgang freigesetzte Reaktionsenthalpie wird eine definierte Menge an Wasser erwärmt. (Da bei diesem Vorgang nicht nur das Wasser, sondern das gesamte Kalorimeter erwärmt wird, wird die Wärmkapazität des gesamten Kalorimeters in eine äquivalente Masse an Wasser umgerechnet.) Abschließend wird die Temperatur des Wassers gegen Ende der Verbrennung gemessen. Aus der Temperaturdifferenz ΔT, der spezifischen Wärme des Wassers c und der eingesetzten Masse an Wasser m (unter Berücksichtigung des gesamten Kalorimeters) lassen sich die Reaktionsenthalpie und die Standard-Verbrennungsenthalpie des eingesetzten Brennstoffs (hier Methan) berechnen.

Berechnung der Reaktionsenthalpie

Gegeben: $m(H_2O) = 500$ g
$\Delta T = 4{,}25$ °C (entspricht der Temperaturdifferenz in Kelvin)

Gesucht: Q

Es gilt:

$Q = m(H_2O) \cdot c(H_2O) \cdot \Delta T$

$Q = 500\ g \cdot 4{,}187\ J \cdot g^{-1} \cdot K^{-1} \cdot 4{,}25\ K \approx 8{,}9\ kJ$

Berechnung der molaren Standard-Verbrennungsenthalpie

Gegeben: $Q = 8{,}9\ kJ$

$V(CH_4) = 240\ mL = 0{,}24\ L$

$V_m = 24\ L \cdot mol^{-1}$

Gesucht: $\Delta_V H_m^0 (CH_4)$

Es gilt:

$$n(CH_4) = \frac{V(CH_4)}{V_m} = \frac{0{,}24\ L}{24\ L \cdot mol^{-1}} = 0{,}01\ mol$$

$$\Delta_V H_m^0 (CH_4) = -\frac{Q}{n(CH_4)} = -\frac{8{,}9\ kJ}{0{,}01\ mol} = -890\ kJ \cdot mol^{-1}$$

2.3 **Verbrennung von Methan**

Gegeben: $CH_4 + 2\ O_2 \longrightarrow CO_2 + 2\ H_2O$

$\Delta_V H_m^0 \approx -890\ kJ \cdot mol^{-1}$ (Formelsammlung bzw. Ergebnis von Aufgabe 2.2)

$n(CH_4) = 3\ mol$ (siehe M3: 1 mol Glucose ergibt 3 mol Methan)

Gesucht: $\Delta_V H(CH_4)$

Es gilt:

$$\Delta_V H(CH_4) = n(CH_4) \cdot \Delta_V H_m^0 (CH_4)$$
$$= 3\ mol \cdot (-890\ kJ \cdot mol^{-1}) = -2670\ kJ$$

Direkte Verbrennung von Glucose

$C_6H_{12}O_6 + 6\ O_2 \longrightarrow 6\ CO_2 + 6\ H_2O \quad \Delta_V H_m^0 = -2820\ kJ \cdot mol^{-1}$

Die energetische Differenz zwischen der Verbrennung von 1 mol Glucose und 3 mol Methan (aus Glucose) liegt bei 150 kJ.
Das heißt, dass bei der Verbrennung von Methan im Vergleich zur direkten Verbrennung von Glucose ca. 5,3 % weniger Energie frei wird.

Bei der Verbrennung von Methan wird weniger Energie frei als bei der Verbrennung von Glucose. Außerdem entstehen bei der Verbrennung von Glucose kaum weitere Kosten, z. B. für den Anlagenbau oder die Infrastruktur. Die Gewinnmaximierung ist folglich nicht unerheblich. Allerdings ist zu bedenken, dass es ethisch und moralisch nicht unbedenklich ist, Lebensmittel zu verbrennen.

3.1 Es findet eine Veresterung statt:

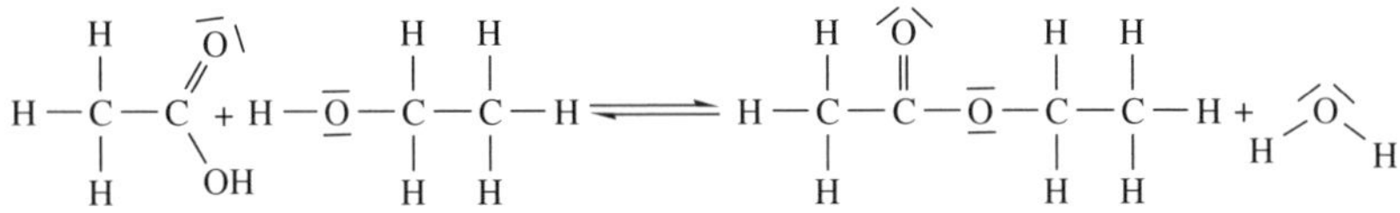

Welche Bedingungen die Produktausbeute dieser Gleichgewichtsreaktion erhöhen können, lässt sich aus dem Prinzip von Le Chatelier ableiten. Das Prinzip von Le Chatelier besagt: Wird auf ein System, das sich im Gleichgewicht befindet, von außen ein Zwang ausgeübt, verschiebt sich das Gleichgewicht so, dass die Wirkung des Zwangs minimiert wird.

Im vorliegenden Fall könnte der Zwang folgendermaßen ausgeübt werden:

- Es wird ständig Essigsäureethylester, z. B. durch Destillation, entfernt.
- Es wird ständig Wasser, z. B. durch ein wasserziehendes Mittel, entfernt.
- Es wird ständig Essigsäure zugeführt.
- Es wird ständig Ethanol zugeführt.

3.2

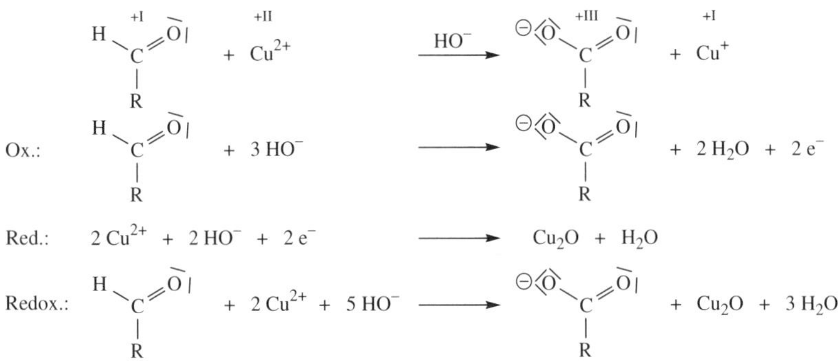

3.3 Glucose ist sehr gut in Wasser löslich.
⇒ Fünf Hydroxyl-Gruppen und eine Carbonyl-Gruppe ermöglichen die Bildung von Wasserstoffbrückenbindungen zu Wasser-Molekülen.

Beim Lösen von Glucose in Wasser ändert sich der pH-Wert nicht.
⇒ Weder die Wasserstoffatome an der C-Kette noch die Wasserstoffatome der Hydroxyl-Gruppen sind acide, obwohl die OH-Bindungen leicht polarisiert sind.

Beim Lösen von Glucose in Wasser ändert sich die elektrische Leitfähigkeit nicht.
⇒ Es bilden sich keine Ionen.

Bei einer quantitativen Reaktion von Glucose mit Essigsäure werden pro Mol Glucose fünf Mol Essigsäure unter Bildung von fünf Mol Wasser verbraucht:
⇒ Im Glucose-Molekül liegen fünf Hydroxyl-Gruppen vor, die mit Essigsäure verestert werden können.

Glucose reagiert bei der Fehling-Probe positiv.
⇒ Im Glucose-Molekül liegt eine Aldehyd-Gruppe vor.

Ihre Meinung ist uns wichtig!

Ihre Anregungen sind uns immer willkommen. Bitte informieren Sie uns mit diesem Schein über Ihre Verbesserungsvorschläge!

Titel-Nr.	Seite	Vorschlag

Bitte hier abtrennen

Bitte hier abtrennen

Zutreffendes bitte ankreuzen!

Die Absenderin/der Absender ist:

- ☐ Lehrer/in in den Klassenstufen: ______
- ☐ Fachbetreuer/in
Fächer: ______
- ☐ Seminarlehrer/in
Fächer: ______
- ☐ Regierungsfachberater/in
Fächer: ______
- ☐ Oberstufenbetreuer/in
- ☐ Schulleiter/in
- ☐ Referendar/in, Termin 2. Staatsexamen: ______
- ☐ Leiter/in Lehrerbibliothek
- ☐ Leiter/in Schülerbibliothek
- ☐ Sekretariat
- ☐ Eltern
- ☐ Schüler/in, Klasse: ______
- ☐ Sonstiges: ______

Unterrichtsfächer: (Bei Lehrkräften!)

______

STARK Verlag
Postfach 1852
85318 Freising

22-VM3

Bitte ausfüllen und im frankierten Umschlag an uns einsenden. Für Fensterkuverts geeignet.

Kennen Sie Ihre Kundennummer?
Bitte hier eintragen.

Absender (Bitte in Druckbuchstaben!)

Name/Vorname

Straße/Nr.

PLZ/Ort/Ortsteil

Telefon privat

Geburtsjahr

E-Mail

Schule/Schulstempel (Bitte immer angeben!)

(Bitte blättern Sie um)